環境激変に立ち向かう日本自動車産業
——グローバリゼーションさなかのカスタマー・サプライヤー関係——

池田正孝・中川洋一郎 編著

中央大学経済研究所
研究叢書 38 号

中央大学出版部

まえがき

　1973年と79年の2度の「石油ショック」を経た1980年代は，それまでの30年間にわたるインフレーションの時代から一転して，原油価格を筆頭に原材料・エネルギーなどの一次産品価格が安定する時代になった．この価格趨勢の変動は，数十年単位で起きる大きな転換であるが，1981〜82年頃をピークに，需要超過の時代から供給過剰の時代へと転換したことを示している．いわゆるグローバリゼーションとはかかる趨勢変化の端的な表現であり，自動車産業に限ると，既存の欧米メーカーにとって，「作れば売れる」という，それまでの比較的安定した市場寡占の時代から，多数のメーカーが互いに品質・コスト・納期を競い合う大競争の時代に入ったのである．

　1980年代以降，日本の自動車産業が強力な競争力を有する新興勢力として，世界の市場において急速に台頭し，既存の欧米メーカーにとってはまず何よりも重大な脅威として立ち現れた．しかし，日本自動車産業が競争力を有していたことは，実際には，日本型の生産システムが供給過剰気味の価格安定期には最適システムであることを暗示していたのであり，それをいち早く認識した欧米，特にアメリカ，イギリスなどいわゆるアングロサクソン諸国において，日本型システムの研究と受容が積極的に推進された．

　マサチューセッツ工科大学（MIT）が中心となって組織した国際自動車研究プログラム（IMVP）は各国の自動車メーカーなどから多額の資金を受託して実施されたが，その成果の一部が1990年に啓蒙的な書物，James P. Womack, Daniel T. Jones, Daniel Roos, *The Machine that Changed the World*. New York : Rawson Associates, 336 p.（邦訳名は，ウォーマックほか［1990］『リーン生産方式が世界の自動車産業をこう変える』経済界）として公刊された．この本は，1970〜80

年代に先進諸国において，日本型システムが研究され，受容されていったこと（すなわち，ジャパナイゼーション）の追認であるが，この時点で公刊されたことは，いわばジャパナイゼーションの総括的アセスメントともなったのである．

しかし，皮肉なことに，その直後の10年間は，日本におけるバブル経済の「破裂」によって，厳しくも長い低迷期を経験し，国内需要の落ち込みから日本の自動車産業も厳しい変革に耐えなければならなかったのである．ジャパナイゼーションは終わったとさえ言われた．

しかし，日本自動車産業は再興した．2000年を境に，日本の自動車産業の新たな成長が見られ，新たな局面に入った．かかる日本自動車産業の再興を財務諸表で見る限り，世界の自動車産業において，「独り勝ち」という評価まである．日本の自動車産業の復活は，一過性であり，過大評価なのか．あるいは，もともとの基盤的な力量のお陰であり，10年にわたる厳しい構造改革を経て到達した真の競争力の発現なのか．

本書では，1990年代に日本の自動車産業が経験した構造転換を，主として，自動車メーカーと部品メーカー（サプライヤー）との関係に焦点を当てて，解明しようとした．

まず「第1部 変化への適応を模索する自動車メーカー・サプライヤー関係」においては，90年代以降，日本からの競争に対して，欧米自動車業界はその企業内外の構造を再編することによって応えたが，このような欧米自動車業界の再編を受けて一層激しくなった国際競争に，日本の自動車メーカー・サプライヤーがいかに対応しようとしているかが論じられる．

第1章「欧州自動車メーカーにおける新しい部品政策の展開とサプライヤーの対応」（池田正孝）では，「モジュール化の進展」という視角から，1990年代における欧米自動車メーカーの経営戦略の大転換とサプライヤー関係へのその深刻な影響を論じている．「モジュール」とは，自動車を構成する部分のうち，機能や組立の観点から，まとまり，あるいは独立性を持つ部品の集合であり，代表的なモジュールには，フロントエンド・モジュール，コックピット・モ

ジュール，ドア・モジュールなどがある．欧米メーカーは，90年代になると，モジュール化を本格的に導入したが，これはカスタマー・サプライヤー関係（＝自動車メーカーと部品メーカーとの関係）に重大な影響を及ぼした．この章では，自動車メーカーによるモジュール化の実態を詳細に明らかにしたうえで，その結果として出現した巨大なモジュール・サプライヤーを分析している．本章では，欧州におけるモジュール化の動向が，自動車メーカーの視角からだけでなく，巨大部品メーカーの視角からも，実態調査に基づいてまとめられているので，今後の展望について大きな俯瞰を得ることができる．

　では，カスタマー・サプライヤー関係が欧米自動車業界においてこのように大転換したことは，日本の自動車産業にいかなる影響を及ぼしたのであろうか．第2章「グローバル購買・ベンチマーク導入によって変わる日本的購買方式」（清晌一郎）では，この問題に正面から回答を試みている．欧米における自動車産業の再編の波は日本にも押し寄せ，日産，マツダ，三菱など，自動車メーカーが相次いで外国資本の傘下に入ることになったが，かかる外国資本の傘下に入った自動車メーカーでは，外国から派遣された役員が購買部門の責任者に就任し，外国メーカーの購買政策に基づいて購買活動が進められた．一方，「民族系」のトヨタ，ホンダも，傘下の部品メーカーを再編強化すると同時に，長期的発注を基礎にして部品メーカーを育成するという，それまでの伝統的な購買政策を軌道修正して，国際的な規模でベンチマークを実施して，サプライヤー選定の際に大いなる圧力として活用している．本章では，かかる新しいカスタマー・サプライヤー関係において，部品の価格はいかにして決定され，利益をシェアしているのかという視角から，日本型系列・下請システムが日本の自動車産業の競争力強化にいかに貢献しているか，そして，それと同時に，「カスタマーによるサプライヤーに対する強引な値引き，品質確保，納期遵守の要請」に表れた「支配・従属の枠組み」こそ，日本の自動車産業の競争力を支えていると結論している．本章は，日本と欧米における豊富な実態調査を基礎にして，その調査の過程で浮かび上がった問題意識を斬新な切り口で紹介している．ここで提示されている部品のコスト構造に関する仮説は，自動車

メーカー・部品メーカーの多数のディレクター，マネージャーに披瀝して交わした議論の中から形成されたのであり，ここまで現場に踏み込んだうえで構成された議論はかつてなかったと言えよう．

　上記のような80年代以降の国際的再編の契機となったのは，日本からの競争であったが，では，日本型システムのうち，何が，どの程度まで，ヨーロッパの地に浸透したのだろうか．第2部「ヨーロッパにおける日本型システム導入のインパクト」においては，日本型システムが，ヨーロッパの企業において，どのように導入されているかが実態調査をもとに論じられている．

　まず，第3章「フランス自動車部品メーカーの日本的経営導入の実態」（池田正孝）は，筆者が実際に訪問して調査したフランス部品メーカー5社の詳細なインタビュー記録をもとにした現状分析である．ここで検討された5社はどの企業も日本的生産管理方式を徹底したレベルで導入しようとしている．その背景にはグローバリゼーションの展開で，自動車メーカーの世界部品調達が急速に進み，フランスのサプライヤーも否応なく，国際レベル以上のCQD（Cost, Quality, Delivery）で対応せねばならない状況が生まれつつある結果と言えよう．いわばサバイバルをかけた生産合理化強制が，フランスサプライヤーをして日本的生産管理方式への関心を深めているのである．

　1990年頃，日本型システムの導入について，先に見たMITの総括のように，「ジャパナイゼーション」として肯定的に評価する見解が出された一方，その対極には，ジャパナイゼーションなどは「おとぎ話」であるという全面的に否定する見解も提出されていた．さらに，各国には独自の産業構造・労使関係があるという背景と，各社には独自の経緯・戦略があるという前提に立って，日本型システムを採用できる部分だけ適宜取り入れるという，日本型システムの折衷的な導入としての「ハイブリッド化」も論議された．

　しかし，国民レベルでは，日本型システムに対して，ヨーロッパで最もナショナリスティックな反撥を示したフランスでさえ，この第3章で明らかなごとく，企業によって多少のズレがあるものの，自動車業界に限ると，現在ではどの企業も日本的生産管理方式を採用し，しかも，徹底したレベルで導入しよ

うとしている．その背景にはグローバリゼーションの展開で，自動車メーカーの世界部品調達が急速に進み，フランスのサプライヤーも否応なく，国際レベル以上のCQD（Cost, Quality, Delivery）で対応せねばならない状況が生まれつつある結果と言えよう．いわばサバイバルをかけた生産合理化強制が，フランスのサプライヤーをして日本的生産管理方式への関心を深めているのである．

この章では，次のような展望が，結論として提示されている．すなわち，フランスでの日本的生産管理方式の導入が，単なる模倣でない，欧州固有の労働組織の再編成にまで手をつけるより本格的なものとなりつつあること，フランス自動車部品産業における日本的生産管理方式の導入が契機となって，賃金，昇進を含めた労働者の雇用制度は過去のそれから大きな変貌を見せつつあること．そして，その背後に，グローバリゼーションとモジュール化の展開で，もはやフランス自動車産業も，他の欧米諸国の自動車産業と同様に，旧来の伝統的な殻を抜け出し，徹底した経営革新に突き進まざるをえない状況に迫られている事実が明らかとなるであろう．

以上の3つの章において，市場での競争から逃れられない企業において，トヨタ生産システムに代表されるさまざまのツール（道具立て）が，少なくとも生産現場においては，いわばグローバル・スタンダードとなって定着していることがわかる．

ところで，東アジアにおいて，中華人民共和国が新たに低賃金国としての利点を活用して自動車産業を育成してきたのと同様に，東ヨーロッパにおいても，EUの拡大に伴って，ポーランド，チェコ，スロバキアなどの新興諸国が新たな自動車生産国として台頭してきた．ドイツ，フランスなどの西ヨーロッパ諸国の主要な自動車メーカー・サプライヤーがこれらの低賃金地域に進出しており，自動車生産活動が西から東へと大きくシフトしている．第4章「中欧・ハンガリーの自動車産業と日本企業——マジャール・スズキと現地日系サプライヤーの現地経営——」（遠山恭司）においては，スズキが進出しているハンガリーを対象に，日系メーカーへの現地調査をもとに，今後の展望を探っている．この章での結論として，「欧州の工場」化が今後も進む傾向にあると

はいえ，日本企業を含めて外資系自動車メーカーあるいは部品サプライヤーのハンガリー直接投資はこれまでのような勢いで進められるとは考えにくいと予想している．自動車関連企業にとっては，乗用車生産の歴史がわずか10年しかなく，しかもその間に現地の自動車部品サプライヤーや中小企業の育成・支援・開発政策が不十分であるうえ，この分野における起業家創出・育成策が十分に展開されず，未だに実績が芽生えてこない現状では，乗用車生産の工業基盤という重要な点でハンガリーに勝るチェコとポーランドの優位がますます顕著になってきている．

　第3部「日本型システムを支える開発支援型産業」においては，普段は表舞台に登場しないが，しかし，自動車産業の競争力の一端を担う金型用鋳物・冷間鍛造・工作機械など，素形材産業に焦点が当てられている．ともすれば最終消費財である乗用車の組立メーカーである自動車メーカーに焦点が当てられるが，しかし，自動車メーカーだけの力量で日本の自動車産業の強さが実現されているのではない．自動車産業は，広大かつ深遠な裾野を有する国民的な産業であり，産業的基盤そのものの力量がそのレベルとして発現している．とりわけ，大量生産を準備する過程で，開発に関わる多くの企業が自動車メーカーのエンジニアを支えている．機械工業における大量生産には規格部品を安価に大量に生産できる金型が必須であるが，その金型を製作するために不可欠の鋳物，あるいは，工作機械，これら日本の自動車産業の基盤となっている産業を，本書では開発支援型産業と呼んでいる．第3部「日本型システムを支える開発支援型産業」において，これら開発支援型産業を対象にして，日本自動車産業の競争力の一端を解明しようとしている．

　まず，第5章「自動車素形材産業における『日本的』産業発展試論――金型用鋳物製造業と冷間鍛造金型製造業を事例に――」（遠山恭司）において，プレス金型用の鋳物製造業と，精密鍛造部品生産に不可欠な冷間鍛造金型製造業が取り上げられる．日本の自動車メーカーは欧米の自動車メーカーよりも短期間に，かつ，頻繁に（通常は4年ごとに）モデルチェンジを繰り返すことにより，市場に魅力的な商品を次々と送り出すことができた．短期間に，頻繁なモ

デルチェンジができるのは，日本の自動車産業の競争力の源泉のひとつであるが，かかる開発期間の長短は，大量生産を可能にする金型の開発・準備期間に大きく依存している．特にプレス用金型は自動車の意匠面をつくるだけに，その準備と製作には大きな工数を必要とする．鋳物は，かかるプレス金型を製作するのに不可欠であるが，鋳物製造業でもまた，フルモールド工法を始めとする絶えざる技術革新を経て，良質な素形材を迅速に提供しているメカニズムが，この章において解明されている．

　ところで，日本においては従来から，金型ユーザーが金型メーカーに対して，《高品質・短納期・低コスト》という，過酷ともいうべき要請を行ってきたが，特に，平成に入ってからかかる金型ユーザーからの要請は一段と厳しくなっている．このような状況下，数年ほど前から《高速加工》の実用化によって，金型業界に大きな技術革新が進行し，その結果として，《高品質・短納期・低コスト》が大幅に前進した．第6章「金型産業における技術革新の一断面——高速加工実現へ向けての異種企業間の協力——」（中川洋一郎）では，《高品質・短納期・低コスト》を実現した技術革新は，単に「高速回転のミーリングマシンが開発されたので，実用化された」という単発的な事象を超えて，日本における企業間・個人間の協業体制から実現されたものであり，このような技術革新が起きたことは，その産業基盤の強さを物語っていることが論じられる．

　かくて，自動車の大量生産に不可欠な金型の開発を支える基盤的な産業である素形材（ここでは，鋳物）産業でも，また，金型の製作に不可欠な工作機械産業においても，広範な領域で多くの人々が協力していることが確認された．これらの人的ネットワークは，企業として自動車開発に関わっているのであるから，もちろん，収益を目的に形成され，ビジネスとして活動している．しかし，このような日本における人的ネットワークの特徴は，単に「お金さえもらえば，それでよい」あるいは「お金のために仕事をしている」というような，対価を求める単純な経済活動を超えて，一時もてはやされた表現を使えば，「まごころ産業」としての心意気に支えられているのである．

本書が，21世紀初頭の国際的競争激化の時代において，日本の自動車産業を支える競争力の源泉の解明に寄与できれば，著者一同の喜び，これに過ぎるものはない．

平成 16 年 10 月

国際産業比較部会

主　査　中　川　洋一郎

目　次

まえがき

第1部　変化への適応を模索する自動車メーカー・サプライヤー関係

第1章　欧州自動車メーカーにおける新しい部品政策の展開とサプライヤーの対応 …………………………池田　正孝… 3

　は じ め に ……………………………………………………………… 3
　第1節　国際合併・戦略提携下の購買政策……………………………… 5
　　　1．ダイムラーとクライスラーの合併に始まる再編過程　2．ルノーと日産の資本提携　3．フィアットとGMの資本提携
　第2節　部品内製事業の外注化の動き…………………………………… 9
　第3節　サプライヤーに対する新しいコスト削減の取り組み ………… 13
　　　1．欧州フォード　2．ルノー　3．PSA　4．BMW　5．VW
　第4節　モジュール調達とサプライヤーパーク ………………………… 17
　　　1．VWグループ　2．欧州フォード　3．ルノー　4．ダイムラークライスラー　5．BMW
　第5節　大型合併・買収によるシステム・モジュールサプライヤーの出現 ……………………………………………………………… 29
　　　1．1990年代後半以降の欧米部品メーカーの再編　2．GMのプラットフォーム統合化とサプライヤーの再編過程　3．Faureciaの企業戦略と合併活動　4．Meritorの企業戦略と合併活動　5．Magnaの企業戦略と合併活動　6．ThyssenKrupp Automotiveの企業戦略と合併活動

第6節　COVISINTとオンライン調達 ……………………………… 38

第2章　グローバル購買・ベンチマーク導入によって変わる日本的購買方式 ……………………………… 清　晌一郎… 45

はじめに ……………………………………………………………… 45

第1節　価格設定をめぐる系列の機能
　　　　――日産の系列機能空洞化をどう理解するか―― ………… 48

　　1. 日産における「系列の機能不全」を何処に見るか　2. サプライヤーの管理水準による企業間関係の諸類型　3. 系列関係の機能不全とは何か？

第2節　変化は日産だけか？
　　　　――全世界で転換するサプライヤー政策―― ……………… 60

　　1. 90年代までの欧米メーカーの変化＝契約の論理と強引な値引き（2方向への分裂）　2. 日本における外資系企業の行動＝国際競争購買の困難とベンチマークの導入　3. トヨタ自動車における全面的な購買政策の見直し

まとめ　グローバル購買・ベンチマーク導入と日本的購買方式
　　　　――大手自動車部品メーカーの好調と
　　　　　2次，3次中小サプライヤーの困難―― ………………… 77

　　1. ベンチマークを通じた強引な値引きスタイルの全世界への普及　2. 好調を維持する日本部品メーカーのプレゼンスの拡大　3. 2次，3次サプライヤーの構造再編を求めるベンチマークの導入　4. 系列・下請関係と企業の実力

第2部　ヨーロッパにおける日本型システム導入のインパクト

第3章　フランス自動車部品メーカーの日本的経営導入の実態 ……………………………………………………… 池田　正孝… 91

はじめに ……………………………………………………………… 91

第1節　フランス部品メーカー5社工場の調査結果（Faurecia A 工場）
　　　　………………………………………………………………… 93

　　1. Faurecia A 工場の概要　2. 取引先3社への製品のデリバリー状況について　3. Faurecia A 工場の生産システム　4. 日本的生産管理方式導入の実態

第2節　フランス部品メーカー5社工場の調査結果（DCC 社）……… 110
　　　1. DCC 社の概要　2. DCC 社の生産システム　3. 日本型生産システムの導入　4. 日本的生産管理方式導入の実態

第3節　フランス部品メーカー5社工場の調査結果（SMI 社）……… 114
　　　1. SMI 社の概要　2. SMI 社の生産システム　3. 日本的生産管理方式導入の実態

第4節　フランス部品メーカー5社工場の調査結果（A・R 社）…… 118
　　　1. A・R 社の概要　2. A・R 社の生産システム　3. A・R 社の手作業組織　4. 日本的生産管理方式導入の実態

第5節　フランス部品メーカー5社工場の調査結果（ITWB-C 社）… 124
　　　1. ITWB-C 社の概要　2. ITWB-C 社の生産システム　3. 日本的生産管理方式導入の実態

　おわりに………………………………………………………………………… 129

第4章　中欧・ハンガリーの自動車産業と日本企業
　　　──マジャール・スズキと日系サプライヤーの現地
　　　　　経営── …………………………………… 遠山　恭司… 139
　はじめに………………………………………………………………………… 139
第1節　中欧4カ国の経済概要，工業化・海外直接投資，投資・事業
　　　　環境比較…………………………………………………………… 140
　　　1. マクロ経済パフォーマンス　2. 工業化の過程と外資導入状況
　　　3. 投資環境・制度の比較

第2節　ハンガリー自動車産業とマジャール・スズキ………………… 151
　　　1. ハンガリー自動車産業　2. マジャール・スズキの現地経営

第3節　日系サプライヤーの直接投資（1）
　　　　──マジャール・スズキへの供給拠点── ……………………… 161
　　　1. MT 用クラッチ部品加工メーカー（ED 社）　2. 自動車用ワイヤーハーネス製造企業（SH 社）　3. イグニッションコイル製造企業（DE 社）

第4節　日系サプライヤーの直接投資（2）
　　　　──汎欧州戦略立地のケース── ………………………………… 169
　まとめと若干の展望…………………………………………………………… 173

第3部　日本型システムを支える開発支援型産業

第5章　自動車素形材産業における「日本的」産業発展試論
──金型用鋳物製造業と冷間鍛造金型製造業を事例に──
……………………………………………………… 遠山　恭司… 183

はじめに……………………………………………………………… 183
第1節　日本自動車産業発展の特徴………………………………… 184
　　素形材産業に関連しうる2つの自動車産業の発展要因
第2節　プレス金型用鋳物製造業…………………………………… 188
　　1．金型用鋳物の技術的特徴──フルモールド鋳造法　2．技術実用化プロセスと産業発展プロセス　3．産業発展の特質
第3節　冷間鍛造金型製造業………………………………………… 197
　　1．冷間鍛造の技術的特徴　2．冷間鍛造技術の実用化──トヨタを中心に　3．大阪の地場産業から族生した冷間鍛造金型製造業　4．事業領域の拡大　5．産業発展の特質
ま　と　め…………………………………………………………… 208

第6章　金型産業における技術革新の一断面
──高速加工実現へ向けての異種企業間の協力──
………………………………………………… 中川洋一郎… 215

はじめに　市場の不確実性の増大による金型メーカーへのプレッシャー
……………………………………………………………………… 215
第1節　金型メーカーへの圧力……………………………………… 216
第2節　金型製作者に課せられた課題への対応…………………… 218
　　1．機械加工における革新　2．データ処理における諸問題
第3節　変種変量という新傾向……………………………………… 230
　　1．超精密加工の事例（家電業界の対応）　2．日本自動車市場の細分化傾向
第4節　変種変量への対応…………………………………………… 237
　　1．自動車業界における少量生産の事例　2．少量生産金型における最近の革新事例
おわりに　金型メーカーと工作機械メーカー…………………… 242

あとがき……………………………………………………………… 249
索　引………………………………………………………………… 251

第1部　変化への適応を模索する自動車メーカー・サプライヤー関係

第1章

欧州自動車メーカーにおける新しい部品政策の展開とサプライヤーの対応

はじめに

　ここでは，1990年代末から現在までの期間における，欧州自動車メーカーの部品政策の動向とそれへのサプライヤーの対応状況について，焦点を絞って取り上げることにしたい．

　周知のように，この時期は，国際自動車産業の競争激化の過程で，かつての自動車産業のイメージを根底からくつがえすような大変動が進行中である．メルセデス・ベンツ（M–Benz）とクライスラー（Chrysler）の国境を越えた合併の実現，ルノー（Renault）－日産，GM－フィアット（Fiat）の国際提携の動き，あるいはモジュール化の急進展を起点とした巨大システム・モジュールサプライヤーの形成，自動車生産の根幹に関わるようなシステムの開発・製造の，自動車メーカーからシステム・サプライヤーへの大幅移管など，それらはどれひとつとっても，われわれが予想できなかった事態と言えよう．さらにもう一つ，注目しなければならない点は，そうした欧州自動車産業をとり巻く環境大変動の中で自動車メーカーとサプライヤーの関係も構造的な転換を進めつつある事実である．かつて欧州自動車メーカーは主要な自動車部品の開発・製造を社内に取り込んで内装率を高めてきた．しかし90年代後半以降，モジュール

生産方式の導入に代表されるように自動車メーカーの部品政策は，競争力に直結する戦略技術以外の分野では，開発から製造に至るまで極力外注サプライヤーに任せる方向に転換してきている．また，競争力を支える戦略技術分野でも，世界的なシステム・サプライヤーとの共同開発方式が強調されてきている．

こうした自動車メーカーの戦略の大転換を象徴するのが，フォード (Ford) 自動車のトータルサービス・サプライヤー構想であろう．これは，ナッサー社長 (Nassar CEO) によって，フォードを，自動車メーカーから販売以降の修理・サービス・メインテナンス・カスタマイズを含んだ自動車製品の納車から廃車に至るトータルサービス・サプライヤーへの変身を推進しようというもので，その構想の中には，明らかに車づくりそのものをシステム・サプライヤーに移管してしまおうとする試みを内包するものであった．

事実このフォード構想と軌を一にして Magna Steyr Inc. のように，車の製造システム全体のノウハウを蓄積して，将来はサプライヤー独自で車つくりを実現しようという動きも現実化している[1]．このフォードの，ナッサー社長の，自動車にかかわるサービス事業を拡大しようとする計画は，2001年の同社の業績悪化とそれに続く Revitalization Plan によって完全に御破算となり，改めて自動車製造の基本に返って本業で収益を上げる政策に立ち戻ることとなったのである[2]．

以上のような多少の揺り戻しが見られるものの，モジュール生産方式の導入に端を発するシステム・モジュール・サプライヤーの出現によって，今後ますます自動車産業は大きく構造変動を続けてゆくであろう．

以下ではこれらの動きを，(1) 国際合併・戦略提携下の購買政策 (2) 部品内製事業の外注化の動き (3) サプライヤーに対する新しいコスト削減の取り組み (4) モジュール調達とサプライヤーパーク (5) 大型合併・買収によるシステム・モジュールサプライヤーの出現 (6) CONVISINT とオンライン調達，に分けて検討してみることにしたい．

第1節　国際合併・戦略提携下の購買政策

1. ダイムラーとクライスラーの合併に始まる再編過程

98年11月，ダイムラークライスラー（DaimlerChrysler）の合併を契機に，フォードのボルボ（Volvo Cars）買収（1999年3月，65億ドル），ルノーの日産への資本参加（1999年5月，日産ディーゼルを含め，54億ドル）など，自動車メーカー間で取引される数十億ドル規模のM&Aが発表された．さらに，2000年に入ると，ダイムラークライスラーの三菱自動車資本参加，VWのスカニア（Scania）の経営権取得など国際間の提携・買収の動きはとどまることを知らない[3]．

ここでは，国際・戦略提携を進めている自動車メーカーが，グループ形成後どのような購買政策を打出しているか，またそれへのサプライヤーの対応を検討してみたい．合併によって生まれたダイムラークライスラーの98年の世界生産規模は424万台であり，購買額合計は940億ドル（うち自動車関連は812億ドル）に達する．ダイムラークライスラーが合併後最も統合を進めた分野は購買部門といわれ，ここでは他事業部門と独立した形で統合組織「世界調達供給」部門が設置された[4]．すでに99年統合によって生みだされた部品購買節減額は5億ドルといわれ，向こう5年間は年額30億ドルの節減効果が期待された．

ところで合併以前2社は，ともにサプライヤーとの関係改善を目指したプログラムを構築していた．メルセデス・ベンツは，サプライヤーとの強固な技術提携関係を結ぶために，93年にTANDEMプログラムをスタートさせた．これは自社の研究陣をコア技術に集中させる一方，従来のステアリングやトランスミッション等の内装部門を外部移転し，社内ノウハウをグループサプライヤーに移転することを目指している．

他方，クライスラー（Chrysler）も89年にSCOREと呼ばれるコスト削減プログラムを打出し，「拡張された企業」（Extended Enterprise＝調達部品の2次，1次サプライヤーから自動車組立てまでの工程であるサプライヤーチェーンを見通して原

価低減を行うというもの）という理念のもとでサプライヤーとの信頼関係を構築し，コスト競争力を持つサプライヤーチェーンを形成した．

合併後はこうした TANDEM と SCORE プログラムの長所を両方に取り入れる方針で，99年6月から18カ月間に相互のサプライヤーに導入していくことが発表された[5]．

ところがその後ダイムラークライスラーはクライスラー部門の不振によって業績が悪化し，2000年通年ではグループ全体で前年比減益が確定した．

赤字化したクライスラーグループは，自らの経営再建発表（2001年2月）に先立ち，2000年12月にはサプライヤーに対しこれまでの SCORE プログラムを一時中断し，「2002年までに調達コスト15％削減（2001年1月1日付即時5％削減．2002年までに10％削減）」という一方的なコスト引き下げを要求した．このうち，5％削減は一方的な削減要求であり，単価レベルで一律削減という内容で，これに合意しない場合は取引停止の可能性も含むという強硬姿勢で臨んでいる[6]．ダイムラークライスラーはこれらのサプライヤーのコスト削減を支援するため，1,500人，17分野の技術者を40社のサプライヤーに派遣し，8週間ごとに分野を変更してのコスト効率評価を行うことを約束した．従来の SCORE プログラムによるコスト削減目標は，2003年までに10％削減（2001年4％削減，2002年3％削減，2003年3％削減）と比較的ゆるやかな目標設定となっており，サプライヤーとの関係もコスト削減に双方が協力して臨むという，SCORE 理念に沿った取り決めであった．

このようにコスト削減新目標は異例の強引な設定であったため，サプライヤー側の反発は大きく，2001年2月までに，明らかになっているだけで大手8社が拒否の姿勢を示した．売上規模の大きいサプライヤーの中で5％削減を受け入れたのは Lear 1 社のみと言われた．さらにその後の経過を見ると，5％のコスト削減要請については90％のサプライヤーがなんらかの形で受け入れたものの，残り10％はコスト削減を拒否し，契約は打ち切られた．5％のコスト削減に応じたサプライヤーについては今後の契約においても優遇される．

これまでクライスラーは，SCORE 政策によって Big 3 の中でも原価低減を

最も成功させてきた企業である．SCORE プログラム導入とともに同社は，サプライヤーとの間に良好な相互協力体制を築いてきた[7]．それにもかかわらず，クライスラーグループがサプライヤーとの信頼関係の破壊をも辞さない強硬な姿勢を続ける背後に何があるのか．考えられるのは，クライスラーの業績悪化が合併破綻への導火線となることへの恐れである．

　しかし，メルセデス・ベンツとクライスラーは 2004～2005 年に発表する次世代 E クラスとクライスラーの新大型乗用車 LX（FR）のエレクトロニクスアーキテクチャを共通化し，それによってエンジン，アクスル，変速機，ブレーキシステム等の部品共通化を促進する方針も進めている．今後メルセデス・ベンツ側とクライスラー側のサプライヤー合流・一体化がどんどん展開することであろう．そうした状況の中で，今回の事件が契機となって，ダイムラークライスラーが全体のサプライヤーとの間に抜き差しならない敵対関係を固定化するようなことがあれば，同社の狙った合弁効果はまさに台無しとなる恐れがあると言えるだろう．

　すでに現時点で，SCORE プログラムの長所をメルセデス・ベンツ側のサプライヤーに取り入れようとする試みは，次第に影を潜めつつあるように見える．その意味では，ダイムラークライスラーは購買政策に拙速的な効果を期待する以前に，長期・統合的な観点からの検討の練り直しが必要と言えよう．

　ダイムラークライスラーへの三菱自動車の資本参加を契機として，両社のプラットフォーム・部品共通化も進行している．2002 年 3 月には，クライスラーは三菱と 2004 年以降に投入する小型乗用車（三菱 Lancer／Mirage, Chrysler Neon），中型乗用車（三菱 Galant, Chrysler Sebring／Stratus）で車台を統合する方針であるが，そのうち，次期 Lancer と Neon では 68％ の部品が共通化される計画だが，次期 Galant と Sebring／Stratus はすでに設計・開発が進行しているため，部品共通化は 40％ 台にとどまる見通しである．前者のケースでは，当初，シャーシ部品や表に見えない内装部品，エアコンなど 80 品目の部品が共通化の対象に挙げられていたが，最終的には 65％ の部品を共通化する計画が伝えられている．以上のような部品共通化によって 1 プラットフォーム当たり

1億ドル（全生産額の4～6%）の購買費削減が見込まれる[8]．さらに新しくは，2002年生産開始するZカー（ブランド名コルト）によっても部品共通化，共同購買が本格化する．Zカーでは主要ユニットを20～30のモジュールに区分，フロントエンド，コックピットなど大型モジュールの導入によるコスト削減を担っている．

2. ルノーと日産の資本提携

ルノーと日産の生産面での協業体制は，2003年投入予定の次期Clio/Micraのプラットフォーム統合化，あるいは2002年からのパワートレインの相互供給開始など具体的な取り組みが進められているが，購買政策面では2001年4月，部品の共同購買を目的として，ルノー50%，日産50%の出資で「Renault－Nissan Purchasing Organization（RNPO）」が設立された[9]．

共同購買は，パワートレイン部品，車輌部分，資材サービスの3分野の下に，計17品目を扱う．事業は日本，欧州，米国，の3拠点で開始し，人員は両者購買組織メンバー100人の予定である．調達額はルノー，日産両社合計年間購入額500億ドルの30%（145億ドル）を取り扱う．将来的には成果を踏まえて，購入総額の70%程度までの拡大を見込んでいる．

この共同購買の狙いと効果は，Cプラットフォーム以降の共同プロジェクトによって更なる5%原価低減を狙う．その場合，グローバルサプライヤーからより大きな原価低減効果を期待し得る．また，グローバルに均一なコミュニケーションをとることができ，一貫性ある購買業務を行うことが可能となる．購買活動の標準化も可能となる．さらに購買分野における原価管理，品質，輸送に関するベストプラクティスの共有化も期待できる．

3. フィアットとGMの資本提携

フィアットの乗用車部門であるFiat Autoは，小型車分野の競争激化によって市場シェアと収益の低下が続いた．また，海外市場の拡大を目指して取り組まれてきた178ワールドカー計画も，1996年の生産開始から4年を経過して

も目標の100万台に到達することができずに終った．

そうしたところから，Fiat Autoは2000年にGMと資本提携によってコスト削減を取り組む計画に踏み切った．具体的には，自動車メーカーにとって，中枢分野であるエンジン・変速機を開発製造するパワートレイン事業と購買の2分野で，欧州と南米でGMとの事業統合を進めることでシナジー効果を狙ったものである[10]．

ここでは，両社の共同購買について説明すると，2000年12月，GM 50％，フィアット50％の出資によって共同部品購買組織「GM－Fiat Purchasing」がドイツRusselsheimで設立された．この組織は，欧州GM（実質Opel）とフィアットの購買部門のすべてを統合移管し，年間約300億ユーロ（約300億ドル）の部品調達を共同で集中的に進めることに狙いをつけている．この組織には，人員が約2,200人（うちオペルから1,400人，フィアットから800人）移籍した．パワートレイン事業も含めて，こうしたシナジー効果によるコスト削減規模は，2001年実績2.73億ユーロ（計画2.33億ユーロ），2002年見込み4億ユーロ（計画4.32億ユーロ），2005年までに年間10億ユーロ（共通部品50％，コスト削減5％以上）にのぼると計算している．

第2節　部品内製事業の外注化の動き

欧州自動車メーカーによるモジュール生産方式を開始したのが，ほぼ1995，6年の時期である．この時点から現在の2001年までにほぼ5年の期間が経過した．この間，欧州自動車産業はまさに革命的とも言うべき構造転換を進めてきた．

表1-1を見られたい．ここでは，94年と98年の主要欧州自動車メーカーの部品外注率が示されている．94年の部品外注率はほぼ60％前後に分布している．これは，米国の平均より高く，日本の平均より低い状況と言える．しかし，それから4年後の98年には，殆ど信じられないほど部品外注率は上昇し，平均すれば70％を大きく上回っている．この比率は明らかに，世界で最も外注依存率が高いと言われた日本の自動車メーカーのそれを一挙に追越してしまっ

表 1-1　主要欧州メーカーの部品外注比率（1994, 1998 年）

	部品外注比率		1998 年 1 次サプライヤー数
	1994 年	1998 年	
VW グループ	60.2%	VW 60% Audi 75%	VW　　1,200 社 Audi　　800 社
BMW グループ	58.6%	67%	1,500 社　→　800 社予定
DaimlerChrysler	57.8%	?	M-Benz 1,000 社, Chrysler 900 社
PSA	58.7%	70%	750 社
Renault	n.a.	80%	506 社
Fiat グループ	51.7%	70%	820 社
Opel	66.3%	?	
欧州 Ford	66.0%	80%	

（出所）各社 Annual Report による

た．こうした大変化はいかに実現できたのか．その背景には，欧州自動車メーカーによるモジュール化の取り組みの進展が指摘できる．

　自動車メーカーがモジュール生産を導入した場合，1 次サプライヤーは十数社から 30 社位に絞られる．実際にはその他数十社位の小物部品供給企業が附随するが，それにしてもサプライヤー数は一挙に削減できる．欧州自動車業界における外注比率の急増大の背後には，まさにモジュール生産方式の普及があったのである．そして外注比率の増大と並行して，1 次サプライヤー数も激減している．BMW では 1,500 社から半分の 800 社まで削減している．どの自動車メーカーも 1 次サプライヤー数が 1,000 社を切るのはもはや時間の問題と言える．

　資料が不足して十分な説明ができないが，1 次サプライヤーが減少するだけでなく，上位サプライヤー売上シェアの集中が急激に進んでいる．ダイムラークライスラーのうちメルセデス・ベンツを例にとると，上位サプライヤー 80 社で 80% の集中度である．上位 210 社まで加えると 95% となる．もう一つ，PSA では上位 18 社で 50% の集中度である．このような上位を占める巨大サプライヤーはいずれもシステム・サプライヤー，モジュール・サプライヤーと呼ばれる存在で，多くはどの完成車メーカーモジュール体制にも参加して，モ

表 1-2　欧州自動車メーカーの内製部品事業再編成

メーカー	製品分野	実施時期	内容
Daimler-Chrysler	ステアリング	1999 年	Düsseldolf のステアリング工場を内部独立子会社化して M-Benz Lenkungen GmbH Siemens と電動電子制御式パワステの共同開発
	商用車パワートレイン	1999 年	DC の商用車事業部門内に 100% 子会社でパワートレイン事業部門設立
	エレクトロニクス →Continental	2001 年	内部独立子会社で自動車エレクトロニクス事業 TEMIC の株式 60% を Continental に売却
Fiat	樹脂製品→Ergom	1999 年	Ergom Material Plastiche にダッシュボード，燃料タンクを製造する計 2 工場売却
	サスペンション →ThyssenKrupp	1999 年	Magneti Marelli にサスペンション生産の 2 工場を売却，その後 2001 年に Magneti から TyssenKrupp が買収
	ドア，ボンネット	2000 年	ドア，ボンネット製造部門の分離売却
Renault	ステアリング →光洋精工	1990～98 年	Renault 出資率を下げ，経営権，事業運営は事実上光洋精工のものとなる
	ワイヤーハーネス →Valeo	1998 年	ワイヤー内製部門 3 事業を Valeo 傘下（52.9%）
	鋳鍛造部品 →Teksid	1998 年	Fiat 子会社 Teksid への資本参加するとともに，Renault の鋳鍛造部品生産事業 2 社統合
	等速ジョイント →NTT	1999 年	等速ジョイント部門を分離し，NTN と合弁で設立した SNT に移管
	（シャーシ・アクスル）	1999 年	Auto Chassis International を内部子会社として設立
PSA	ゴム製品→Comma ステアリング →光洋精工	1999 年	フランス工場をイタリアの Comma に売却 ステアリング 2 工場を光洋精工と設立する新会社に移管
Ford	MT 手動変速機 →Getrag	1999 年	Getrag の資本参加により MT 工場を Getrag と合弁化
Volvo	アクスル事業 →ArvinMeritor	1999 年	商用車用アクスル事業部門を ArvinMeritor へ売却
VW	ワイヤー	?	VW と折半出資の VW Boadnetze GmbH でワイヤーシステムを合弁生産

（出所）FOURIN 海外自動車月報 No. 192/August 2001．一部修正

ジュール部品を供給する国際的な大型メーカーである[11]．これらのサプライヤーは，サプライヤー同士でも合弁を繰り返しているから，集中度はますます高まることになる．

　モジュール生産化と並んで，部品内製事業の見直しの動きも外注率を高める要因となっている．表 1-2 は欧州自動車メーカーの内製部品事業再編成を示したものである．94, 5 年頃，メルセデス・ベンツやフィアットなどは，シート製造部門やエンジン部品工場などを中心に内製事業部門の売却，独立化，合弁化によって，さかんに部品内製事業の見直しを図ってきた[12]．99 年から 2000 年にかけても，部品内製事業の売却が再び活発となっている．ここでは前掲表 1-2 に見るように，とくにルノーとフィアットの動きが活発である[13]．ルノーは，等速ジョイント（NTN），ステアリング（光洋精工，SMI），シャーシ（独立化，Auto Chassis International）事業等部品事業・工場を売却，独立させた．さらに鋳鍛造部品工場についても Teksid との合弁事業に移管したため，欧州には組立主要 6 工場と，エンジン・変速機工場の Cleon 工場（フランス），Valladolid 工場（スペイン），Cacia 工場（ポルトガル）に整理縮小され，あと売却の対象となりうるのは，アクスル組立工場のみとなった．フィアットグループは，Fiat Auto の業績悪化が主要因となって 2002 年 3 月には負債額を過去最高の 66 億ユーロとした．2002 年 5 月の新計画では売却事業対象を広げ，Magneti Marelli を事業部門単位で売却し始めている[14]．また，Teksid（鋳物部品），Comau（工材）も非コア事業として売却する方針を発表した[15]．メルセデス・ベンツもステアリング工場を Siemens との合併事業にし，エレクトロニクス製品の Temic についても売却を決めた．フォードは自社の MTT 工場をドイツ Getrag の合弁会社に移管し，半外注化したが，残る内製部品がエンジンだけになるため，大胆な政策と言える[16]．欧州では主力変速機の MT を外注化するケースは量産車ではフォードが初めてである．

　これらのケースでは，部品メーカーが自動車メーカー工場・部門へ出資することによって，合弁事業化する形態が多い．ここでは合弁会社と言っても，自動車メーカー側に経営権が残されるケースはなく，事実上部品メーカーへ売却

する形となる．出資した部品メーカー側からすれば，自動車メーカーの工場をそのまま自社生産に組み込むことができ，その上，納入ルートも確保できるメリットが加わる．

第3節 サプライヤーに対する新しいコスト削減の取り組み

表1-3は，2000年前における欧州自動車メーカーのサプライヤーに対する，コスト削減の取り組みを示したものである．ここではダイムラークライスラーの最近のコスト削減策をめぐるクライスラーグループとサプライヤーの対立問題は省略した．それはクライスラーグループのコスト削減問題が主として米国エリアで生じたトラブルであること，またすでに前節で取り上げているからである．

さて80年代，オペル（Opel）元購買部長Lopez氏がオペルのサプライヤーに対してターゲットプライス方式に基づくコスト削減策を採用して以来，欧州自動車業界にもこの方式が広がった．今日では，自動車メーカーのコスト削減指導に基づいてかなり緻密な体制で取り組まれている．

表1-3　各欧州自動車メーカーのコスト削減策

欧州Ford	コスト削減政策強化	業績悪化からコスト削減強化．2000年には4億ドルのコスト削減．2001年のコスト削減目標は4.68億ドル
Renault	Synergie 500 プログラム Revitalization Plan	2001～2003年中期計画でコスト削減策継続 2000年までに130億F・Fのコスト削減実施．主に部品購入，サプライチェーンマネジメントの分野で実現 Ford, 2005年利益70億ドルを目指すRevitalization Planを具体化
PSA	部品共通化によるコスト削減策	CitoroënとPeugeotのプラットフォームを3種類に統合する方針．2001年までに全生産台数の75%を3種類に集約 同プラットフォームベース車の部品共通率を60%に引き上げ，さらに異なるプラットフォーム間で部品の共通化を進める
BMW	原低のためのCOMPETE活動	BMWは99年3月ドイツサプライヤーに対し，今後2年間で納入単価の20%削減要求 英国Roverのサプライヤー原低の活動COMPETEをドイツにも導入した
VW	コスト削減策	原価削減目標を達成できないサプライヤーをリストから外すと投資の無駄になるのでそれは避けた．VWは原価削減においてサプライヤーを全力支援する

（出所）FOURIN「海外自動車月報」より作成

1. 欧州フォード

90年代後半, フォードの欧州事業は欧州主要国での購買シェア低落が続き, 事業不振が深刻化している. そうしたところから業績回復策の一つとして, 欧州フォードはコスト削減策に取り組み, 2000年には4億ドルのコスト削減を実施した. 2001年のコスト削減目標は4.68億ドルと多少削減比率をアップさせている. ではこのコスト削減課題を, サプライヤーにどのような方式で取り組ませようとしているのか. 欧州フォードの購買責任者Kürge氏によれば, サプライヤーに対するシングル・ソーシング（1社単一取引）の採用と, デトロイトのフォードが追求する4つの戦略ターゲットの採用が主な方式である[17]. このうち4つの戦略ターゲットとは,

① 2000年までに世界自動車プラットフォームを32から16に削減する
② エンジン・アーキテクチャを32から14に削減する
③ トランスミッションの種類を22から15に削減する
④ 全モデルに利用される普通部品量を22%から55%に引き上げる

結局, プラットフォーム, 部品の共通化を推進して, サプライヤーの生産量を集中増大させることでコスト削減を図ろうという狙いである. また, Transitの調達部品をトルコからの調達に切り替えることで, 台当たりコストの節減を図る検討なども進められている.

フォードは2002年1月経営再建築のRevitalization Planを発表した. これは赤字化した北米自動車事業を再建することによって, 2000年度半ばまでに利益を回復しうる体質を構築することを目指したもので, 具体的には2005年に税引き前利益70億ドルを得るために北米で2.7万人, 全世界で3.5万人を削減し, 工場については北米で5工場を閉鎖し, さらに続いて, 3工場の実質の実質閉鎖を進めるとともに, シフト削減やラインスピード生産調整も実施する計画である[18].

フォードでは北米全体で約500万台の過剰生産能力があると見ており, 前記8工場の閉鎖によって, フォードの北米自動車生産能力を削減する計画と伝えられる. こうしたフォードの生産合理化計画を金額で表示すると, 合計90億

ドルのコスト削減となる．そのうち，3分の1に相当する30億ドルを材料費削減で達成する方針である．この材料費削減の成果は，フォード65％，サプライヤー35％の割合でシェアすることが承認されている．この取り組みに関連して，2001年，Visteonは欧州フォード向け納入部品の価格引下げの要請があまりにも厳しいところから，両者間の話し合いで解決できず，Visteonは問題の所在を外部に公表した．これは1年前クライスラーとサプライヤー間で生じた紛争ときわめて共通した内容であり，その行方が心配される．

2．ルノー

ルノーは1998〜2000年の中期計画では，27億ユーロの削減を実現した．次の2001〜2003年の3年間で30億ユーロのコスト削減を目指す．うち購買費の削減で達成する分は15.3億ユーロで全体の約半分である．これは主に部品購入，サプライヤーチェーンマネジメントの分野で実現を目指す計画と伝えられる．ルノーではコスト削減策として「Synergie 500」プログラムが96〜98年に導入されて，サプライヤーに毎年8％のコスト削減が要求された．98年には，8％のコスト削減を実施，購買額を90億FF削減を実現した．それ以後現在も「Synergie 500」は引き続き取り組まれている[19]．

さらに98年6月から価格低減と引き換えに長期安定契約が約束されるOptimaサプライヤーを150社選定中である．Optimaサプライヤーというのは，ルノーがサプライヤーへの最高の信頼と重視程度を表すもので，単なるサプライヤーへの表彰とは異なる．98年時点でルノーが取引きするサプライヤー数は506社であるが，これらはOptimaサプライヤー，パートナーサプライヤー，一般サプライヤーと3つのカテゴリーに分類できる．

3．PSA

PSAの98年の世界生産台数は224.7万台であったが，2004年までに小型乗用車の生産を300万台体制に引き上げるとともに，シトローエン（Citoroën）とプジョー（Peugeot）のプラットフォームを3種類に統合することでエンジ

ン，変速機，シャシーと電子部品の共通化を進める計画である．これによってプジョー車とシトローエン車の同一工場での生産が可能となる．

プラットフォーム統合化の第一弾として，2001年までに全生産台数の75%を3種類に集約し，同プラットフォームベース車の部品共通率を60%まで引き上げ，さらに異なるプラットフォーム間でも部品の共通化を進めている．

PSAは現在，約70%の部品を750社から調達しているが，プラットフォームの集約化に伴い，原則的に「シングル・ソーシング」購買を強化する方針である．このように，1部品を1サプライヤーから調達することによって，生産の集中化が進み，それとともにコストの削減も可能となる．現在，PSAにおいてもブラジル，英国などの生産が拡大し，フランス以外の部品調達が拡大している．同社ではすでに購買総額の50%を上位18サプライヤーグループから調達しているが，これら大手がPSAのグローバル化戦略展開に対応できるならば，調達の集約度は一層高まることが予想される．

4. BMW

BMWは99年3月，ドイツサプライヤーに対して今後2年間に納入単価の20%削減を要求した．このため，英国Roverで進めている「サプライヤー原価低減活動＝COMPETE（Continuous Management Program for Efficiency and Technical Excellence）」をドイツサプライヤーに導入した．具体的にはBMWがドイツサプライヤーに対しコスト削減の提案を求め，その提案をサプライヤーと共同で取り組み，成果を上げる方式である．しかし，2000年に入ってBMWはRoverグループを売却し，再び単独企業として成長する路線に戻ったため，従来Roverグループと共同で取り組んでいた，サプライヤー共通化，部品共通化の多くは御破算となった．しかし過去においてRoverが本田技研工業から受け継いだ日本的原価低減方式は，BMWにとって今後も有益な役割を持つと思われる．ただ，その後BMWからはこれらの情報は全く途絶えている．

5. VW

 2001年8月，VW はドイツ国内の主力工場，Wolfsburg 工場と Hanover 工場の2工場で 5000×5000 プロジェクトは，一定数の生産額について期間工 5,000 人を固定給で雇用するという内容のものである．従来，臨時工利用に関しては，労組側の強い反対があったため，国内工場ではフレキシブルな稼動が困難であったが，合意内容では，これら臨時工を週 42 時間労働（土曜日を含む週6日勤務）させるが，深夜・週末手当はなく，月額 5,000 マルクの固定給を支払うというもの．このプロジェクトは恒常化させず，3カ年のパイロットプロジェクトとして導入する計画である．

第4節　モジュール調達とサプライヤーパーク

 1995,6 年頃から始まった欧州自動車業界におけるモジュール生産は，完成車メーカーとサプライヤーの関係を構造的に変貌させたばかりか，自動車生産そのもののあり方を変えようとしている．そのような意味ではモジュール調達は，90年代後半から現在に至るまでの完成車メーカーの購買政策の基軸的役割を担ってきたと言えよう．

 前述したように，欧州でモジュール生産が開始して以来わずか5年程の期間にすぎないが，その取り組み効果は大きく前進している．5年前，日本の完成車メーカーは欧州のモジュール化の取り組みに対して，過小評価を与えていた．そのため，この5年間に，日本のメーカーは完全に出遅れてしまっている．この点では米国の Big 3 も労組の反対に足を取られて同様の状況にある．そこで，この5年間のモジュール化による欧州自動車の新しい動きをまとめてみると，おおよそ次の4点に要約できよう．

（1）90年代後半におけるグローバリゼーションと国際競争の展開は，新興国や先進国での新工場生産を増加させ，その地理的条件や，部品産業の発展度合い，低価格車生産の必要性などから，完成車メーカーのモジュール・サプライヤーへの依存傾向を強めている．現在では，モジュール化の取り組みは，自動車産業全体に広がって既存の量産工場にまで及んでいる[20]．

(2) 欧州自動車メーカーのシステム委託が増加している[21]．部品メーカーへのモジュール生産委託経験の積み重ねによって，これまで実現できなかった車の一体化，機能統合，コスト削減までもが彼らの手で実現されるに至っている．とくに，自動車の主要部分をモジュールに取り込んだ方式であるコックピット・モジュール，フロントエンド・モジュール，ドア・モジュール，燃料，空気供給モジュールなどでは，現実に見るべき成果を上げている[22]．

(3) 最初，モジュール組立外注化は，完成車メーカーが内部で組み立ててきた工程をそっくり部品メーカーに移管する方式をとってきた．この時点では部品，材料，購買価格等の決定権は，完成車プラットフォームの開発・製造へのモジュール方式の適用を契機に，モジュールの開発，製造権限は少しずつモジュール・サプライヤーに移管されつつある．その結果，欧州自動車産業では，組立モジュールから開発モジュールへの進化が広がりつつあり，その成果として部品統合と機能統合が進み，部品点数削減，組立工数削減が本格化している．

(4) 完成自動車メーカーのプラットフォーム統合，モジュール開発，生産委託の動きに対して，部品産業側でも世界規模での再編が進行している[23]．大規模なM&Aを繰り返して，関連部品メーカーを合併・統合し，モジュールを独自で開発するシステム・インテグレーターとして，サプライチェーン，マネジメントや戦略技術も保有する部品メーカーが数多く台頭している．完成車メーカーは，これらの部品メーカーをティアワン（Tier 1）サプライヤーとして，モジュール開発や移管を積極化している．さらには，自動車開発・製造に関わる負担と責任の多くを，パートナーとしてのティアワン（Tier 1）サプライヤーに委託することを目指し，そのためのサポートを強化している．完成車メーカーは，これらの動きによって生じる関係余力を，環境や安全通信などの戦略技術開発に重点的に投入しようとしている．

以上95,6年以降の欧州自動車メーカーについて，モジュール生産の流れをまとめて4点に要約してみた．さらに2000年前後の，ごく最近における各メーカー別のモジュール化の取り組みをとらえてみたのが表1-4である．これか

表 1-4　欧州自動車メーカーのモジュール調達とサプライヤーパーク

	モジュール調達	サプライヤーパーク
VW グループ	・2001年からの中期投資計画と同時に新モジュール戦略はVWが設定した11モジュールを、モデル、クラスを超えて共通使用する	・99年よりAudi Ingolstadtに近接してロジスティックセンター（GVZ）設置，Neckarsulm工場近くのBad Friedrichshall産業団地に生産拠点おくサプライヤー増える ・2000年VW Wolfsburg工場にサプライヤーパーク建設
欧州 Ford	・98年投入の戦略小型車Focusを機にモジュール部品の大量採用により部品モジュールはFiesta, Mondeoの主力工場でも導入と組立工程の省力化はかる	・Focus生産ではValencia工場，Saarlouis工場にサプライヤーパークを建設し，それぞれ自動直送（DAD方式）またはシーケンス納入（JIS）方式導入
Renault	・99年からフランスSandouville工場とブラジルCuritiba工場モジュール生産	・99年からSandouville工場，Curitiba工場にサプライヤーパーク開設 ・スペインPalencia工場2001年サプライヤーパーク開設予定，フランスDouai工場にサプライヤーパーク開設予定
Daimler-Chrisler	・Sindelfingen工場新Cクラス生産でモジュール導入しかし内装モジュール ・NedCar Born工場でのZカー生産でモジュール組立16に拡大	・Zカー生産でサプライヤーパーク開設
BMW	・97年米国Spartanburg工場でのZ3ロードスター生産にモジュール導入 ・98年新型3シリーズにモジュール生産方式を採用	・新型3シリーズ生産のためRegensburg工場隣接地に10社のモジュール・サプライヤー用のサプライヤーパーク設置

（出所）FOURIN「海外自動車月報」より作成

ら明らかなように，モジュール生産は一層大きな流れとなって欧州自動車業界の牽引力となっている．

　ここでは，VWグループのようにグループの大半の完成品工場でモジュール方式が採用され，「新モジュール戦略」と呼称されるように，VWグループが設定した11モジュールを車のモデル，クラスを超えて共通使用する段階にまで至っている[24]．また，これまでモジュール導入に消極的だったルノーやPSAも新車開発を起点に導入に踏み切っている．また，ダイムラークライスラー（メルセデス・ベンツ）のように，これまでモジュールはスマートとかSUVのような傍流の車に採用されていたのが，新たに開発されたCクラスでも導入が始まっている点も新しい流れとして認めることができよう．Audi Ingolstadt

工場のサプライヤーパーク（ロジスティックセンター），VW Wolfsburg 工場のサプライヤーパーク，欧州フォードの Focus のためのサプライヤーパーク建設あるいはダイムラークライスラーのZカー生産のためのサプライヤーパーク開設など各完成車メーカーで本格的なサプライヤーパークが設置されていることである．これは VW Mosel 工場や Boleslav 工場で採用したモジュール方式（コックピット・モジュール，フロントエンド・モジュールなど十数個のモジュール部品を取り付ける方式）がほぼ定式化して導入されていること，そのためにサプライヤーパーク設置が不可欠なものとなりつつあることが示されている．以下では各メーカー別に，ごく最近におけるモジュール化動向を検討してみることにしたい．

1. VW グループ

2003年600万台体制の実現と主要製品のプラットフォーム共通化を世界戦略の中心においてきたVWグループは，2000年11月には，プラットフォーム統合後のコスト削減政策として"モジュール戦略"を発表した．

その特徴を紹介すると，① これまでの4プラットフォーム戦略の発展形態として，11モジュール戦略を推進する．それによって総投資額，部品点数削減，開発費削減，スケールエコノミーなどの効果を図る．② モジュール戦略は11モジュール（アクスルアウティング，ブレーキシステム，ドアロックシステム，エンジン，変速機コンビネーション，燃料システムなど）を車のモデルやクラスを超えて共通使用する．これは2005年より実施予定である．

以上から明らかなように，グループは，従来工場単位でモジュールを採用していたのが，標準化，共通化したモジュールを設置してあらゆる車輌への適用を図ることになった．その場合，モジュールは，プラットフォームベースからエンジンサイズ（出力）ベースとなり，VWでは車格の異なる Polo, Golf, Passat に共通したものが採用され，部品共通化が大幅に推進される．こうした共通モジュールの採用により，1次サプライヤー数の削減，2次サプライヤー数の削減とそれらに対する管理強化が実現される．さらに開発面でも開発期間の

短縮など 2 次的効果も期待できる．

　また，VW ではシャーシ，エンジン，変速機等の主要部品は内製を維持しており，グループの量産効果により収益性の高いビジネスであり，外注化する必要はない．共通モジュールの推進はこの傾向を一層強めて VW の利益構造を強化させることになる．

　VW グループの新モジュール戦略の採用によって，システム・モジュールサプライヤーとの関係はどう変化するか．この点に関して VW の以下の方針に注意を払うべきである．「VW の（モジュール化）方針は明確である．VW は決してサプライヤーに 100% のシステム開発力を譲ることはない．むしろ，システムの開発能力をコアビジネスとしての位置づけ，今後もこういった能力を保有していく」，「VW が望むサプライヤーとは，VW のコントロールの下，異なる生産拠点にモジュールを供給できるシステム・インテグレーターである」．

　以上の方針に照らすならば，新モジュール戦略は必ずしも巨大モジュール・サプライヤーの開発関与権がより一層強まることにはならない．とくに内製しているシャーシ，変速機，エンジン分野ではそのことが言える．しかし，他方では，シート・モジュール，フロントエンド・モジュールなどの分野では，巨大モジュール・サプライヤーの市場シェアを高め，彼らの独占力をより一層強化することになるだろう．そうした事実を証明するものとして，表 1–5 が示唆的である．この表によれば，シート・モジュールの進行とともに内製から外注への切替えが進み，99 年 9 月現在，ドイツ自動車メーカーのシート組立生産は殆ど米国系の Lear, Johnson Controls, フランス系の Faurecia の 3 社に独占されてしまった．こうした傾向は，いくつかのモジュール部品分野において一層高まることが予測されるのである．

　もう一つ注意すべき点は，モジュール・サプライヤーに供給するコンポーネント＝サブ・モジュール部品を供給する 2 次部品メーカーのあり方についてである．「モジュール組立に際しては，プラットフォーム戦略の下にモジュール・サプライヤーに供給する 2 次部品メーカーの特定は VW が行っている．例えば，Golf のコックピットは 3 大陸で 5 つの異なるサプライヤーが各工場

表1-5 ドイツ自動車メーカーのシート組立生産

	内		製		外		注	
	モデル	1998年生産量	ロケーション	モデル	ショートパッケージユニット	サプライヤー	JIT工場
アウディ	—	—	—	TT, TS, A3 A4, A6, A8	600,000	リア (TA, A6, A8)	ネッカスウルム (リア)
BMW	5シリーズ 3シリーズ コンパクト	250,000	ミュンヘン ディゴルフィング	3シリーズ 7シリーズ 8シリーズ, Z, X,	460,000	リア フォーレシア	バッカースドルフ (リア), ウカン (USAリア), バート アーバッハ (フォーレシア)
ダイムラー ベンツ	C-, E-, 5 クラス	425,000	ベヴァリンゲン	A, C-, SL クラス SLK, CLK	500,000	リア, ジョンソン, コントロール	ブレーメン (リア) ラシュタット (ジョンソン・コントロール)
フォード	モンデオ	85,000	ゲンク	Ka, フィエスタ, エスコート, ピューマフォーカス	550,000	ジョンソン・コントロール	ザールイス, バレンシア ダゲナム, ヘールワッド
オペル	—	—	—	コルサ, アストラ, ベクトラ, オメガ	約100万	ジョンソン・コントロール	アイゼナッハ (リア), ルッセルスハイム (リア), ボッフム (ジョンソン・コントロール)
ポルシェ	—	—	—	全車	31,500	リア	—
VW	ルポ, ゴルフ, ボラ, パッサート	220,000	ヴォルスブルク, エムデン	ポロ, ゴルフ, パッサート	830,000	ジョンソン・コントロール, フォーレシア, リッスラバ (ジョンソン・コントロール), カーロ	モーゼル, ブラッセル, プラチスラバ (ジョンソン・コントロール), パンプローナ (フォーレシア)

(注) エシアとベルトランド・フォールの合併によりフォーレシアと改名したので、前部記載をフォーレシアに統一した。
(出所) 『Automobile Management International』1999年9月

で生産しているが,各メーカーはともに同じスイッチ,同じメーターを購入しなくてはならないためである」.この説明から明らかなように,3大陸の5つのモジュール・サプライヤーに共通のサブ・モジュール部品が供給されていてそれらを納入する2次部品メーカーは,VWによって選定されており,例えばスイッチならスイッチで1社,メーターならメーターで1社と少数に絞り込まれており,2次サプライヤーとは言え膨大な量の部品供給を担うことになる.

次に,VWグループのサプライヤーパーク政策の実態について検討してみよう.VWグループでは表1-6に見るとおり,1995年Audi Ingolstadt工場にモジュール生産が導入されて以来,現在では世界中に分布する組立工場モジュー

表1-6 VWグループのモジュール工場一覧

ドイツ Mosel 1996	ゴルフ パッサート	1,1000台/日	12社が15モジュール部品納入
ブラジル Resende 1997	商用車	3万台	10社サプライヤーがモジュールの組立
メキシコ Pueble 1997	ゴルフ ジェッタ ニュービートル	40万台	モジュール15種導入
ブラジル Curitiba 1998	アウディA3 ゴルフ	16万台	サプライヤーパークに13社
ベルギー Brussels 1998	トレド ゴルフ	18万台	Mosel工場と同じサプライヤーパーク
スペイン Pamplona 1999	ポロ	1,450台/日	工場隣にサプライヤーパーク
ブラジル Anchieta 2001	ポロ SUV	25万台	サプライヤーパーク設置
ドイツ Wolfsburg 2001	ルポ ゴルフ	25万台	サプライヤーパーク設置

Audiのモジュール工場一覧

ドイツ Ingolstadt 1995	A3,A4	41万台	ロジスティックセンターを組立工場隣に設置
ドイツ Neckarsulm	A6,A2	19万台	ロジスティックセンターを組立工場隣に設置
ハンガリー Gyor 1998	TT	5万台	サプライヤーパークの設置

ル生産が広がった．また，それらの組立工場の近辺にはサプライヤーパークが設置されている．Ingolstadt 工場の隣に設けられたロジスティックセンター（1999年）は機能的にはサプライヤーパークと殆ど変わらないと見てよい[25]．VW で最も新しく設置されたサプライヤーパークは Wolfsburg 本社工場に隣接して存在する．ここは 2001 年同工場にモジュール生産が導入された時にサプライヤーパークが併設された．このサプライヤーパーク内のモジュール組立工場では，フロントエンド・ワイヤーハーネス，ケーブル，コックピット，アクスルなどがモジュールに組み立てられて，隣接する Wolfsburg 自動車組立工場にジャスト・イン・シーケンス（JIS）で運搬される．サプライヤーパークを設置したお陰で道路やトラックを使わずに，直接納入が可能となっている．

2. 欧州フォード

欧州フォードは業績悪化からコスト削減に力を注いでいるが，その一環として，すべての工場で新モデル生産を機に，フレキシブルボディショップの導入，モジュール調達／組立，サプライヤーパークの導入が進められている．モジュール調達は Fiesta（Köln 工場），Focus（Valencia 工場，Saarlouis 工場），Mondeo（Genk 工場）といった主力モデル，主力工場で進められている．

欧州フォードは，98 年に投入した戦略小型車 Focus では，モジュール部品の大量採用によって部品点数の削減と組立工程の省力化が図られた．とくに Focus で注目されるのは，量産開始の 3 年前の早期段階から約 120 社のティアワン（Tier 1）サプライヤーと共同開発に取り組んでいる点で，例えば，サスペンションについては多くは Bentler と共同で取り組んだ．シートについては，Johnson Controls と協力して製品開発を行った．また Autoliv, TRW は新安全基準に適合できるよう設計作業で Ford を支援した．また工場の立ち上げに際しても主要サプライヤーの従業員が現場で支援するなど，システム部品の納入増大と同時にサプライヤーとの協力体制作りに努力が向けられている．

次にサプライヤーパークは，前記の Fiesta, Focus, Mondeo などでモジュール方式と並行して導入されている．また Jaguar Halewood 工場ではモジュール

化は取り上げられないものの，サプライヤーパークが設置された．Focus の主要生産拠点であるスペイン Valencia 工場とドイツ Saarlouis 工場は，ベルトコンベアで直結するサプライヤーパークが建設され，それぞれ自動直送（DAD＝Direct Automatic Delivery）またはシーケンス納入（JIS＝Just in Sequence）方式を導入して輸送費用と在庫管理費を削減している．以下では Saarlouis 工場のサプライヤーパークについて概要を紹介してみる．

同パークでは，Saarlouis 工場（生産能力は 1,590 台／日）の Focus 向け原価の 40% を占めるモジュール部品や溶接アッセンブリーを納入している．サプライヤーパークに入居するサプライヤーは，フロント／リアアクスルアッシー，インパネモジュール＋ステアリングコラム＋ホイール，ワイヤーハーネス，エグゾーストシステムなどの 12 モジュールサプライヤーである．サプライヤーパークと Saarlouis 工場の間は長さ 1,000 m のベルトコンベアによって直結され 16 カ所のステーションで部品を制御することができる[26]．

配送はシーケンス納入（JIS）方式が導入され，複数部品の輸送順序がコントロールされる．部品の配送時間や順序は，フォードの生産統括システム（Central Production Control System）によって予め設定され，オンラインシステムによってサプライヤーとリアルタイムで配送の情報交換が行われる．すべて入荷はバーコードで管理され，1 日のモジュール／部品配送量は 6 万点にのぼる．

Saarlouis 工場ではモジュール採用によって，旧型 Escort 生産に比べ部品点数が 4,600 点から 3,000 点に削減されるとともに，工程数の削減，物流費用の節約により 25% の生産性向上が実現した．

3. ルノー

これまでルノーはモジュールの外注化に消極的で，自動車工場にサプライヤーパークを持っていなかった．しかし，ルノーは 99 年を起点として，今後 2〜3 年の間にモジュール方式を生産の主流に取り入れることを決定した．モジュールの組立は，サプライヤーパークを新設し，そこで行われることとした．この方針に沿って 98 年 8 月にフランスの Sandouville 工場，99 年末ブラ

ジル Curitiba 工場にサプライヤーパークが開設された．同社でのモジュール生産規模は1工場ごとに6〜7種類のモジュール部品を導入する計画で，その主なものはフロントエンド・モジュール，コックピット・モジュール，ドア・モジュール，ヘッドライナーなどで，コーナー・モジュールおよび排気システムは内製される予定である．Sandouville 工場においては，新プラットフォーム（Laguna, Safrane, Espace の後継モデル開発プロジェクト：X 74／X 73）に採用される予定で，Laguna は 2000 年，Safrane は 2001 年に後継モデルに切り替えられている．当面サプライヤーパークに入所するモジュールメーカーは5社，Curitiba 工場は4社である[27]．なお Sandouville 工場，Curitiba 工場に続いては，2001年7〜11月スペイン Fasa-Renault の Palencia 工場でサプライヤーパーク設置が決定された．またフランス Douai 工場でも次期 Megane Scenic（X 84）導入と同時にサプライヤーパークを設置する予定である．

なお欧州生産と直接的な関係はないが，ルノーと資本提携を結んだ日産でも，2000年から Skyline, Cima, 2001年から米国の Altima, 日本の Bluebird においてモジュールの採用が決定し，すでにサプライヤー選定が決められた．採用された分野にコックピット・モジュール，ドア・モジュール，プット・エンド・モジュールなどでほぼルノーに準じている[28]．

4. ダイムラークライスラー

ダイムラークライスラーに統合される以前，メルセデス・ベンツは97年 Rastatt A クラス工場と米国 Vance M クラス工場に，さらに98年には子会社 MCC フランススマート（Smart）工場において順次モジュール生産方式を採用した．最近ではこれに新 C クラス車生産の Sindelfingen 工場，Z カー生産の NedCar Born 工場が加わった．最初にモジュール生産が導入されたのはドイツ国内の Rastatt 工場である．ここでは A クラス製造のため，組立工場およびサプライヤーパーク内にモジュールサプライヤーが誘致され，サプライヤーによって組立工場に部品のシーケンス納入が行われている．サプライヤーパークでは部品の60%が東欧から調達されている．組立工場への1日分の搬入部品はトラッ

ク40台分で，これらはサプライヤーパーク内で組み立てられ，長さ85mの搬送ブリッジを経由して完成車組立工場内に納入される．同様，米国アラバマ州バンス工場ではMクラスがモジュール生産されている．Mクラス製造のために，65社のサプライヤーから部品が調達される．このうち18社のサプライヤーによってジャスト・イン・シーケンス納入によってモジュール部品が供給される．

次にスマート（Smart）生産のモジュール生産であるが，スマートは車輌の構想・開発段階からモジュール化が取り組まれたコンパクトカーであったから，組立レベルのモジュールから始まった他の車と全く異なったモジュール方式が取り入れられてきた．システム・サプライヤー10社がコンセプトテストで選別され，モジュール開発に早期から参画している点，1次サプライヤーが2次サプライヤー選定権を持っている点，技術，品質コスト削減に全面的に責任を負っている点，システム・サプライヤーの組立工程がスマートの完成車工場内に同居している点など他のモジュールに見られない独自性があった[29]．

しかし，スマートの生産は最初年産20万台の計画で出発したにもかかわらず，その後5年間目標に到達できず，最終的にはダイムラークライスラーの内部計画で13.5万台を最高と見なす変更が決定された．納入サプライヤーとの契約では最低年産20万台分の調達を保証しており，同台数を下回った場合には補償支払いを約束していたから，2000年，この約束に従って，サプライヤーに5.36億ユーロが支払われた[30]．

以上から明らかなように，ダイムラークライスラーにおいては，MCCのSmart生産は成功ケースと評価されず，その方式は社内の他車種に継承される可能性はなくなった．例えばNedCar Born工場ではスマート生産の教訓を生かしてフレキシブルな方式に変えられた．具体的には，NedCar Born工場では現在，インパネ，シート，ドア，ルーフライニング，バンパーの5品目についてモジュール組立を行っているが，新しいZカーでは16品目に拡大する計画で，従って，モジュール拡大に対応して，サプライヤーパークが新設される．サプライヤーパークも入居サプライヤーの負担を軽減するため，パーク運営を

コンソーシアムに委託する方式が検討されている（Hambach 工場ではサプライヤーが内部にある建物を所有する方式をとっている）．

　以上に見るように，モジュール生産はダイムラークライスラーでも VW グループなど多くの自動車メーカーが採用しているサプライヤーパーク方式を継承する方向にある．メルセデス・ベンツはこれまでメイン車種についてモジュール方式を採用してこなかったが，新たに Sindelfingen 工場で生産される C クラス車ではフロントエンド，ドア，コックピット，シートをモジュールで納入することが決まった．しかし，他社が進めているようにモジュール化を外注化せず，内製することにしている[31]．モジュール組立のために，完成車組立工場内にサプライヤーパークが設置され，例えばメルセデス・ベンツ Untertürkeheim 工場から搬送されたエンジン，トランスミッションはこのサプライヤーパークでサブアッセンブリされて最終ラインに組み付けられる．その他ドア，コックピット，フロント部品類もここに集められ，モジュール部品に組立てられて，最終ラインに送られる．部品納入では JIS 搬送は全部品の 5～10% で，後は JIT 納入と言われる．以上のように，メインのメルセデス・ベンツ車のモジュール生産はまだ端緒の段階にとどまっており，将来どの方向に進むか明らかでない．この点では新モジュール戦略を打出した VW グループとは大きな差異がある．

5.　BMW

　BMW は 97 年に生産を開始した米国 Spartanburg 工場での Z3 ロードスター生産にモジュール方式を導入した．Z3 の生産ではサプライヤー数は 70 社に絞り込まれており，そのうち 18 のメインサプライヤーが購買額の 90% を占めており，彼らにより 19 種のモジュールが供給されている．99 年からは 5 シリーズベースの SUV が生産されており，この SUV にもモジュール生産が導入された．

　BMW は 98 年投入の新型 3 シリーズ生産において，開発の早期段階からサプライヤーとの協力関係を構築し，開発コストを 20% 削減した．またサプラ

イヤーを300社から150社に半減し，そのうち3分の1は新規サプライヤーに変えた．この新型3シリーズ生産のRegensburg工場にはモジュール生産方式を採用，工場隣接地には10社のモジュール・サプライヤーが拠点を置くサプライヤーパークを設置した．BMWは新型3シリーズ投入40カ月前，デザイン決定18カ月前に20の重要モジュール選定のためにサプライヤーコンペを開催した．この際各モジュールごとに3～7サプライヤーがモジュールの構想をめぐって3カ月間競合した．このコンペにはBMWの内装部品事業部も参加し，外部サプライヤーと選定をめぐって競争した．シート部門の競合では内装部品事業部にサプライヤーが勝って選抜された．このモジュール生産方式が導入されて完成車の組立所有時間は20%削減できた．

第5節　大型合併・買収によるシステム・モジュールサプライヤーの出現

1. 1990年代後半以降の欧米部品メーカーの再編

90年代後半に始まった欧州自動車メーカーのプラットフォーム統合化さらには国境を越えた大型合併・戦略提携の進行はそれとつながりを深めてきた大手部品メーカーにも激烈なインパクトを与え，大がかりな部品業界の再編成の動きを促進している．

今日，欧州自動車メーカーが進めるサプライヤー政策の狙いは，内製部門の外部移管，システムインテグレーターに対する開発・製造の大幅委託に絞られている．こうした自動車メーカー側のシステム・モジュール化要求に対応して，部品メーカーもモジュール生産・世界生産を拡大し，自動車メーカーにとって不可欠なシステム・モジュールパートナーとしての地位を固めることが最重要課題となる．こうした動きが原動力となって欧州自動車部品業界は，90年代後半以降かつてないような大型合併・買収が切れ目なく続いているのである．

表1-7および表1-8は，欧州および米国の主要部品メーカーについて96年と2000年の売上高を比較してみたものである．これから明らかなように，欧

表1-7　欧州主要部品メーカーの1996年と2000年の業績比較

企業名	単位	1996年売上高	2000年売上高	2000/1996(倍)
Robert Bosch (ドイツ)	100万DM	24,500*	43,000	1.50
Michelin (フランス)	100万ユーロ	12,696	1,5816	1.25
Valeo (フランス)	100万ユーロ	4,401	9,120	2.07
Faurecia (フランス)	100万ユーロ	3,540*	8,400	2.37
Tyssen Krupp (ドイツ)	100万ユーロ	n.a	6,108	?
GKN plc (英国)	100万ポンド	3,337	5,096	1.53
Magneti Marelli (イタリア)	100万ユーロ	2,999	4,500	1.50
Berhr GmbH (ドイツ)	100万DM	2,283	4,150	1.82
Autolive (スウェーデン)	100万ドル	1,735	4,116	2.37
Siemens AG (ドイツ)	100万ユーロ	n.a	3.839	?

(注) *は1997年業績
(出所) FOURIN「海外自動車月報 No.189／May 2001」

表1-8　米国主要部品メーカーの1996年と2000年の業績比較（単位100万ドル）

企業名	1996年売上高	2000年売上高	2000/1996（倍）
Delphi Automotive	31,032	29,139	0.93
Visteon	16,497	19,467	1.18
Lear	6,249	14,073	2.25
Johnson Controls	6,250	12,739	2.04
Dana Corp.	10,979	12,317	0.01
Magna International	5,856	10,513	1.80
Eaton Corp	6,961	8,309	1.19

(出所) 表1-7に同じ

米の主要部品メーカーはこのわずか5年間に売上高を急伸長させているものが多い．またその中では，欧州に比べて米国の方がやや停滞傾向が目立っているが，これは欧州では2000年以降も企業買収などによる業容拡大・事業再編を方針化する部品メーカーがまだまだ存在するのに対して，米国では2000年9～12月期に赤字転落した部品メーカーが目立ち，非戦略的部品事業の売却あるいは自動車部品事業からの撤退を検討するメーカーがいくつか存在するといった格差傾向が広がっていることにある．

ここで1999年から2000年にかけて進められた大型合併・買収を挙げると，1999年はTRWによるLucas Varity買収（約70億ドル）をはじめ，LearによるUT Automotive買収（約8.7億ドル），VisteonによるPlastic Omnium内装部品事業買収（約5億ドル）があった．2000年には，欧州でMannesmann非通信事業部門（Atecs Mannesmann）のBosh/Siemens共同買収（91億ドル），ValeoのLabinalの自動車部品子会社買収，FaureciaによるSommer Allibertの自動車部品事業の買収などが挙げられる．他方，米国ではMeritor／Arvin戦略合併があったものの大型合併・買収は減少した．Borg WarnerとValeo，TextronとValeo，BremboとSKF，Johnson ControlsとOxford Automotiveなど戦略提携が目立つようになってきた．

そこで，次には代表的な大手部品メーカーが企業合併・買収あるいは戦略提携を通じていかに統合システムやモジュール開発能力を獲得してきたか，あるいは共同によるシステム開発を進めてきたか，個別的に検討してみることにしよう．

2. GMのプラットフォーム統合化とサプライヤーの再編過程

将来GMはサプライヤー1社によって完全なインテリアを供給させようという構想を用意している．このパッケージはコックピット，シート，ドアパネル，トリム，ヘッドライナーとその他の部品などの開発，デザイン，製造を含んでいる．

すでにLearは，2000年3月に次世代型の内装システムとして内装用コモ

ン・アーキテクチャ・コンセプトを発表した．自動車メーカーがこのコモン・アーキテクチャを採用した場合，グレードやターゲット，年齢層の嗜好を考慮した表面の材料・部品を変更するだけで全く異なった室内イメージを演出することが可能となる．

　コモン・アーキテクチャは，① インスツルメントパネル，② コンソールシステム，③ シート／インテリアトリム，④ オーバーヘッドシステム，⑤ フロアリング／防音材の5つのモジュールと配線システムから構成される．Lear は，99年 United Technology Automotive を買収することで配線部品を組入れた内装システムの開発・供給力を高めることができた[32]．Lear はこの能力を活用して，GM の2001年型フルサイズバン（Chevrolet Express LT/GMC Savana SLT）向けに全内装システムを供給する．その1台当たりの販売価格（3.4～3.7万ドル見込み）の10～20％と見積もられている．

　また2000年2月には，Motorola とフォード向けのインテグレーテッド・インテリアシステムを合体化した UT Automotive 技術陣と共同開発も開始された．

3. Faurecia の企業戦略と合併活動

　Faurecia は，フランスでは Valeo と並ぶトップクラスの総合自動車部品メーカーである．97年12月，フランスの PSA グループの子会社で，内装モジュール，エグゾーストシステム，フロントエンド・モジュールメーカーだった Ecia が，シート専業メーカー Bertrand Faure を買収して誕生した．99年度売上高は48億ユーロに達し，シートおよびエグゾーストシステム分野では欧州最大の部品メーカーとなった．さらに Faurecia は，内装システム・サプライヤーとして生き残るためにはより規模拡大が必要であるとの観点から，2000年10月プラスチック成形品メーカー Sommer Allibert からインスツルメント・パネル，ドア・パネルなどの自動車部品部門の SA Automotive を買収した．この結果，2000年度売上高は84億ユーロに達し，製品別の欧州市場シェアはシートシステムで25％，ダッシュボードとコックピットモジュールは30％，ドアパネル・

モジュールで29%，以上3つの内装分野合計で24%，その他エグゾーストシステムで24%で，いずれも欧州のシェアランキング第1位．さらにフロントエンド・モジュール（以下FEMと略す）は欧州ランキング第2位だが，欧州市場シェアは31%に達する[33]．

ことに，FEM開発については93年よりドイツの自動車メーカーと共同で取り組み，現在では，Audi Ingolstadt工場の傍に建設されたロジスティックセンター（一種のサプライヤーパーク）からA3，A4車向けに日産1,500台のFEMが供給され，同様Offenau工場からA2，A6向けに日産900台のFEMが納入されている．このFEMの開発・生産については，欧州の自動車メーカー，モジュールサプライヤーによって競って取り組まれているが，Faureciaでは，ラジェーター，クーリングファン，ヘッドランプを支えるフロントエンド・キャリアを樹脂材と部分的にシートメタルで補強した「ハイブリッド型フロントエンド・キャリア」としてまとめている．このタイプは重量が軽く，一発成形で製造でき，しかも車輌衝突テストに十分堪えうる，世界最高水準のフロントエンド・キャリアである[34]．Faureciaでは，FEM生産に関しては4つのコアコンピータンスを確保しており，他のどのFEM生産メーカーをも凌駕する競争力をもつメーカーである．この4つのコアコンピータンスとは① FEMのためのプロジェクト，マネジメントとコーディネーション能力，② フロントエンド・キャリアの開発と製造，③ FEMの組立ノウハウ，④ JITとジャスト・イン・シークエンス（JIS）のためのロジスティクス能力である．

Faureciaは，ヘッドランプもラジェーターも自社内で製造していないにもかかわらず，この4つのコアコンピータンスを持っているが故に，高い収益性を基盤とした競争力を保持しているのである．現在のところ，VWグループ内でFEMを採用していない組立工場もいくつもあり，同社はハイブリッド型フロント・キャリアを武器にこの分野のマーケットシェア拡大を図る明るい展望を持っている．

ところで，FaureciaはSommer Allibert Automotiveを合併することによってダッシュボードとコックピットモジュールの欧州シェアは30%に引き上げら

れた．では，コックピットモジュール分野でもFEMと同様のコアコンピータンスを発揮できるであろうか．コックピットモジュールは将来の自動車の頭脳となる部分であり，高度のエレクトロニクス技術の確保が鍵となる．

Sommer Allibertは合併前，Siemens Automotiveと戦略提携を結び，コントロールスイッチ，制御機能および通信システムノウハウを補完してきた．しかし，Faureciaによる買収によってSiemensとの関係は絶たれた．後述するように，SiemensはMannesmann VDO AGを合併しコックピットモジュールの開発メーカーとして自立化する方向にある．これはコックピットモジュールの市場確立を目指すFaureciaにとって大きな不安材料となろう．

4. Meritorの企業戦略と合併活動

2000年4月，ArvinとMeritorは2001年前半をめどに対等合併することで合意した．この合併は，モジュール／統合システム開発を目標とした戦略型合併と言える．新会社ArvinMeritorは売上高75億ドル，従業員3万6,500人，生産拠点25カ国121カ所，大型トラック用動力伝達系・制動部品，小型自動車用排気・足回り・動力伝達系部品，ドア／ルーフシステム，および補修部品の大手部品メーカーである[35]．

ArvinとMeritorの製品分野はそれぞれ違っていて重複していない．例えばArvinの製品は小型自動車用のエグゾーストシステム，ショックアブソーバー，ガスダンパー，フィルターなど．Meritorの製品は，小型自動車ではドアモジュール，ルーフモジュール，動力伝達部品，サスペンション部品などが主力製品で，売上高の45%は大型トラック用の伝達系部品・ブレーキ部品で占められる．従って両社が合併しても特定の部品シェア拡大につながらず，補完的で両社の技術の統合によって新しいシステム開発のシナジー効果が期待できる．

新ArvinMeritorでは合併の期待効果として，財務の統合，戦略の補強，製品の補完，事業体制，技術力／ブランド力／米国外事業／経営陣，従業員資質など全般の強化につながると言われている．

以上はArvinMeritorの主として米国市場分野での取り組みであるが，欧州市場ではどうか．合併前の99年9月にMeritorは売上高を100億ドルに拡大するため，ドアシステム，ルーフシステム，大型商用車アクスル分野で先端技術を獲得するため技術提携，合併，買収を含む他社とのパートナーづくりに20億ドルの資金が用意された．とくに小型車部門ではSommer Allibertのトリム技術，Temicの電子制御技術，Strepara車のサスペンション技術，Westnontのサンルーフ技術とクラリオンのGPS技術獲得のため技術提携・買収を含む手段で提携関係を結んでいる．しかし，Arvinとの合併はこうした方向を大きく修正しつつある．前述したように，Arvinはメカニック製品を得意とし，Meritorの戦略製品の一つであるサンルーフシステム・モジュール，ドアシステム・モジュールに対してはバックアップする技術を持っていない．

例えば，Meritorのドアモジュールは，すでにメキシコのPuebla工場からVWのGolf向けなど年間100万セット規模の納入実績を持っており，今後も欧米での拡販が期待できる分野である．これまで提携してきたSommer Allibertの自動車部品部門もFaureciaに吸収されてしまった．またTemicの電子制御技術供与もBoschとの提携により困難となった．こうしてみると，Meritorが欧州市場を中心として拡大しつつあるドアシステム，ルーフシステムに関しては先行きはあまりよく読めないようである．

5. Magnaの企業戦略と合併活動

Magna International（以下Magnaと略す）は，車体内・外装システム・モジュール部品，シャーシシステムの統合部品メーカーで，2000年度の売上規模は105億ドルで米国自動車部品メーカー上位10社の第6番に入る巨大企業である．従業員は54,000人以上，世界中に164カ所の生産拠点と30の製品開発・エンジニアリングセンターを持っている．最近では欧州市場のシェア拡大が目ざましく，米・加両域を上回って全体の約40％を占める．

Magnaは，欧米の自動車メーカーが進める車体用内外装部品のシステム化・モジュール化とそれらの外注依存傾向増大の動きに対応して，車体内外装分野

を中心に事業拡大を図るとともに，内装分野では99年6月TRWと共同で乗員安全システム開発センターを設立し，共同で安全システム分野の技術蓄積を集めている．

また99年5月には，米国のナビゲーション専門メーカーのMagellan Corp.と合弁で先進車輌ナビゲーションシステムの開発・製造会社を設立し，次世代内装システムに求められる戦略技術の獲得を進めている．

2001年4月，Magnaの部門が独立した事業と，Magna, Atoma Closure Systems, Magna Interior System, Magna Seating Systemの5つの事業が合体してIntier Inc.を設立した．この企業は，5節1）で紹介したのと同様，1社で完全なインテリアシステム供給を目指してその取り組みを始めつつある企業で，Learと同様近い将来，GMなどの完成車メーカーへのインテリアシステム供給を開始するだろう[36]．

同社では外装，車体についても，98年にSteyr–Daimler–Puchを買収し，4WDドライヴトレインシステムとともに車体開発，組立事業を加え成型，組立，評価などに関するノウハウの蓄積を進めている．

Magnaはシステム，モジュール開発，組立において，これまで自動車メーカーが行っていた方法では将来コスト高になると考え，プログラムマネジメント，ロジスティックス，サプライヤーの育成面で自動車メーカーとは異なった効果率な生産方法の開発が必要であるとして，製造システム全体についてのノウハウ蓄積を検討している．こうした，自動車メーカーとは異なったサプライヤー主体の車の製造システムの開発は21世紀に入ってますます現実性をおびてきているのである．

6. ThyssenKrupp Automotiveの企業戦略と合併活動

ThyssenKrupp Automotive（以下TKA）は90年代に入りM&Aを繰り返して急激に規模拡大を進めてきたドイツの有力自動車部品メーカーである．1998年，ThyssenとKrupp Hoeschは合併を経て99年には売上高48.6億ユーロに達し，ドイツではBoschに次ぐ第2位，欧州ではBosch, Valeoに次ぐ第3位の

自動車部品メーカーとなった．しかしその後，2000年以降にも続いている欧州部品メーカー同士のM&Aのため，TKAのランキングは低下した．2000年のSiemensによるMannesmann VDO買収，FaureciaによるSAI Automotive（Sommer Allibert 自動車事業）の統合，2001年初頭のContinentalによるTemic買収など大型M&Aの展開によって，現在ではTKAは，ドイツでBosch, Siemensに次いで第3位，欧州全体ではValeo, Faureciaが上位に入るため第5位となる．第6位のContinentalの自動車部品事業（タイヤを除く，Teves／ISAD／Conti Techの合計）とは僅差である．

2001年3月，TKAはMagneti Marelliのサスペンション／ショックアブソーバー事業（以下MMSS）の様式51％を取得することで合意した．TKAは2004年以降にはMMSSの残りの株式49％を取得できるオプションを保有している．このMMSS買収の狙いは，自動車事業規模の拡大，システムエンジニアリング／サスペンション事業の強化および北米依存体質の改善といわれている[37)]．

TKAの親会社ThyssenKruppは本業の鉄鋼部門では自動車用鋼板を手がけており，同分野ではNKKとの提携を交渉中であり，さらなる事業体制強化を狙っている．また，同グループはグループとして自動車業界向けにあらゆる素材部品を供給できる体制を目指しているため，自動車部品事業TKAについても事業拡大の機会を狙っている．

2000年3月，Mannesmannが非通信事業Atecs Mannesmann（VDO, Sachs等の自動車部品事業を含む）のスピンオフを発表した時に，ThyssenKruppは同事業の買収に名乗りを挙げたが，最終的にはSiemens-Bosch連合に敗れてしまった．TKAの製品別売上高を見ると，システムエンジニアリング／サスペンション部門が唯一10億ユーロに満たない．そこでTKAは，2000年にアクティブサスペンションの生産，エンジニアリング強化を目的とした新会社TKA Mechatronicsの設立によって事業拡大の推進を図っている．

TKAの地域別売上高構成を見ると，Buddを中心とした北米事業の比率が56％を占め，本拠である欧州の比率は40％に満たず，南米，その他の地域は5

%にとどまるMMSSはイタリアとブラジルを中心に事業拠点を有しており，これからの欧州南米事業の売り上げ拡大が期待できる．

 第6節　COVISINTとオンライン調達

 北米の自動車メーカーがリードする形で，世界の自動車メーカー，部品メーカーの間にOE部品調達分野，補修部品調達分野，ディーラーコンピュータネットワーク分野にIT活用に基づく協力体制が具体化しつつある．

 2000年3月，GM，フォード，ダイムラークライスラーの3社は，世界における自動車部品の電子商取引仲介会社COVISINTを設立することを発表した[38]．同年4月にはルノー，日産自動車もCOVISINT設立のパートナーとして参加することを表明した．さらにその1年後2001年5月にはPSAが参加を決定し，世界の自動車メーカーの参加は6社となった．また2001年4月時点で部品メーカーの参加は900社といわれる．

 2000年時点での予測であるが，参加企業の購買がすべてCOVISINTで行われた場合，自動車メーカーで3,000億ドル部品メーカーで7,000億ドル，合計1兆ドルの巨額の取引額が見込まれるという[39]．しかし，2001年のCOVISINTの実際取引高は，27億ドルということで，予想に比べごくわずかの部分にとどまっている．

 COVISINTはトヨタやVWなどの大手自動車メーカーにも呼びかけたが，トヨタには汎用部品や事務用部品などの調達に限定して参加することが検討されており，VWおよびBMWはCOVISINTに参加せず独自の電子商取引ネットワークを設立する方針を明らかにした[40]．COVISINTは電子商取引のほか，CADデータ共有使用も可能となる．このため，世界各国で同時に製品の開発，改良もでき，開発コストの削減やリードタイムの短縮も可能となる．同時にCADシステムの共通化により設備投資の抑制も実現できる．

 自動車メーカーはCOVISINTを利用することで，広汎な部品メーカーから取引先を絞り込めるほか，購買管理や営業などの面で時間，労働力，コストの削減が可能となる．また，開発期間の短縮・発注から納入までの期間短縮も可

能となる.

　以上のように，COVISINT の利用はすべてよいことずくめのように聞こえるが，問題点も多い．自動車メーカーはすでに取引先の大手部品メーカーとモジュールや重要部品の開発を先行している点や CAD データの共通化やネット上の情報交換も実施していることから COVISINT の利用はかなり限定化される可能性も大きい．また，自動車メーカー主導の COVISINT や電子商取引サイト活用に対して，自動車部品メーカーは懐疑的である．なぜならば COVISINT は自動車メーカーにとって部品メーカーからの部品調達コストが削減される上，その手数料で COVISINT から得た利益が株主配当の形でペイバックさ

表 1-9　COVISINT とオンライン調達

	COVISINT	オンライン調達効果
DaimlerChrysler	COVISINT 設立（推進者）	2000 年 10 月開始の COVISINTLLC オンライン取引で 500 種類以上の部品で 27 取引を行い 1 億ドル以上の調達実施．それによって最低 17% のコスト削減効果を得た 2001 年 5 月の 4 日間 COVISINT を通して 35 億ユーロ相当の部品・資料購入（1,200 品目サプライヤー 5 社）
VW	COVISINT 不参加 独自で自社サイト立上げ	オンライン購買で年間 10 億ドル節減を見込む． 全サプライヤー（6,000 社）のネットワークへのリンク希望 VW は Microsoft・Hewlet Packard，Gedas（独）と戦略提携
PSA	2001 年 5 月 COVISINT 資本参加表明	PSA はデジタルモデル開発のため 2002 年までに取引 150 社が COVISINT ポータルサイドにつなげられるようにしたい意向
Renault	2000 年 4 月 COVISINT 資本参加	オンライン調達サプライチェーンにおける e コマースイニシアチブによって在庫削減も可能となり 1 台当たり 150～300 ユーロ削減が見込まれる
BMW	COVISINT 不参加 独自で自社サイト立上げ	
Fiat－欧州 GM	COVISINT 設立 自社サイト Trade Exchange	
欧州 Ford	COVISINT 設立 自社サイト Auto Exchange	

（出所）FOURIN「海外自動車月報」より作成

れるからである．だが，米国事業の比重の高い部品メーカーは米国完成車メーカーとの取引関係からCOVISINTへの加入は止むを得ないとしても，欧州取引中心の部品メーカーは技術力に自信のない部品メーカーの中には何らメリットが見出せないということでCOVISINT加入を見送っているメーカーもある．以上のような状況から，COVISINTによるオンライン調達についての評価は定まっておらず，その将来の見通しも明らかではない．

1) フォードは1998年に過去最高利益220億ドルを計上した後，2001年には76億ドルの赤字に転落した．この2001年の赤字は北米自動車事業での56億ドルの損失によるものだが，これには2001年第4半期に計上された経営再建築Revitalization Planの費用41億ドル（税引後）の一括計上や，Explorerタイヤリコール費用（フォードの見積もりでは2001年に21億ドル）等特別損失が含まれている．
   フォードは1998年にThe Associatesを，2000年にはVisteonをスピンオフし，GM同様自動車でも完成車事業のみに集中し，自動車に関わる金融事業と2本柱の体制にした．Revitalization PlanではNasar CEO時代に推進した自動車に関するサービス事業を急拡大させる政策から方向転換し，自動車製造業の基本に返り，本業で収益を上げることとした．
2) カナダの総合自動車メーカーMagna International（以下はMagnaと略称）は事業再編によって自動車メーカーの世界最適調達に対応する体制を整えるとともに，内装システムインテグレーターとしての事業強化，完成車組立能力やエンジニアリング能力の増強などによって完成車メーカーにより近いフルサービスサプライヤーとしての地位を強化している．Magnaの一部門である子会社Magna Styerはブランドを持たない自動車メーカーとしては世界最大メーカーを目指しており，完成車組立能力とエンジニアリング能力の増強を進めている．2001年10月にはBMWから2002年にはSaabから，それぞれ一部車種の組立受注生産契約を獲得している．また2002年にはダイムラークライスラーからEurostarの車輪組立拠点を買収する契約を締結し，完成車組立能力を年間約15万台から20万台に引き上げている．
3) 自動車メーカーの世界的な超大型再編成によって，世界の自動車メーカーは(1) GM，いすゞ，スズキ，富士重工，オペル (2) フォード，マツダ，ボルボ (3) トヨタ，ダイハツ，日野 (4) VW，アウディ，ロールスロイス (5) ルノー，日産 (6) ダイムラークライスラーの400万台グループに集約することが予測されている．（押川昭「日本の自動車産業と自動車部品産業の将来」，『JAMAGAZINE』 Vol.33 3月号）
4) ダイムラークライスラー合併直後，同社では統合組織「世界調達供給」部門が設置されたが，Mercedes–Chrysler間の部品共通化は具体的に計画されず，有効なコスト削減効果は実現できなかった．その後，2000年に入ってからのクライス

ラー部門の不振によって一挙にコスト削減強化の取り組みが具体化した．
5) メルセデス・ベンツが実施している TANDEM はコスト削減プログラムというよりは，サプライヤーとの開発初期段階からの新技術共有化によって結果として得られる節減方策であるため，コスト節減策としては SCORE プログラムが中心となって進められる可能性が高い．従って，ダイムラークライスラー移行後はクライスラーが購買政策の主導権を握るものと見られる．
   これを裏書きしているかのようにクライスラーの最高財務責任者である Gary Valade 氏がダイムラークライスラーのグローバル購買部を統轄することが決定している．
6) クライスラーグループの北米サプライヤー数は全部で約 2,000 社であるが，うち主要 150 社で年間調達費の 75% を占めている．クライスラーグループは主要サプライヤーが 2001 年末までに 15% のコスト削減／値下げに対応可能と見込んでいる．
7) クライスラー再建に貢献したことで抜擢された役員は合併後半年で辞任．その後 2000 年第 2，第 3 四半期の業績不振の責任をとって J. Holden Chrysler グループ社長が辞任．代わって Dieter Zetsche 取締役が新 CEO に就任．また同グループの CEO として Wolfgang Bernhard を新たに任命した．経営再建の任務を負う両氏はいずれも Daimler 側出身のドイツ人である．
8) 旧クライスラーとの車台統合効果は，Lancer ベースで約 18 万台／年から約 43 万台／年へ．Galant ベースで同 28 万台から同 49 万台へ生産量が拡大することが見込まれる．
9) FOURIN「国内自動車調査月報」No. 31，2000 年 10 月号 24-25 ページ．
10) FOURIN「海外自動車調査月報」No. 190，2000 年 6 月号 34-35 ページ．
11) このように，上位サプライヤーへの生産集中度を高める理由として，欧州自動車メーカーのサプライヤーパーク設定が指摘できる．1990 年代末頃より欧州自動車メーカーは完成車組立工場に近接してサプライヤーパークを設立し，その中に 10-20 社程度のモジュール・サプライヤーを参加させて，彼らに大型モジュール部品を組立てさせ，ジャスト・イン・タイムないしジャスト・イン・シーケンス納入を推進している．これにより全調達部品の約 50〜60% のモジュール納入が可能となる．それだけ少数の巨大モジュール・サプライヤーへの生産集中度が高まるわけである．
12) 94,5 年当時の欧州自動車メーカーの部品内製事業の見直しの動きについては，池田正孝「欧州自動車メーカーの部品調達政策の大転換―ドイツ自動車産業を中心として―」(『中央大学経済研究所年報』第 28 号，1998 年 3 月 31 日）を参照されたい．
13) 黒川文子「第 10 章フランス自動車産業の企業間関係」(坂本恒夫　佐久間信夫編著『企業集団と企業間統合の国際比較』，2000 年 3 月 20 日，文眞堂，212 ページ）によれば，ルノーの部品内製事業の見直しはすでに 1984 年以降開始された．
14) 2000 年 6 月　親会社 Fiat S. p. A は株式市場での買い付けにより Magneti Marell：(当時出資比率 70%）を 100% 子会社化する方針を打ち出した．しかし，それから 1 年 11 カ月後の 2002 年 5 月には，これを売却することに転換した．

15) Teksid, Comau についても 2001 年時点では競争力のある，あるいは競争的地位を狙えるコア事業として位置づけ，これらに経営資源集約化を進めてきたが翌 2002 年 5 月には売却へと転じている．
16) FOURIN 前掲書　No. 18, 2000 年 10 月号，32 ページ．
17) 'Ford Europe : Single Sourcing? More than ever！' *Automobile Management International*, Germany, Feb. 1999.
18) FOURIN 前掲書　No. 198, 2002 年 8 月号，28-29 ページ．
19) FOURIN 前掲書　No. 171, 1999 年 11 月，17-19 ページ．
20) *Automobile-Production*（2002 年 12 月号）によれば，今や全欧州自動車メーカーは各工場内にサプライヤーパークを設立ないし建設中で，そのなかで欧州の主要な部品メーカーはモジュール・サプライヤーとしてモジュール部品供給を進めている．
21) その具体例として，現在，GM がシート・モジュールメーカー Lear や Magna International に要請している次世代製インテリア・モジュールがある．GM は完全なインテリア・モジュールをサプライヤー 1 社に委託する方式を構想し，その開発，デザイン，製造を前述のサプライヤーに依頼している．
22) その実例としてフロントエンド・モジュールを開発した Faurecia の開発プロセスを挙げることができる．その詳細については，池田正孝「サプライヤーへの権限移管を強める欧州のモジュール開発―Faurecia の取り組み実例―」豊橋創造大学紀要第 6 号，2002 年 2 月を参照されたい．
23) 例えば，サプライヤー世界上位 10 社に挙げられる Bosh, Lear, Johnson Controles, Valeo, Faurecia などいずれもここ 10 年の間に大規模な企業合併を繰返して，巨大サプライヤーに成長してきた．
24) FOURIN 前掲書 No. 191, 2001 年 7 月号，14 ページ．
25) 1999 年 Audi Ingolstadt 工場に隣接して設立されたロジスティックセンターには 10 のモジュール・サプライヤーが参加している．これらのモジュール・サプライヤーは，センター内にモジュール組立工場を設置して，そこで組み立てられたモジュール部品をカートに積載し，完成車組立工場にまたがって設置された陸橋を通って組立ラインにダイレクトに納入される．この方式は Wolfsburg 工場を含む，VW グループの各組立工場で採用されている．
26) Saarlouis 工場とサプライヤーパーク工場内のモジュール・サプライヤーを繋ぐコンベアとは，EHB（Electro-Hängebahn 電子吊り下げ軌道）を指すものと思われる．これはその名の通り天井から吊り下げられた 3 本の軌道（Köln 工場の場合）を流れる搭載篭に積載されたモジュール部品が搬送される方式である．この篭は数秒おきにモジュール・サプライヤーから搬送され，部品が積みおろされるとカラの籠は再び元に送り返される．この方式だと在庫品はモジュール・サプライヤーと完成品組立ラインの間を流れている分だけで，完全に同期化されている．従って，時には積載される部分が間に合わず，空篭で流れていることもあるようである．
27) Sandouville 工場のサプライヤーパークに進出するモジュール・サプライヤーは次の 5 社である．Antolin（ルーフトリム），Faurecia（シート，ダッシュボード，

カーペット), Inoplast (トランクリッド), Lear (ワイヤーリングルーム), Solvay (燃料タンク).
28)『日本経済新聞』朝刊, 2001年1月7日号.
29) FOURIN 前掲書 No. 137, 1997年1月号, 26-27ページ.
30) FOURIN 前掲書 No. 191, 2001年7月号, 12ページ.
31) Cクラス車に納入されるフロントエンド・モジュール, ドア・モジュール, コックピット・モジュールはいずれも外部メーカーに頼らず, 内部で組み立てられる. フロントエンド・モジュールなどについては外部部品と内製部品との間で競争が生じたが, 結局はメルセデス・ベンツでは生産能力が過剰になることや, 物流費用のアップを考慮して内製で行うことに決定した. ただしシートモジュールに関しては, 例外的に Lear が Bremen 工場 (Cクラス車は Bremen 工場で生産する) に納入することにしている.
32) FOURIN 前掲書 No. 183, 2000年11月, 28-29ページ.
33) 池田正孝前掲書 豊橋創造大学紀要 第6号, 2002年2月.
34) Faurecia では Audi Ingolstadt 工場向けに FEM を 2,500 モジュール／日供給している. それによって 16% の軽量化を実現し, Audi が内製化する場合よりも 20～25% 節減できた. また完成車組立工場で FEM を組み立てるのに 150 m のラインが必要だが, これをモジュールで納入しているため 10 m のラインに短縮できた.
35) FOURIN 前掲書 No. 178, 2000年6月, 28-29ページ.
36) FOURIN 前掲書 No. 205, 2002年9月, 30-31ページ.
37) FOURIN 前掲書 No. 190, 2001年6月, 36-37ページ.
38)「製造業における部品等発注システムの変化とその対応―自動車産業におけるサプライヤー―存続の条件―」平成12年度 (財) 中小企業総合研究機構, 205ページ.
39) FOUIRN 前掲書 No. 182 2000年10月, 26-27ページ.
40) VW は Microsoft, Hewlet Packard, Gedas (ドイツ) と戦略提携を発表している.

第 2 章

グローバル購買・ベンチマーク導入
によって変わる日本的購買方式

はじめに

　厳しい経営環境にあった日本の自動車産業は，90年代末以降，改めて国際的再編を軸とした急激な変化を経過し，現在新しい展望を切り拓きつつある．この中で70～80年代を通じて日本自動車産業の国際競争力を支えてきた日本型「系列・下請」システムの意義に根本的な疑問を抱かせる事態が進んでいる．

　日産のゴーン（Carlos Ghosn）CEOは2000年11月に行われた記者会見で以下のように発言した．「はっきり言って日産の系列は機能していなかった．日産の系列管理が稚拙だったからで，そのために系列企業の業績も悪かった．だからやり方を変えなくてはならない．もっとも系列の全てを否定するわけではない．系列を使い，立派に利益を出しているところもあるわけだから，単に日産のやり方がまずかったということだ」[1]．この意味は重大である．少なくとも80年代までは系列・下請システムは日本製造業の国際競争力の源泉として評価されてきたが，90年代以降，単に「日本的取引関係」に競争力の源泉を見るのではなく，以前から認識されてきた日本企業間の実力のギャップ，その基礎にある系列・下請システム相互の優劣が問われる時代に入ったわけである[2]．

　問題はさらに広がった．90年代末以降，本質的には輸出依存を基礎に続い

てきた11社体制の崩壊と再編の時代に入って，日本自動車メーカーも国内での再編を模索した．しかし相互のあまりにも激烈な競争関係の中で協調の話し合いは難航し，他方で海外生産の稼働率を維持しながら時代の要請である多国籍化を進める必要もあり，外国資本との提携が急速に進行することになった．その結果トヨタ，ホンダ以外の，マツダ（Ford），日産（Renault），三菱（DC），スズキ・いすゞ・富士（GM）の各社は，いずれも外資の傘下に入ることによってこの戦略を実現することとなった．ここで重要な問題は，これら外資系日本企業の購買部門の多くは外国企業から派遣された役員が掌握し，購買政策が外国企業の方針に基づいて展開されるようになったことである．すでに90年代に入って従来の系列・下請関係の流動性が高まることが指摘され，他方ではこれに対して実際には取引関係は変わらないとの指摘もされてきたが，外国資本の参入はより根本的に，購買政策そのものをトップ・ダウンの方式で変えてしまうという形で，系列・下請関係に影響を与えることになったのである．

　これに対して伝統的な購買政策をとってきたトヨタ自動車の場合はどうであろうか．1990年代には系列サプライヤーの協力・共同関係を強める方向を提示してきたトヨタ自動車は，2000年に新しい合理化方策であるCCC21を提示し，改めて国際水準のベンチマークを導入して全世界的な価格体系の見直しを進め，これとともにブレーキ部門でアドヴィックス社を設立するなど，傘下の部品生産体制の再編をも視野に入れて世界に通用する部品メーカーに成長することを求めることになった．従来内製部門を維持することによってコスト分析能力を維持し，サプライヤーに対する指導育成を進めてきたトヨタ自動車も従来の政策，戦略を転換し，自社内のコスト・テーブルではなく，国際的なベンチマークを導入し，この水準に到達することをサプライヤーに求めるに至ったのである．これはサプライヤー産業に対してもローカル価格水準ではなく，グローバル価格での本格展開を求めるものでもあり，外資系企業のグローバル購買と同様に国内製造業のあり方に大きな影響を与えるものとなりつつある．

　改めて問題を提起しよう．「日産の系列は機能していなかった」という評価の中で，はたしてどのように系列の機能を相互に比較検討するのか．外資の指

導によって日本の系列・下請システムが運用されるとき，それは「日本型系列・下請システム」と言えるだろうか．伝統的な系列・下請政策を採ってきたトヨタ・ホンダ系でのベンチマークの導入という新政策は，旧来の日本型サプライヤーシステムとの関連でどのように理解することができるだろうか．その時にはたして「系列・下請」をどのように定義づけたらよいのであろうか．これらの問題の考察に際して求められるいくつかの問題の切り口を提示することが本論文の目的である．

ところで系列・下請システムの優劣を比較検討するうえで，具体的に何を分析の対象としたらよいのだろうか．この点に関しては，「系列が機能しているかどうかの評価基準は，系列関係が立派に利益を上げているかどうか」にあることをすでにゴーン氏自身が述べている．従ってカスタマーとサプライヤーとの間の取引の内部に立ち入り，いわゆる中間市場においてどのように中間財の売買が行われ，その価格がどのように決定され，両者がどのように利益を生みだしているのか，この問題に直接に踏み込んでみることは，問題の解明に非常に有益であるだろうことが推測できる．それは従来の系列・下請取引の問題点として指摘されてきた親企業による系列・下請企業の支配とサプライヤー側の従属の実態を，製品価格と製造コストの内容に立ち入って解明する作業でもある[3]．もちろん系列・下請システムの優劣を考える際の他の指標として，例えば製品の品質管理や納期管理，あるいは製造部品の新規開発や技術の内容そのものを比較することも当然考えられるが，これらの諸分野も最終的には企業活動における利益生産との関係で総括されるものであり，その背景を形成しているものであるから，ここでは今後の分析課題として指摘するだけにして，本稿では利益と価格の問題に主として焦点を当てて検討を進めることにしたい．

ここで改めて本稿の課題と分析視角を整理しておこう．本稿の課題は，1990年代末以降，外国資本の支配下に入った日本自動車メーカーにおいて，それぞれの企業が採用している購買政策がどのように機能しているか，自動車メーカーと部品サプライヤーとの企業間取引関係がどのように変化しているかを明らかにし，今後のカスタマー・サプライヤー関係発展の現段階および将来展望

を考えることにある．分析の焦点は，カスタマーとサプライヤーとの間の価格設定のあり方に置かれる．なぜならば資本制生産である限り，カスタマーの購買能力もサプライヤーの販売能力も，すべてが利潤生産の現状とその将来に向けての準備にかかっており，すべての活動がここに集約され，この視点から総括されるからである．利潤生産にとって製品をいかなる価格で購買し，また販売するか，この問題が最大の関心事であることはいうまでもない．

すなわちカスタマー・サプライヤーの力関係のあり方を総括的に示すのは，販売価格がどのようにしてどのような水準に設定されるかにある．この問題の核心に位置するのは，価格を設定する際に，カスタマー・サプライヤー双方ともにどのような力に依拠して価格交渉を行うのか，その交渉力の源泉は何か，という問題である．本稿では価格交渉力の源泉として取り上げられる「ブラック・ボックス化」（解明不能な設計・製造技術によって，取引相手のコスト解析力を無力化すること）のあり方について検討しながら，外資系企業の購買政策の変化，現代日本のカスタマー・サプライヤー関係を規定する力の源泉について考えてみたい．

第1節　価格設定をめぐる系列の機能
——日産の系列機能空洞化をどう理解するか——

1.　日産における「系列の機能不全」を何処に見るか

日産自動車はゴーン発言に続いて NRP（日産リバイバルプラン）でサプライヤーの持ち株を売却し，自社の系列部品メーカーを大幅に削減した．IRC 調査データに基づく武石彰氏の報告[4]によれば，99 年から 2002 年にかけて，日産系列は 56 社から 36 社へ，マツダ系列は 30 社から 18 社へと激減している[5]．その結果，2002 年段階のメーカーごとの内製と系列企業からの調達比率の合計は，トヨタの 76% を別格とし，ホンダ 43%，日産 35%，マツダ 29%，ダイハツ 23%，スズキ 21%，富士 21% となり，内製＋系列生産を維持・強化する自動車メーカーと，むしろこれを削減せざるを得ないメーカーとに区分されることになっている．

このような形で示される各メーカーの系列体制の実態は，各メーカーによる系列・下請体制運用の結果を示しているし，また評価を反映していると考えることができる．すなわちここに示される変化そのものは，当該の系列・下請関係が意味のある成果を生みだしてきたかどうか，求められる機能を果たしてきたかどうかの実績の反映でもある．問題は，何故に日産自動車においてこのような系列・下請企業の削減が強行されざるを得なかったのか，その原因が何であったかにある．そこで自動車メーカーと部品メーカーとの関係を，それぞれの利益率の推移をとって比較してみよう．表2-1は1990年代のトヨタ，日産，ホンダの各自動車メーカーと，その系列部品メーカー群の利益率の推移を示したものである．この表には系列関係についての実にさまざまな情報が表現されている．

① 1990年代の初頭から95年までの間，日本の自動車産業では，自動車部品メーカーの利益率が自動車メーカーの利益率を上回るという前代未聞の状況が出現した．バブル崩壊の厳しい状況の中で部品メーカーの利益率も

表2-1 自動車メーカーと系列サプライヤーの経常利益率推移

	トヨタ	トヨタ系列	日　産	日産系列	ホンダ	ホンダ系列
1993	2.6%	2.9%	0.1%	1.5%	0.9%	2.5%
1994	3.8%	4.0%	－	2.5%	1.2%	3.1%
1995	4.3%	4.4%	0.9%	2.6%	1.9%	3.1%
1996	6.8%	5.5%	2.2%	3.2%	5.9%	3.9%
1997	8.1%	4.7%	1.6%	2.4%	6.9%	4.7%
1998	7.7%	4.1%	0.4%	1.0%	8.8%	3.3%
1999	7.3%	4.8%	－	1.6%	6.9%	4.2%
2000	7.9%	5.7%	4.5%	2.5%	4.5%	6.1%
2001	9.3%	5.5%	6.6%	1.7%	6.8%	5.5%
2002	10.2%	5.9%	8.6%	2.9%	7.3%	6.1%
2003	10.2%	6.2%	6.6%	2.8%	9.4%	5.5%

(出所) 各種決算データによる．トヨタ系10社，日産系18社，ホンダ系4社の平均．関東学院大学，青木克生氏作成

低下したが，少なくとも90年代前半には両者の利益率は入れ替わったのであり，この逆転は日本における系列・下請関係の意義と機能についての疑問を抱かせる最初の重要な現象であった．これはバブル期における緩やかな価格設定，新製品・新機軸を追求するあまりの部品価格の上昇など，「部品メーカー管理が緩んだ」[6]のが直接の理由であるが，それにしても利益率の逆転を許さざるを得ないだけのサプライヤーの実力も評価する必要があり，きちんと検討すべき課題である．

② この状況は，自動車部品サプライヤーが，自動車メーカーからの負担を自動的に，単純に，一方的に転嫁されるだけの存在ではないことを示している．自動車メーカーの利益率の回復は，長期間をかけて自社の社内を見直し，サプライヤーの合理化を進め，さらに再外注までの体制を創り上げ，それらの総合的結果として，最終的に自動車メーカー自身の利益率を回復させるという方策によって実現された．

③ トヨタ，ホンダの2社では，90年代初頭の利益構造の逆転に直面し，総力をあげて自社の利益構造の再建に取り組んだ．その結果，90年代半ばまでにその再建に成功し，96年からは自社の利益水準を部品メーカーよりも高い水準に置くことに成功した．しかも重視すべきは，90年代後半には基本的に部品メーカーに一定水準の利益を保証している点である．ここでは相手に一定の利益を保証しながら，自社がそれ以上に利益を上げるという経営の基本姿勢を読みとることができる．

④ これに対して日産自動車の場合には同じように90年代初頭から合理化・コストダウンの政策を展開してきたが，結果的に自社の利益率回復には成功せず，90年代後半に入っても，系列企業の利益率の方が自動車メーカーよりも高いという状態を改善することができないばかりか，自社の利益すら確保できなかった．その状況をゴーン氏は，「日産の系列は機能していなかった」と表現したのであるが，重要な点は，その原因が系列企業の側にあるのではなく，むしろ「日産の系列管理が稚拙だった」と指摘されていることである．すなわち系列関係が実際に「機能」するかどうか

は，系列企業の力量に関わるというよりも，第一義的には，まず自動車メーカー側の購買管理の力量に関わり，次いで管理される側のサプライヤーの実力，および両者の関係全体のあり方に関わるという認識である．

2. サプライヤーの管理水準による企業間関係の諸類型

一般に自動車メーカーが系列サプライヤーを管理する場合，以下の2点が重要である．第一は，部品コストをどのように管理するかであり，第二は，部品価格を構成するもう一つの要素である利益率をどう管理するかである．自動車メーカーが仮に部品生産のコスト管理を行っても，利益水準をコントロールしない限り，部品価格を意のままにすることはできない[7]．すなわち日本の自動車メーカーは，基本的にサプライヤー企業の製品価格をコントロールしているが，それは単に製造コストを管理するだけではなく，利益率そのものをも管理の対象としているのである[8]．

本来独立した企業である部品メーカーに対して，カスタマーである自動車メーカーはその利益水準をコントロールし，もちろんコスト構造も掌握して，実質的に「内製部門と同じレヴェル」[9]でサプライヤー企業を管理すること，ここに日本的系列・下請関係の最終的な本質がある．しかし全てのケースにおいて，このような完全な形でのサプライヤーの管理ができるわけではない．自動車メーカーの管理能力と部品メーカーの実力との相互関係の中で，この管理水準をめぐっていくつかのパターンを考えることができる．

(1) 利益水準まで管理する完全掌握型

日本型系列・下請システムの一つの典型である．自動車メーカーはサプライヤー企業の製造コストを把握し，ターゲット・コストとの関係で，もし見積りの水準が高ければ製造コストの低減を求め，必要に応じて指導し，また最終的にはサプライヤーの利益水準を5%水準に抑えて，経営そのものの管理を行う．利潤率が5%，これに販管費8%程度を加えて，プロフィットマージンを13%水準に安定させるというのが日本におけるサプライヤー管理のひとつの

典型である[10].

　一般にこのような個別部品の価格水準の調整は購買担当者の仕事であり，また部品メーカーに対する改善などの指導・援助は，生産技術や製造技術が中心となったサプライヤー援助のチームが担当する．品質・価格・納期をはじめ，重要な項目での目標達成ができなかった場合でも次回の交渉での回復が目指されるが，問題が何期にもわたって発生し，改善の兆しが見られない場合は，当該企業のカスタマーに対する協力姿勢そのものに問題があると判断され，購買管理部が乗りだして当該企業の社長やそれに準ずる責任者との間で基本的な企業間関係のあり方について問われることになる[11].

　このようなサプライヤー管理を実現するためには，自動車メーカーがサプライヤー企業のコスト構造を把握し，ブラック・ボックスを解消し，なおかつ部品メーカーの経営内容にも関わることができるだけの企業間の関係が成立していなければならない．自らが高い水準のコスト・テーブルを持ち，当該製品の製造能力を持ち，実際にコスト低減のための改善指導を行い得るだけの実力を持つ．筆者のインタビューには「このような実力を持った自動車メーカーはT社以外にはない」と述べる回答者が少なくない．

(2)　利益水準を管理できない不完全掌握型

　このような高い水準のサプライヤー管理は，何処の自動車メーカーでも，またどのようなサプライヤーに対しても可能なわけではない．一般には自動車メーカーのコスト分析能力にもさまざまなレヴェルがあり，他方，部品メーカーの力量にもさまざまな水準がある．実際のサプライヤー管理はこれらの企業間の交渉によって決まるわけであるが，ここではカスタマーとサプライヤーとの力量を旧来のピラミッド型のヒエラルキーとしてではなく，下図のような別の形で概念化して考えることができる[12]．この実力は，自動車メーカー側がコスト解析を行い，また経営内容まで掌握して部品メーカーを管理しうるか，逆に部品メーカー側が部品コストをブラック・ボックス化し，自らの経営内容をカスタマー側からの介入から守る力量があるかどうか，の相互関係の中

に表現されることになる[13].

1) 自動車メーカーも一般的には充分なコスト解析力を持っているが，特殊なトップ・サプライヤーがさらに高い力量を持っている場合．

　　図2-1の自動車メーカーA社，部品メーカーa社との関係．a社はどの自動車メーカーよりも高い力量を持ち，また国際的にも広い販路を確立している．この場合にサプライヤーa社は価格引き下げ要求に対して国際水準の，自動車メーカーを納得させる価格水準は提示するものの，経営内容に関わるような値引きには応じる必要はない．系列関係にある場合にはその範囲内で一括上納金を支払うことで値引きに応じても，それ以上の要請には応えない．その意味では真のブラック・ボックス化が確立している．

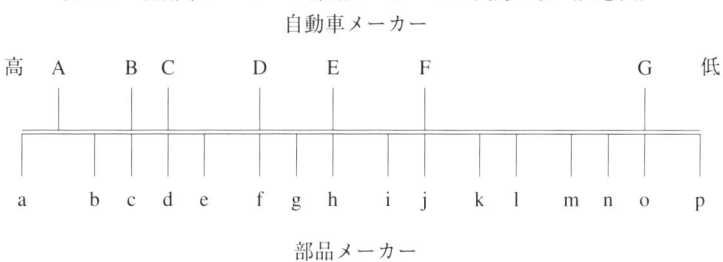

図2-1　自動車メーカーと部品メーカーとの実力比較（概念図）

```
自動車メーカー
高  A    B  C      D    E      F            G    低
    |    |  |      |    |      |            |
────┼────┼──┼──────┼────┼──────┼────────────┼────
    |  | || |    | |  | |    | |  |    |  | |  |
    a  b cd e    f g  h i    j k  l    m  n o  p
              部品メーカー
```

2) 自動車メーカーが充分なコスト解析力を持たず，有力な部品メーカー群に対しては充分な交渉力を持たない場合．

　　図2-1の自動車メーカーC，D，E，F，G社は多くの部品メーカー群と比較した場合には相対的に高い力量を持っているが，サプライヤーの中には自社よりも高い力量を持った部品メーカーも混在している．ここでカスタマー側が充分なコスト解析力を持ち，サプライヤー側をコントロールできる場合には完全掌握型に近い関係が作られるが，力関係が逆転している場合にはコスト把握が困難であり，結果的に部品コストはブラック・ボックス化しており，これを突破するために，カスタマー側はさまざまな手法

を採用することになる[14].

〈1〉 一般的な購買管理の手法
① 複数社発注などによる競争圧力を利用した価格コントロール

　設計の解析，図面の加工工数，設備償却費，労務費，間接費などの諸単価を積み上げる本来の価格設定．この図面の内容が充分に解析できないと，価格交渉力は低下することになるが，実際の製造費用を解析することは非常に難しい．従って同等のモデルを複数の企業に発注し，その価格水準を比較し，競争圧力を利用して価格コントロールを行う．

② 設計差の評価，設計変更の評価

　複数社への発注が常に可能とは限らず，またコスト比較も困難な場合でも，同等のモデルを何世代も作り続けながら値引きを常に要求し，新モデル開発では前モデルと比較して設計差あるいは設計変更部分を最小限に評価し，次第に価格水準を引き下げてゆく方式が採られる．しかしこれらの手法は，価格設定を行う場合の全く通常の手続きの範囲内である．

〈2〉 系列・下請関係の中での管理手法（価格形成のコントロール）
③ コスト・テーブルの提出，工程監査の実施

　下請関係では伝統的な手法であるが，カスタマー側が充分なコスト解析能力を持っていない場合，これを補完するために部品メーカーにコスト・テーブル（個別工程の基礎単価表）の提出を求め，その確認のためにサプライヤーの工程監査を行う．このような場合，サプライヤーは工数を多めに，コストは高めに記載するのが普通であるから，カスタマー側もその内容解析を追求し，厳しいせめぎ合いが行われる．

④ ターゲット・プライスの設定

　自動車メーカーは新モデルの開発に際して，製造コストを目標範囲内に抑えるためにターゲット・コストを設定し，これを部品ごとにブレーク・ダウンして部品のターゲット・プライスを設定する．このプライスの設定

は，正確なコスト把握ができていない場合には従来の購買経験と他社の価格水準などから構成される．このターゲット・プライスと部品メーカーの第一次見積もりとの間のギャップは，自動車メーカー側にコスト＝価格把握力があればそれだけ正確なものとなり，ギャップが縮小されるが，カスタマー側のコスト把握力が不十分な場合には大幅に乖離することになる．実際にはターゲットが見積もりの200％というようなケースも珍しくない．

⑤　ターゲットと見積もりとのギャップ解消のための原価低減活動

　このようなターゲットと見積もりとのギャップを解消するために，カスタマー企業からサプライヤーに対して，コスト削減の要求が提示され，必要な場合には「指導」が行われる．当然のことながら指導のためにサプライヤー企業に入り込んだ担当者は，サプライヤーの工程のすべてを把握し，もちろん原価も把握し，その上に工程改善の指導を行うことになる．この場合の必要な条件は，カスタマー側がサプライヤーに対して品質管理，原価低減，納期遵守などのためのさまざまな指導を行うだけの力量を持っていること，そしてサプライヤー企業の内部に入り込めるような特殊な企業間の関係が成立していることである．

⑥　以上のような関係の中で，実際にカスタマーとサプライヤーの力関係は，非常に微妙な形で表現される．カスタマーが「一目で原価を見抜き，その上でさらに原価低減のための諸方策を示して改善の指導を行う」場合もあるが，形式的には一緒でも，サプライヤー側から見ると「原価の状態もわかっておらず，コストダウンの指導もするが，ポイントを押さえていない．しかし値引きには協力しなければいけないから，自分たちの研究で15％も20％もコストダウンを行い，担当者には苦労して5％のコストダウンができたと報告して，結果的に成果を半分ずつ分け，2.5％のコストダウンで済ませて利益を大幅に増やした」というような事例も出てくる．このように形式的には同じ「指導・援助」であっても，実態としてはグレーゾーンが常に残ることになる．

〈3〉 取引が完了してしまった後での利益率の配分を巡る調整
⑦ 上納金による決算段階での利益配分調整

　自動車メーカーがコスト把握，価格設定の段階で充分に問題を把握できない場合には，部品メーカーが一定の利益を生みだしているのに，結果的に自動車メーカー側の利益が生みだせないという厳しい状況に陥る[15]．日本型の系列・下請取引の中には，これらの問題を結局，決算時点での利益配分の調整によって処理するというスタイルが存在する．日本の自動車業界で成立している半期に一度の値引き交渉の実態は以下のようなものである[16]．

　a) 値引きは売上高の内からペイバックされるのが例外的ではない．
　b) サプライヤーは総額として協力，これを単価にブレークダウンする．
　c) 経営を守るため単価に反映させず一括上納金で処理する場合がある．
　d) 値引きは慣習化し，最初から5％引きでしか払わないケースもある．

⑧ 経理内容・原価構成の公開，利益の圧縮

　自動車メーカー側に必ずしも充分な力量がない場合でも，日本のすべての自動車メーカーで系列・下請関係が成立している理由は，サプライヤー企業の市場が特定の親企業だけに限定され，カスタマーに従属する以外に生き延びる術がないからである．製品価格のブラック・ボックス化についていえば，非常に技術水準が高く，難しい部品だけに起こるのではない．自動車メーカーに内製部門がなく，コスト解析の能力がない場合には，加工・組立の分野ですらブラック・ボックス化の危険性がある．このような場合に，親企業はサプライヤーに圧力をかけ，経理を公開させ，原価を公開させ，あるいは上納金を払わせるなどの方法で最終的な利益配分の調整を行う．

事例　M自動車系列・Hプレス工業の場合，M自動車からのドア全量の発注を受け，ノウハウを蓄積し，設計・開発，設備製造までの全工程をこなして実力を蓄積した．一方M自動車内部ではドア関連のエンジニアがいなくなり，コスト解析ができなくなったため，Hプレスの利益率は著しく上昇した．これに対してM自動車は，両社は運命共同体であるという論理でHプレスの経理内容の全面公開を求め，その結果Hプレスの利益率は大幅に低下して，以前の下請的存在に戻ることとなった．ここで重視されるべきは，HプレスがM自動車からの「運命共同体である」という論理を受け入れざるをえなかった最大の理由が，Hプレスの売り上げの殆どをM自動車に依存するという市場面での限界にあったことである[17]．

3. 系列関係の機能不全とは何か？

ところで2000年にNRPが実施されて以来の日産自動車における価格決定様式の最大の変化は，従来のような一括した値引きへの協力ではなく，期ごとに個々の部品単価の改訂が厳しく追及されることになった点にある．この変化の内容を理解するためには，旧来の値引き交渉における一括上納というスタイルに潜む問題点をさらに踏み込んで理解する必要がある．一括上納はどこの自動車メーカーでも行われているとのインタビュー結果もあるが，その一例を挙げると，例えば自動車メーカーZ社のボディ関連Y製作所の場合，3年間に30％の値引き，すなわち年間10％の値引きを求められた．Y社はこれに対して年間売り上げ500億円の10％，つまり50億円を上納し，これらの上納金の集積でZ社は当期の利益を生みだしたのである．このような上納制度はいわゆる系列関係の中で現れる最悪の現象のように考えられるが，実はこの背後にさらに隠された問題がある．

それは自動車メーカーとサプライヤー企業との関係において，相対的にサプライヤー側が優位の立場にある場合，サプライヤーは要求された値引き水準を一括して上納金という形で支払い，自動車メーカーのコスト追及の手をここで

断ち切るという防衛的側面を看取できるからである．すなわちこれは一面ではサプライヤーがカスタマーの要求に応じているという姿勢を示しながら，同時に他方で部品単価そのものは切り下げずに，毎年の値引きだけで済ませ，次期の生産・販売は以前の価格を基準に進めることができるという点で，サプライヤー側の経営を防衛するための手法と考えることができる．上述した日産自動車での，旧来の値引き体制から新たに，部品単価改定に切り替えることの意義はこの点にあると理解しなければならない[18]．もちろんこのような力関係の背後では，サプライヤー企業が値引きに協力しているといっても，そもそも原価水準が正確に把握されていない以上，最初の価格水準がカスタマーの思い通りになっていたという保証は一つもないことも理解しておかなければならない[19]．

　以上，日産自動車がNRP以降展開した系列政策の要点は以下のようにまとめることができる．日産自動車は系列企業の保有株式を売却し，これによって日産自身の財務内容を改善し，再建に向けての基礎を確立するものであった．これは同時に，株式を手放すことによってサプライヤーを厳しい競争状態に置き，競争購買によって価格引き下げ圧力を強めることも視野に置いている．つまりそれは従来の系列メーカーへの価格管理を緩めるものではなく，改めて部品単価レヴェルでの価格引き下げを求め，価格管理を強化することである．以上の購買政策変更の成果は，2001年度の日産自動車の利益率が4.5%から6.6%に上昇しているのに対し，日産系サプライヤーの利益率が2.5%から1.7%へと低下しているという事実に端的に示されている．ここでは日産とサプライヤーとの力関係は見事に逆転したのであるが，サプライヤー企業に十分な利益を保証できるまでには至っていない，すなわち，系列サプライヤーに十分な利益を保証しながら，同時に自らはより高い利益を確保する，という理想的な状況にはないことが示されている．残された課題は日産自身が販売を拡大すること＝拡販＝量産規模拡大という形での日産自身のコミットメントが求められた所以である．

　この課題は日産自動車の販売拡大によって実現されることになった．日産自

動車の業績は7〜9％水準に飛躍的に改善され，それに並行して主要サプライヤーの利益率も急速に改善され，2004年に入って未曾有の活況を呈することとなった．日産は資本関係がなくなったとはいえ，取引関係の大きいサプライヤーの経営動向は依然としてモニターしており，2003年上期から経営動向は改善されてきている．日産自動車はアメリカ市場でも好調であり，これらを背景としてルノーとの関係でも日産のプレゼンスが増している．一時5,000人を下回る水準にあった日産テクニカルセンターの人員は，2004年春には11,000人水準まで増員された．日産系列として残されたサプライヤーのうち，ユニシア・ジェックスは日立製作所に買収され，日立佐和工場との間で日立オートモーティブ・プロダクツとして再編，また山川・大和工業の合併によって設立されたユニプレスの場合は，日産自動車が保有株式を新日鉄に売却したため，日産系列から離脱することになった．これらの再編の結果，日産自動車の系列メーカーは最終的に，愛知機械，日産車体，カルソニック，ジャトコ，日産ディーゼルの5社に限定されることになった．すなわち従来の日産系列サプライヤーは資本系列関係から見る限り，大幅に縮小されることとなった．

　以上の現実はさらに系列・下請問題に新たな検討課題を提起することになった．それは，日本型収奪構造の典型として理解されてきた系列関係を整理・解消したにもかかわらず，日産自動車は何故に業績回復を可能としたか，あるいはこの「系列」の解消は，日本型支配・従属構造としての「系列・下請関係」といかなる関係にあるのか，という点である．

　この疑問に対する回答はすでに用意されている．系列・下請関係に関していえば，自動車メーカーとサプライヤーとの資本系列関係そのものは解消された．しかし協力会組織である日翔会は存続し，また親企業によるサプライヤー管理についていえば，NRPに続いて日産180が展開されるなど，依然として厳しい価格引き下げ要請が継続されている．中国レヴェルの価格水準がベンチマークとして採用され，コスト引き下げ要求はかつてよりも厳しく，NRPで20％，その後の日産180ではさらに15％が求められることになった．すなわちカスタマー企業のサプライヤーの価格設定に対するコントロールは依然として

続けられており，しかもペイ・バックのようなスタイルから個別部品単価の値引きへと，旧来以上に管理水準を高めることになってきている．その点で下請関係に特徴的に見られるカスタマーの支配介入とサプライヤーの従属は依然として日本的企業間関係の特質として指摘することができるだろう．

　また企業間の取引関係に関して言えば，資本の所有関係は大幅に変わったものの，それによって直接的な取引関係，すなわち納入系列そのものが変わったわけではなく，またサプライヤー企業の経営方針がカスタマー側の自動車メーカーと敵対的になっているわけでもない．すなわちサプライヤー企業としては，資本系列関係から脱却したとしても，現在のグローバル競争の時代において企業を存立させてゆくためには，従来にもましてQCDと開発分野での競争力を強化する必要があり，また価格水準を低める方向で努力し続ける以外の選択肢はない．以上，日産自動車にとって現段階でのマイナス要因はなく，株式を売却したことによる金融収益の確保，系列関係を解消したことによる価格政策展開の圧力増大など，プラス要因だけが前面に出ている．他方，90年代末から厳しい価格引下げを求められてきたサプライヤー企業も，最終的に日産自動車の拡販によって利益率を急速に回復し，史上最高の利益を実現するなど，やはりプラス要因を享受している．

　以上見たように，日産自動車の系列関係の解消は，長期的にどのような結果をもたらすかはともかく，現段階では資本関係の解消以上の内容を持たず，実質的な系列・下請関係は依然として継続され，従来よりも徹底した購買・外注管理を行っているものと理解することができる．すなわち日産自動車の側では系列維持のための余計なコスト負担の削減に成功し，他方でサプライヤー側は生産量拡大によるコスト低減で価格引き下げの負担を解消することが可能となったのである．

　　第2節　変化は日産だけか？
　　　　　——全世界で転換するサプライヤー政策——

　いわゆる系列・下請関係に関わって，近年の外資系日本自動車メーカーの購

買政策をどう評価するかは重要なもう一つの課題である．日本メーカーと提携した欧米自動車メーカーはいずれも購買本部長を本国から送り込み，いわゆる「日本的な購買」様式を覆して，本社の展開する「グローバル競争購買」の連鎖に組み込むことを試みている．これがはたしてどのような意味を持ち，どのような成果を生みだしているのか，この問題を考える際に確認しておかなければならないのは，第一に，そもそも80年代以降の欧米企業の購買政策・購買システムの変化がどのようなものであったのか，第二に，近年の外資系日本企業における購買政策の変化はどのように進められ，どのような問題点に直面しているのか，第三に，外資系企業とは対極的な位置にあり，コンサーバティブな購買政策をとっている日本の民族系自動車メーカー（トヨタ，ホンダ），特にトヨタの購買政策変化の方向性をどのように理解するか．これらの問題に関しては充分な資料を得られていないが，最近のインタビュー調査の断片を構成して，この問題を考える際の視点を提示してみたい．

1. 90年代までの欧米メーカーの変化＝契約の論理と強引な値引き（2方向への分裂）

(1) 競争入札・契約システムの上に日本型取引関係を接合する

欧米の競争入札の伝統的スタイルでは，設計図面を基礎に部品各社が見積もりを出し，自動車メーカーが価格，メーカーの実力，生産設備・能力・品質などの諸要素を比較し，サプライヤーを決定していた．しかしながら，このような方式による部品購買は，結果としてQCDの分野で日本企業に大きく後れをとることになり，その変革が課題となった[20]．欧米企業では，1980年代後半以降，次第に品質改善，JIT納入の開始に加え，値引きを一般化する方向に進んだ．その結果形成された欧米企業の購買方式は，サプライヤーはカスタマーからの「毎年5％」というような値引き要求を検討し，サプライヤー側から「初年度3％，第二年度2％，第三年度以降毎年1％」というようなオファーをし，結果的にこれが契約書に書き込まれるというスタイルを取ることになった[21]．

なおこのような値引きあるいは価格引き下げの根拠は，設備投資分の償却を

基礎に考えられるケースが多く，結果的に値引きは当該モデルの生産期間全体におよぶカスタマーとサプライヤーとの間の長期契約と組み合わせて使われるのが一般的である．またこのようにカスタマー側からの特別の要求を行った場合に，カスタマーがこれに対する補償＝支払いを行うのはごく普通の商慣習であって[22]，これらの仕組みの骨組みは依然として契約の論理の中にあった．それは自動車メーカー側がコストダウンや品質向上の目標を提示し，サプライヤー側のオファーを経て契約書が取り交わされるという関係の中で，カスタマー側がサプライヤー企業の指導を行い，確実に成果を出そうとした取り組み[23]の中に見ることができる．またかんばん方式の導入はもとより，時間納入，組立順序納入を多くの企業で導入し，さらにサプライヤーを組立工場の周囲に配置し，生産体制そのものを系統的に合理化しようとする取り組みが広範に進められたのである[24]．

(2) 欧米メーカーに広がる強引な価格政策＝日本型値引き概念の普及

　欧米自動車メーカーは，このようにして日本的な取引関係の中の一側面を，論理的に理解できる形式で欧米的な契約の論理の中に取り込んだように見える．しかしこれと並行して，いわゆる「日本的購買方式」の中のもう一つの側面，すなわちカスタマーからの一方的な値引き要求と，これに従うサプライヤー企業のカスタマーに対する従属的態度が，次第に取引関係の背後に見え隠れするようになってきた．1990年代以降，日本型支配従属形態のエッセンスの一つとも考えられる「理屈抜きでサプライヤーを押さえ込む」という強引な手法が，さまざまなバリエーションを伴って導入され始めたのである．

　その典型例は，1990年代の欧州で展開された，GMオペル社の購買責任者ロペス氏の強引な値下げ要求である．当時，オペル社は一律に10％の価格引き下げを要求し，これに応じない場合には取引契約を打ち切るとの強引な宣言をし，結局価格の引き下げを実現した．この功績を買われてロペス氏はGM本社に引き抜かれ，GMの購買政策を根本から変えたほか，その後VW社の副社長に引き抜かれて，やはりVWの購買政策を全面的に塗り替えることに

なった．彼の歩いた後には，市場価格を無視した低価格水準を否応なしにサプライヤーに押しつけるという手法が残されることになり，現在に至るも GM，VW の購買価格は自動車業界の中でも最も低い水準に位置づけられている．

また J. ナッサーの政策が破綻した後の近年のフォード社でも，GM と同様の強引な価格引き下げが要求されており，その点では契約の論理にも一定の破綻が生じているのが現実である．いずれにしても従来型の契約に基づいて行われる取引関係の中に，カスタマーからの一方的・強引な値引き・価格引き下げという手法が明らかに持ち込まれ始めている．

(3) ターゲット・プライスの設定，コスト・テーブル提出の要求，従属的関係の広がり

他方，欧州の中では高価格・リーズナブルな価格で知られる BMW，ベンツの両社であるが，いずれも高級車を製造し，部品価格にも余裕のある取り組みをしてきた．このうちベンツの場合は，89 年のベルリンの壁崩壊以来，軍需産業への転身の方針を捨て，再度自動車メーカーとして再生するためのプログラムが展開されてきた．ここでは日本の生産方式や工場内部の研究，新しいモジュール生産への取り組みなど，さまざまな意欲的な取り組みが進められているが，未だに充分な成果を上げているとは言えない．それはスマート社の運営にも端的に現れており，今後のスマート，ベンツ，三菱の共同事業になるネッドカーの新モデルの立ち上げについても注目されるところである[25]．しかしこのようなベンツのさまざまな政策の中でも，欧州の部品メーカーに対する取り組みに注目すべき事実がある．シートメーカーの R 社がベンツ・ブレーメン工場のサイトに建設した新工場の場合は，R 社はメルセデスにコスト・テーブルを提出し，ターゲット・プライスを受けて開発を行い，また新工場の立ち上げに際してはメルセデスからの応援を受け，これらの中で事実上，ベンツ・ブレーメンの分工場的な位置に置かれることになった．「このような経営の状況はベンツに全面的に従属することではないか」，と質問したときの回答は以下のようなものであった．「その通りで，確かにベンツへの従属だが，時には

従属した方が生き残りやすい場合もある．90年代の欧州シート業界の利益率は何処でも1～3%程度であり，まともなやり方では生き残れない」[26]．ここに示されているのは，いわゆる支配・従属の関係が，単に日本の系列企業だけに特徴的に見られるのではなく，欧州においても，経営環境が悪化する中でサプライヤーは契約の論理，経営の自立という矜持を捨て，カスタマーに対する従属的行動を選ばざるを得なくなりつつあるという事実である．

(4) 契約の論理と強引な値引き手法の結合

以上述べたように，いわゆる日本型の系列・下請システムの欧米への移転については，二重の仕方で進みつつあると考えることができる．その第一の側面は，QCDなどの管理水準高度化を図り，カスタマーとサプライヤーとの相互信頼の上に立ち，新しい生産方式であるティーム・ワークや組織のフラット化などを進め，併せてコストダウン，品質向上などを取引契約に折り込みながら進めるという，日本的様式と欧米の契約論理のハイブリッドともいうべきものである．第二の側面は，部品価格の値引きや品質向上，かんばん納入などの要求がカスタマーが一方的に押しつけ，その結果契約の論理が破壊され，次第にサプライヤーのカスタマーに対する従属が一般化しつつあるという側面である．もちろん欧米社会では契約の論理が取引の基礎をなしており，この論理は第一義的な重要性を依然として持っているが，にもかかわらず，自動車メーカーの「背に腹は替えられない」深刻な経営状況の下で，強引な購買管理の手法が並んで現れる．

この強引な管理手法の導入は最近さらに明確になりつつある．2003年秋以降，GM，フォードの両社は相次いで取引契約がある場合でも毎年価格の見直しを行い，カスタマーの要求に合致しない場合には取引を停止する可能性があるという新しい購買政策をインターネット上で公表した．アメリカ市場が3年連続で1,950万台レヴェルという高水準で推移している中で，ホンダ，トヨタ，日産の日本3社の販売がきわめて好調であるのに対し，GM，フォードは車両1台あたり3,000～4,000ドルの値引きをして販売せざるを得ず，自動車部

門では殆ど利益を出していない．この厳しい状況の中で，経営上の負担を解消するために，GM，フォードの両社は契約の論理を破壊しても部品価格の見直しを迫らざるを得なくなったわけである[27]．アメリカ自動車メーカーがこのような今まで維持してきた契約の論理を破壊し，一方的な値引きを押し付けざるを得ないまでに追い詰められている現実は深刻である．

(5) 何が移転されなかったのか＝高い技術水準，管理能力，サプライヤーの経営に立ち入った指導手法

欧米における契約の論理の存在と，これを破壊する強引な値引き手法の両立．この一見矛盾した2つの動きを結びつけて同一の平面上で理解しうる唯一の論理的な環は，「欧米メーカーが日本企業のように部品の製造コストを把握し，サプライヤーに対して製造方法やコスト削減を指導するだけの実力を持たない」という点にある．すなわち値引きを要求し，品質向上を求め，Just in timeを追求するとしても，どのようにそれを実現するのか，そのノウハウそのものの移転はきわめて困難であったのである[28]．もちろん欧米カスタマー企業・サプライヤー企業の中に日本的生産方式についての誠実な研究を積み重ね，生産組織や労働組織の改変を進め，現実の生産に適用して高い成果を得ているケースも見受けられる．しかしこと企業間関係に限って言えば，このような努力と企業間の関係を接合させることはきわめて難しく，自動車メーカーの側が指導力量を持たないままQCDの要求レヴェルを引き上げ，時には強引にサプライヤーの自己責任でそれを解決するように押しつけてきたのである．

では何故に欧米企業が自力でサプライヤー指導の態勢を構築できなかったのか．その第一の壁は，カスタマー企業がサプライヤー企業の経営内容に立ち入り，経理内容の公開や利益率のコントロールまでを管理するというサプライヤーの経営自主権の侵害が不可能だったこと，そして第二の壁が，仮にサプライヤー企業にそのような要求を受け入れさせたとしても，現実にサプライヤー企業を指導し，合理化を進め，サプライヤーの経営を維持・再建しながら，自らの経営を再建するだけの指導力量＝企業としての実力が欠如していた，この

2つにあると言わなければならない．

2. 日本における外資系企業の行動＝国際競争購買の困難とベンチマークの導入

(1) 部品業界再編による巨大サプライヤーの出現とグローバル購買戦略

このような問題性を抱えた中で，欧米自動車産業・部品産業は1990年代末に新しい事態に直面する．自動車メーカーは生き残りのための合理化と次世代の技術開発を巡って国際的再編を余儀なくされ，生き残りのための値引き要求の中で部品メーカーの経営は停滞し，他方でサプライヤーにはデザイン・イン，システム・サプライヤーへの成長，多国籍開発・納入体制の確立を求められることになった．これは必然的に弱小部品メーカーの整理・淘汰を進め，資本の集中合併による国際的な巨大部品メーカーの出現をもたらすことになった．この変化はまずアメリカ市場から開始されて欧州に展開され，90年代末には日本の自動車部品産業もその変動に見舞われることになったのである．

1990年代にフォード，GMはそれぞれ自社の自動車部品生産部門をそれぞれVisteon，Delphiの2社として独立させ，それぞれ世界第2位，第1位の巨大部品メーカーが出現することになった[29]．欧州でもルノー，PSAがそれぞれ内製部門を売却して外製化するなど，欧米自動車メーカーでの部品生産部門の分離独立が進んでいる．また他方で90年代後半以降，自動車部品業界でのM&Aが進行し，Magna，Lear，JCI，TRWなどをはじめ，巨大なサプライヤーが誕生して自動車部品業界の構造は大きく変わることになった．

自動車メーカーは，部品内製部門切り離しによる合理化と同時に，自動車部品の設計開発・製造までをサプライヤーに任せ，自らは開発人員を削減し，また組立工程も可能な限りサプライヤーに依存するという方向を打ち出した[30]．開発分野ではデザイン・インによって開発過程へのサプライヤーの参加を進め，開発工数のより多くをサプライヤーに依存するという方向が進められている．またこの間進められてきた部品のモジュール化は，単に設計工数だけではなく，組立工程の外注化，関連するサブ・サプライヤー管理の外注化を

も含んでおり，これらの政策によって自動車メーカーのコスト負担は大幅に軽減されることになった．しかしこれはカスタマーである自動車メーカーにとっても危険なゲームであり，部品メーカーの占める付加価値部分を増大させ，サプライヤー企業の発言力，ネゴシエーション・パワーを強めるものでもあった．

GM，フォードをはじめとして世界の自動車メーカーは，このような力関係の変化に対抗すべく，全世界のサプライヤーのデータを集積し，GM の W.W.P.（World Wide Purchasing）設立に見られるように，その価格データを集積して世界最適調達を可能にする体制の構築を図ってきた．この狙いは全世界のサプライヤーの中から，最も安価で良い部品を発見し（現実的な意味は世界の最低価格水準を明らかにする），これを基準価格＝ベンチマークとして購買価格をコントロールしようとするものである．もちろんグローバル購買とベンチマークの導入は部品メーカー間の競争を一層促進し，価格を引き下げ，カスタマーによるサプライヤー管理を強める方向に作用することになる．以上の事実は，巨大サプライヤーをコントロールするためにはもはやサプライヤーの指導・育成に向かうのではなく，低い価格水準を開発し，これによって管理するという，徹底した競争購買の論理が力を得てきたことを次第に明白にしつつある．

この間欧米企業に導入されてきた新しい購買方式，すなわち長期契約，デザイン・イン，JIT 生産方式，系統的な値引き＝コストダウンなどは，いわゆる「日本的購買方式」についての学習とその欧米への移転という性格を持っていた．そしてここから発展したインダストリアル・パークの形成やモジュール生産方式の採用などは，日本型購買方式に対抗するために編み出された，欧米流の新しい提案＝ジャパナイゼーションへの取り組みであった．しかし，これらの新しい手法が明確な成果を示せず，その評価も定着しないままに，結局欧米企業の購買方式は，日本型の対極にも位置する「ベンチマークを導入しての際限のない価格引下げ」すなわち典型的な「競争購買」に行き着くことになったのである．

(2) 外資による国際購買システムの導入＝日本システムと欧米システムの接合の困難

以上述べたように，かつての2社並注，複社発注，そして近年のe-commerceの利用，あるいは国際的な低価格水準のベンチマークを導入して価格引き下げを図るなどの一連の流れは，部品価格設定に市場原理を導入しようとする試みである．そして近年の国際購買による競争の枠組みの拡大は，最終的には中国の価格水準を含めた価格比較を不可避とし，個々の地域の生産条件を無視した価格引き下げ圧力を強めることに行きつく[31]．しかし残念なことに，これらの単純な図式的手法は常に成功するとは限らない．現実のQCD管理水準や技術的ポテンシャルを考えると，世界のサプライヤーにとって，依然として意味のある競争相手はごく狭い範囲に限られる上，実際の開発に際しては設計内容や品質要求に応じて設計工数を積み上げられるから，これらの個々の工数が具体的な価格設定の積算基礎になる．従って「ベンチマーク」が単なる価格水準である限り，実際の開発プロセスに入り込むほど，その意義は薄まることになる．

いずれにしてもGM，フォードをはじめとして日本自動車メーカーを傘下においた外国資本の購買政策は，従来からの日本企業の購買に介入[32]してベンチマークを導入し，欧米サプライヤーを強引に購買対象リストに加え，その全体を接合させようとしている．しかしこれにはさまざまな問題がある．外資系企業の日本における購買手法の実情とその問題性についてのインタビュー結果を紹介しておこう．

① FSSの参入が必ずしも開発を効率化させていないケース

フォードの系列下にあるマツダの場合には，フォードの購買政策が適用され，サプライヤーとして多国籍化しているFSS（フルサービスサプライヤー）が参入し，その結果として従来の日本の系列メーカーへの発注が切り替えられるケースが出ている．また系列メーカーへのバックアップも弱まり，国内で唯一，外製でミッションギアを製造していた神田鉄工が倒

産，系列関係に大きな変動が生まれている．しかしフォード経由で受注を受けた FSS のレスポンスが遅く，マツダの開発スピードについてゆけないために，実際には FSS から下請受注した従来のマツダ系列企業とマツダの開発部門とが直接にやりとりし，結果的に FSS に発注しても中間マージンを取られるだけだという現実も見え隠れしている．すなわちフォードが主導権を持った購買方式は，従来の日本型の購買方式に優る成果を上げているとは言い切れないのが実情であろう．マツダの開発したディーゼルエンジンをワールドエンジンとして採用するかが問題となったケースもあり，フォード自身の評価能力と妥当な購買能力あるいはフォードの再建プランの内容が問われるところである．なお，広島のサプライヤーの中には，フォードに高く評価され，フォード経由で国外からの発注を受けて業績を拡大しているケースもあり，国際購買の具体的成果として挙げておかなければならない．

② 欧米企業が開発スピードに対応できず，また価格情報も充分な比較ができない

　GM 系列のいすゞ，スズキ，富士については，GM の国際購買との接合が進んでおり，提携を行ったグループ企業が共同で個別部品の価格水準の見直しを進めるなどの動きも見られるほか，GM 系列 3 社間での部品共通化も検討が開始されている．国際購買ではサプライヤーの選定段階で，GM のリストに載った欧米サプライヤーも参加することになったが，現実的には欧米サプライヤーは日本側の開発に対応できていない．その問題性について，Z 社のインタビューでは以下のように述べている．「購買に派遣された役員が世界中の他拠点の購買担当と情報交換をしている段階で，実際の成果は出ていない．WWP からはアメリカの安い商品は提示されてくるが，日本の品質基準は満たされていない．しかし価格水準は提示され，日本のサプライヤーもある程度対応せざるを得ない．仮にその価格水準が満たされれば欧米に売ることもできると日本のサプライヤーにハッパ

をかけているが，実際にはアメリカ企業も UAW の関係があり，簡単に買える状況ではない．また本部長クラスが出てくるサプライヤーの交渉でも，実際は価格水準程度しか議論されず，個別部品の仕様や性能・機能，さらに量産規模などの細かい比較はできない．つまり国際購買のリストなどが出てきても，把握できるのは値段程度で細かいことはわからない」．また GM 社の国際購買 WWP は「システムが複雑で，効率的ではない」という評価も聞かれた[33]．

(3) ベンチマーク導入によって深刻な影響を受ける日本の中小サプライヤー

前述したとおり，このような購買活動が行われても，部品生産に求められる技術水準，QCD の水準から考えて，実質的な競争関係にあるのはやはり米欧日のサプライヤーだけであり，低価格の提示も結局はサプライヤーに対する恫喝の手段としての意味が大きい．ベンチマークが現実の取引にどれだけの影響を与えるかは，部品の開発・生産に求められる技術・品質水準の程度にかかっているのであり，高技術・高級素材・大量・低価格生産か，あるいは安価な素材・汎用設備・大量の低賃金労働力利用か，一つ一つの部品ごとに現実の生産内容を吟味しながら展開してゆくことは不可欠である．

これに対して現段階でのベンチマークの導入・提示は，明らかに開発・生産のあらゆる条件を勘案したものではなく，中国などの途上国における低賃金労働を利用した低価格水準，欧米における極端な大規模生産・低価格水準など，現実的な条件を抜きにして持ち込んだものである[34]．しかしながらこれらのベンチマークの導入は結局は地域ごとに特有の価格水準に影響を与えるものとなる．なぜならば，このようなベンチマークの提示に対して，世界の有力部品メーカーは世界の各地で現地生産を行い，その地域で求められる国際的な価格水準を組合せたうえで，ベストの選択を追求することになるからである[35]．多国籍生産を実現し，管理しうる能力を持つのはもちろん有力企業に限られるが，このような現実的可能性がある限り，ベンチマークはやはり単なる「恫喝」だけではなく，価格水準に重大な影響を与えることになる．国内だけに基

盤を持つ中堅・中小規模企業の経営は深刻であり，地域の産業構造には甚大な影響が生じることになる．

① 国際的再編を経た巨大企業 G 社ではグループ 5 社の購買が同席し，部品ごとにサプライヤーのメーカー別納入価格に差があるのは何故かを問いつめ，ベンチマークとしてアメリカの F 社の価格 1 ドル 60 セント（195 円程度）を提示し，この水準以下にならないと取引をうち切る，という強引な方針を示した．日本での取引価格は 230 円程度であり，日本での 5〜6 社のサプライヤーの内，従業員 200〜300 人程度の伝統的な中小規模サプライヤー 2 社は苦境に追い込まれている．そのうち一社（墨田区）は極限までの合理化を進めており，最近 3 年間は従業員の賃金 1 割カットを実施している．もう一社（長野県）は製造品に特許があり，相対的に有利だが，海外生産の予定はなく，国内だけでの量産・コストダウンによって乗り切ろうとしている．これに対して大手の D 社は国内にこの分野の子会社を持ち，実際の生産ではタイに現地量産工場を持っているために国際価格にも対応できる．結果的に中小規模のサプライヤーは実力のある D 社に泣きつき，D 社が G 社と交渉して，最終価格は 210 円レヴェルで一応くい止められた[36]．

② 上越市に位置するシートベルトメーカー H 社の場合，N 自動車からベンチマークとして韓国のサプライヤーの価格水準を提示された．価格は従来の 60 円ベースから 40 円水準に切り下げられ，同社はパートタイマーの首切り，従業員削減，設備改善などの合理化を進めてきた．しかし目標価格水準は 30 円レヴェルとなっており，H 社の努力ももはや限界に近づいている．日本国内での生産は殆ど不可能という印象である．

③ 2004 年 1〜2 月に実施したトヨタ系列 A 部品メーカーの三河地区に展開する 2 次サプライヤーのインタビュー調査によると，いくつかの分野において，従来 5〜7 社に分散して発注していた下請発注が，従来よりも 20〜30％ 価格水準の低い新しい製法を開発した 1〜2 社に集約され，残りの 4

〜5社はこの分野のサブ・サプライヤーから退出することになった．結果的に2次サプライヤーの中で集中・集約化が進み，末端小零細企業の衰退が推測される．

④　ベンチマークを利用した継続的な値引きは，モデルチェンジ＝価格改定のチャンスの少ない2次，3次サプライヤーの経営動向には深刻な影響を与える．自動車メーカーX社の系列トランスミッションメーカーに歯車を納入するY社の場合，納入先の1次メーカーはモデルチェンジで価格も改定しているのに対し，共通部品としてモデルチェンジのない量産歯車の場合，合理化による原価低減はせいぜい半期に1〜2％であるから，年10％にも及ぶコストダウン目標は達成不可能であり，この問題の解決を迫られている．

3.　トヨタ自動車における全面的な購買政策の見直し

(1)　CCC 21に見られる合理化運動とベンチマークの導入

　以上見たように，日本における外資系企業の購買政策にはさまざまな問題点が垣間見えるが，いずれにしてもグローバル購買とベンチマークの導入という点では，新しい情勢に対応した取り組みになっている．これに対して伝統的な「日本型購買方式」を採っているといわれるトヨタ，ホンダなどでの取り組みはどうであろうか．はたして旧来の意味での伝統的な「日本型手法」と理解して良いのだろうか．1990年代前半の合理化に続き，90年代後半に系列サプライヤーの協力・提携関係を軸に合理化を進めてきたトヨタ自動車の，2000年代に入っての購買政策見直しの内容を検討してみよう．

　トヨタ自動車が2000年度から展開している合理化運動「CCC 21」では，3年間で30％のコスト削減（全体のコスト削減額は1兆円規模，海外を含めて1.3兆円）を目指してきた．その成果は3年間累計で7,500億円の原価低減となり，1兆6,500億円という史上最高の利益にきわめて大きな貢献をした．この活動はCCC 21終了後も，引き続きその定着を目指し，対象品目を拡大して継続されることになったが，トヨタ自動車ではそのうえに，近年台頭してきた中国な

どアジア諸国の競争力に対抗するため，「コストハーフによるダントツNo1」を呼びかけ始めている．CCC21に象徴されるコスト削減策は，トヨタ自身がすでに圧倒的な国際競争力を持っているにもかかわらず，自社の購入部品価格が適切な水準にあるかどうか，世界の価格水準の再調査を行い，その上で取り組みの方針が決められている．すなわち世界の価格水準調査はもちろんベンチマーク導入と同義であり，トヨタ自動車でも中国価格をベースにしたベンチマーク導入が進められている．

この取り組みが欧米企業のそれと異なるのは，GM，フォードなどの2003年秋以降の過酷な値引き政策が，両社の販売不振・値引き販売の経営への影響を軽減するために，サプライヤーへの負担を転嫁するという文脈の下に行われているのに対し，トヨタの場合には，圧倒的な国際競争力を持ち，史上最高の利益を上げながら，なおかつ合理化を進め，その利益水準と国際競争力の水準を著しく高いものに作り直そうとしている点にあるだろう．もちろん系列サプライヤーからは，「トヨタの膨大な利潤はサプライヤーの血と汗の上に成り立っている」との批判も当然聞かれるが，同時にトヨタグループの合理化水準は疑いもなく，世界のトップレベルに位置しているのも事実であろう．

(2) トヨタ系列企業群の再編と世界的サプライヤーの育成

ところでトヨタグループの取り組んでいる購買体制の見直しは，単に価格水準の引き下げだけではない．表に示されるように，近年の取り組みの特徴は，90年代の系列サプライヤーの協力関係強化という政策からさらに一歩踏み込み，系列内部での二重投資を解消し，開発・生産の効率を引き上げながらコスト削減を図るという方向に抜本的に転換したことにある．それは内製部門の外注化を含む，系列企業の合併や合弁事業開始，あるいは事業提携，生産分野の調整など系列企業群の再編成を進め，コストの低減を図るのと並行して世界有数のシステム・サプライヤーを育成する，という本格的な取り組みである．その全体像を改めて再構成するとおよそ以下のようになろう．

① 現在全世界で一般化しつつあるベンチマークの水準は，「中国価格」と

表 2-2　トヨタ自動車の購買政策・コスト削減策の概況

新工法・新設備の導入	コンパクト・安価な設備で,エネルギー,加工時間節約,コスト低減と高品質を両立	ハイドロフォーム成形機,タイヤ一体成形法,半導体レーザーによる樹脂溶接,マルチローラー歯形成形機,低コストアルミダイカスト機
新部品表SMSの導入	インターネットによる部品情報共通化(WARP)からSpecification Management Systemに移行	かんばん方式の根幹を為す部品表システムの30年ぶりの刷新.世界27カ国60拠点の開発,生産,調達活動を一元管理し,コスト競争力を一段と高める
サプライヤー再編	系列サプライヤーの提携や製品分野の集約によるシステム・サプライヤーの育成(27社が関連)	タカニチ・アラコ・豊田紡機の内装部品合併,日本粉末冶金と東京燒結金属の合併,アドヴィックス(ブレーキシステム),FTS(樹脂燃料タンク),ファーベス(EPS)などの合弁事業促進,エアバッグ,フィルター,コンプレッサー,防振ゴム,パワーステなどで重複投資解消,MT,鋳造部品,天井材の外注化

(出所)(株) Fourin 国内自動車調査月報,2003年10月号より

一般にいわれる著しく低い水準にあり,従来の日本型系列・下請関係の中で,カーメーカーがターゲット・プライスを提示し,合理化・コストダウンを指導しても,簡単に追いつける水準ではないことが明確になりつつある.

② この国際的な低価格水準を満足させるためには,従来の内製部門を維持してコスト分析能力を蓄えるという方策は,二重の意味で桎梏に転嫁した.その第一は,現在の国際水準＝ベンチマークのレヴェルが,トヨタの内製部門ですら容易に実現できないほどに低くなりつつあること,第二は,自社の内製部門と系列企業群の中に同一分野の開発・製造部門が重複しており,徹底したコスト削減のためには,この二重投資,多重投資を削減する必要が生じたこと.

③ 他方で全世界の自動車部品産業の様相を見ると,GM,フォードの内製部門切り離しや,大手部品メーカーを軸とした部品産業の国際的再編が進んでおり,様相が一変しつつあること.このような時代にあっては,サプライヤーに求められる能力も著しく引き上げられ,世界のトップクラスである必要性が増大した.これはもちろん,技術的にも諸外国で歴史的に積み上げられてきた体系を模倣する水準ではなく,サプライヤーが自ら独自

の境地を切り開くレヴェルを求められていること.

④　この場合のサプライヤーの戦略は，技術開発・新製品開発や先行研究では世界トップレヴェルを維持し，生産の分野では自動化・省力化と大量生産によるコスト削減を追求し，また必要に応じて中小零細企業を活用し，国内での生産で対応できなければ途上国での現地生産でコストを引き下げるなど，あらゆる方法を組み合わせて世界トップ・サプライヤーの地位を狙うことになる[37]. これはもちろんサプライヤーとしての自立・独立を意味するものではなく，トヨタグループの企業群の総体としての力量を一段と高めることになる.

(3)　新たな世界戦略と結びついた購買システムの構築

　いわゆるグローバル購買とベンチマークの導入は，こうして世界の自動車産業での一般的原則として普及しつつあるが，トヨタやホンダの基本戦略は，単なるコスト削減・低価格納入を追求するだけではなく，コスト削減とは両立が難しい品質の維持・向上をもう一つの大原則とし，消費者の信頼を獲得してブランドを確立する方向を目指している. 前述したように近年のアメリカ市場の動向を見ると，トヨタ，ホンダ，日産は値引きを殆どせずに好調な販売を進めているが，逆にGM，フォードの場合には販売が不振で値引きを余儀なくされている. その値引き幅は乗用車1台あたり3,000ドルから4,000ドルにも及ぶものとなっている. この値引きがGM，フォードの経営を圧迫し，自動車部門の利益を殆ど食い尽くしているのであり，またこの経営負担を解消するために，GM，フォードともに2003年秋から，契約期間中にもかかわらず価格見直しを要求し，応えられなかったら契約破棄も辞さないという常軌を逸した新購買方針を打ち出すことになったのである.

　このような安値・薄利販売を避けるうえで，市場における商品の信頼性・品質が大きく寄与することはいうまでもない. トヨタ，ホンダなど日本メーカーは品質の確保を戦略的課題として提示しているが，それはアメリカ市場だけでなく，急成長する中国現地生産での取り組みにも鮮明に示されている. 2004

年8～9月の現地調査による日系サプライヤーの回答は，概ね以下のようなものである．「一般に日系自動車メーカーが中国現地生産で要求する価格水準は，日本の価格の80%程度である．もちろん中国製素材と現地の機械・労働力を利用すればその価格水準を実現することは容易だが，日本レヴェルの品質を維持するためには，日本製の素材を輸入し，重要な構成部品は日本から購入し，設備機械も日本から持ち込み，日本人現地駐在スタッフがバックアップしてはじめて要求品質が可能となる．このように日本と同等水準の品質を追求する限り，価格水準はどれほど頑張っても日本と同等かそれ以上，すなわち1.0～1.2程度の水準になり，価格要求は満足できない」[38]．

　中国現地部品の品質に対する不満は，中国で生産している欧米メーカーにも共通の問題である．実際に長春で生産している一汽大衆（一汽VW）の生産ラインを見る限り，相当数の部品をドイツから購入しており，その分だけ中国の価格水準とは差が出ていることが推測される．逆に，仮に中国製部品を中国価格で購入し，あるいは中国製素材をそのまま使用して部品生産を行った場合，価格は相当に引き下げることは可能であろうが，品質に問題が出るだろうことは当然予想され，結局は品質の低下を招き，企業への信頼を低下せしめる形で悪循環をもたらすことになる．

　この問題の解決に単純な「品質か価格か」という図式的な二者択一を持ち込むことはできない．なぜならば，少なくとも自動車を構成する2万～3万点の部品の一つ一つは異なった重要度，要求水準を持っているのであり，その個々について素材や加工方法，設備機械の内容，これを支える労働者の構成が異なる．その求められるところに従って，ある部品では中国製素材と中国製設備機械での現地生産で充分なケースもあり，他方で多くは，やはり日本の素材と複雑な自動機械体系を組合せることが必要になる．その一つ一つの内容を厳密に分析し，ベストの組合せを選択すること，むしろここにこそ，「品質にこだわる」日本企業の問題提起が感じられる．他方，いわゆるグローバル購買やベンチマークの機械的・図式的な適用が行われるとすれば，そのような企業戦略には根本的な弱点が見え隠れするのである．

まとめ　グローバル購買・ベンチマーク導入と日本的購買方式
──大手自動車部品メーカーの好調と 2 次, 3 次中小サプライヤーの困難──

1. ベンチマークを通じた強引な値引きスタイルの全世界への普及

　以上の叙述を，近年の日本自動車業界・同部品業界の経営動向と関連の裡に総括しよう．日本の自動車・部品業界は未曾有の好況を享受している．世界の自動車産業の中では，GM，フォードのアメリカメーカーが自動車事業では利益を生むことができず，日本のその他のメーカー，欧米メーカーが 3～4％ 水準で推移する中で，トヨタ，日産，ホンダ 3 社の売上高利益率は 8～12％ と隔絶した水準を示しており，これら 3 社を中心とする日本メーカーの「独り勝ち」とも言える状況が作り出されている．この事実は，自動車産業の国際的再編＝400 万台クラブによる世界市場の支配という単純な「図式的戦略」が市場競争に決着をつけるものではなく，多様な側面で実力を蓄積することが決定的であったことを示している．

　議論は，国際的再編と多国籍生産への展開が急な欧米巨大サプライヤーの国際競争力のあり方についても同様である．欧米サプライヤーの FSS としての成長・発展にも内実が伴わず，その結果，TRW のケースに見られるように，M&A のゲームの対象となって遂に買い手を見つけることができずに座礁するようなケースが出ている．これらのシステム・サプライヤーと自動車メーカーとの購買管理を巡る闘争は，グローバル競争購買と国際的ベンチマークをこの業界に定着させることになった．本稿での検討の限りで言えば，それらの取り組みの特徴は，1980 年代以来，欧米企業が何とかして導入しようとしてきた「日本的購買方式」を主流とするのではなく，結局のところ，グローバル購買という形で伝統的な欧米型購買方式である「競争購買」スタイルに帰着した点にある．

　その上で言うならば，ベンチマーク導入に見られる現在の国際競争の厳しさと価格水準の下落は，日本において従来進められてきた系列・下請管理方式で対応できる水準を超えて進みつつあるが，それはもうひとつの日本型のサプラ

イヤー支配様式を全世界に敷衍し，強引な値引きを普及させつつあるものと考えることができる．当然のことながら，グローバル購買・ベンチマークの導入も，その内実に立ち入ってみるとさまざまな問題を抱えることになる．「インターネット購買も1～2年は脅しが利くが，結局は誰も相手にしなくなってしまう」[39]というインタビュー結果に示されるように，購買側，供給側のいずれもが充分な力量を持った関係を構築するのでない限り，単なる競争購買への回帰は取引関係を空洞化させるだけでしかない．

2. 好調を維持する日本部品メーカーのプレゼンスの拡大

(1) 機械統計月報による自動車部品生産の動向

日本の自動車部品生産は好調であり，02年で全体で6.1%の伸びを示している．98年まで6兆円ベースだったものが，99年から8兆円と拡大し，02年は9兆円で，依然として右肩上がりの成長が続いている．特に重要な点は，機械受注統計の分析の限りであるが，個別部品によってばらつきがあるものの，平均的に生産数量の伸びと平均部品単価の上昇が看取できる．これは一般的には値引き=価格低下が続く中で，ATやエアコン，EFIなど，高級化が進み，全体としての生産金額が増大していること，また海外生産向けの輸出が増大し，円安の下での利益源になっていることなどが大きく寄与していると指摘されている．この点で，部品技術を確立し，新しい技術開発・製品開発を進め，また海外進出を行って多国籍展開している大手部品メーカーについては，90年代の厳しい状況を脱し，新しい時代に対応した開発・生産・供給体制を確立しつつあるものと判断できる．

(2) 日本メーカーのプレゼンスの拡大

このような中で，国際市場でも日本自動車部品メーカーのプレゼンスが拡大している．アメリカ市場でのGM，フォードの厳しい購買政策が展開されているが，その中で日本の自動車部品メーカーのプレゼンスが次第に上がっている．GM，フォードのアワード・サプライヤーの構成を見ると，かつては日系

1：欧米企業9の比率であったものが，近年のアメリカ市場では欧米企業6に対して日系企業が4程度を占め，ほぼ半数に接近しているという現実がある[40]．ここでは品質管理を軸とする日本サプライヤーに対する評価が確実に上昇しつつあることを指摘できるだろう．

しかしこれらの日系企業といえども国際水準のベンチマーク価格を無視することはできない．そのキイポイントに位置する中国での現地生産を見ると，すでに殆どの日本部品企業は中国進出を完了し，現在の課題は中国現地生産をいかにして収益性のあるものに構築するか，いかにして現地生産でカスタマーの要求水準（日本レヴェルの80％程度）を実現するかに移っているが，日本製素材や設備を利用して日本レヴェルの品質を維持する限り，価格に関しては日本と同等か，むしろ高い水準になることは避けられない．この問題解決にはしばらくの時間がかかることが予想されるが，にもかかわらず日本の自動車メーカーは品質問題を最優先とし，これによって市場の評価を得ようとする戦略は変えていないのである．

周知のようにトヨタ自動車の2003年度決算では，利益総額は1兆6,500億という膨大なものとなったが，これに最大の貢献をしているのはCCC 21に代表される合理化運動である．その結果，自動車部品メーカーの利益率は概ね5％水準にとどまり，自動車メーカーのそれとは大きな格差が形成されることになった．ここでは依然として「カスタマーがサプライヤーの利益率までをコントロールする」という構造的特質が維持されているのであり，それ故に系列・下請関係も色濃く残るのである．

3. 2次，3次サプライヤーの構造再編を求めるベンチマークの導入

2次，3次以下の中小・零細サプライヤーの状況にも，従来の日本的購買様式の転換を見ることができる．周知のようにカスタマー企業がサプライヤーの工場を監査し，必要な場合にはサプライヤーに対する指導・育成を行い，QCDの管理水準を高め，また開発発注をも通じてサプライヤーの技術蓄積を高める点に，いわゆる日本型サプライヤーシステムの一つの典型パターンがあった．

もちろんこの場合に厳しいコストダウンの条件を提示し，その中でサブ・サプライヤーを選別・淘汰し，優良企業を軸とした生産体制を強化してきたのは今回も同様である．しかし90年代末以降，競争の対象となっているのは世界的に通用する価格水準であり，この中で自動車メーカー自身あるいはそのグループ企業，系列企業の持っている指導力量と，サプライヤーに要求している価格水準との間には乖離が生じていると考えざるを得ない．

90年代末以降，トヨタ自動車は今までのコスト・テーブルを再度見直し，全世界の価格を洗い直して，サプライヤー企業群の再編成を含む本格的な製造コスト低減に取り組み始めた．この「ベンチマークの導入」はローカルな生産諸条件を基礎に持つ中小零細企業を直撃している．「今までよりも20～30%安

表2-3 自動車部品産業：従業員規模別・企業数の推移

年次	1989	1990	1991	1992	1993	1994	1995	1996	1997	1998	1999	2000	00/89
総数	3,021	3,165	3,193	3,200	3,044	2,958	2,985	2,990	2,995	2,927	2,858	2,880	0.95
5,000-	20	21	21	21	21	21	22	21	22	21	22	22	1.10
-4,999	72	74	81	83	80	82	77	73	72	71	64	67	0.93
-999	94	98	98	99	101	99	104	98	93	95	98	99	1.05
-499	103	105	97	90	103	97	95	100	106	101	98	100	0.97
-299	124	123	139	149	148	156	135	135	137	134	122	130	1.04
-199	368	389	393	381	359	349	368	362	376	375	370	370	1.00
50-99	627	659	668	661	616	609	602	618	640	638	624	616	0.98
30-49	568	588	606	603	577	559	576	585	608	590	589	603	1.06
20-29	1,045	1,108	1,090	1,113	1,039	986	1,006	998	941	902	871	873	0.77

(出所) 工業統計表各年次より作成

表2-4 自動車部品産業：従業員規模階層別・従業員数の推移

年次	1989	1990	1991	1992	1993	1994	1995	1996	1997	1998	1999	2000	00/89
-999	64,856	67,510	68,676	68,857	70,922	67,849	72,785	70,547	67,918	68,441	70,132	69,473	1.07
-499	39,575	40,417	37,299	35,388	39,864	38,417	37,138	39,353	41,358	39,480	37,396	38,190	0.97
-299	30,137	29,700	33,647	36,847	36,327	38,248	32,688	32,587	32,880	32,202	29,363	31,106	1.03
-199	50,139	53,685	54,804	52,941	49,277	47,717	50,658	50,157	51,769	51,928	51,753	52,474	1.05
50-99	43,918	45,496	46,800	45,971	42,970	42,351	41,746	43,090	44,478	44,696	43,686	43,571	0.99
30-49	22,375	23,095	23,652	23,408	22,686	21,929	22,614	23,097	23,750	23,029	22,866	23,648	1.06
20-29	25,670	27,050	26,700	27,168	25,298	24,116	24,568	24,514	23,268	22,322	21,459	21,406	0.83

(出所) 工業統計表各年次より作成

い価格で生産できる下請が残り，それ以外の5～6社は撤退を余儀なくされる」[41]．「この状況で生き残れなければ，どっちみち将来展望はない」[42]という発言に見られるように，在来型の部品メーカー・関連メーカーの展望は決して楽観できない．とりわけ日本の製造業を末端で支えてきた内職や零細企業は，中国との直接の競争の中で，仕事を奪われつつある[43]．これらの内容を暗示するように，90年代を通じた工業統計表による従業員規模階層別企業数の動向を見ると（表2-3，2-4），他の従業員規模階層ではいずれも企業数を維持している自動車部品産業であるが，唯一，従業員規模階層29人以下の層の企業数，およびそこでの従業員数が確実に減少を始めているのである．

4. 系列・下請関係と企業の実力

　本稿の結論として，冒頭に述べた「日本型系列・下請システムに対する根本的な疑問」に対してどのように考えたらよいのか，回答を試みてみよう．第一の問題は，日本自動車産業の国際競争力を支えてきた「系列・下請」システムについてであるが，ベンチマークが導入され，国際購買が拡大し，資本系列関係が希薄化するような情勢にあっても，依然として日本型の系列・下請システムは，自動車メーカーの競争力の根幹に位置していると考えなければならない．それはこの間の合理化運動を通じて自動車メーカーの膨大な額の利益金を，サプライヤーの血と汗によって贖った実績によって証明されている．またそれらのサプライヤー群がきわめて高い実力を持ち，自動車メーカーの開発・生産体制を支えているという現実によっても支持されている．

　第二の問題は，サプライヤー企業ははたして支配・従属の枠組みから抜け出て自立し得たのか，この問題についていえば，答えは基本的にノーである．自動車部品メーカーの存立基盤は，技術的な意味では世界のトップクラスに位置づけられていることは異論がないであろう．しかしその経営基盤からいえば，大手の国際的サプライヤーを除いては，部品メーカーの販路は限られ，多くの場合，親企業一社に依存することによってのみ，存立し得ている．この市場面での限界性と技術，特に生産技術面での圧倒的優位性，そのギャップの深さに

は，われわれは愕然とする以外にない．

　資本系列下にある子会社，関連会社についても言うまでもないが，それ以外のサプライヤー，サブ・サプライヤーにとって，親企業一社依存という市場面での限界は，系列・下請関係を死重とも言うべきものに転化せしめている．この圧力は，国際的な過剰生産の時代において一層強められ，またそれ故に競合他社に伍して生き残り，また新しい市場を開拓するために製品開発・技術開発に努力を求めることになる．このような企業間関係は，具体的には二つの側面に表現されることになる．一つは，カスタマーとサプライヤーのそれぞれの企業の実力，QCD 管理水準の高さ，開発能力，それに購買管理能力，その他．二つ目は，カスタマーによるサプライヤーに対する強引な値引き，品質確保，納期遵守の要請である．

　確かに 1990 年代以降の経済情勢の中で，系列・下請関係は舞台の後景に退いたように見える．またベンチマークの導入は市場を経由しての自由な競争の必然的な結果のように見える．しかしそれは契約の論理を破壊し，カスタマーの要請＝資本の論理を生産機構の末端にまで貫徹するという実態を変えたわけではない．むしろそのような強引な手法を全世界に普及させ，世界の常識に作り替えつつあるというべきであろう．その意味では，その過酷さの中にこそ，いわゆる日本的様式の本質の一端が示されていると言って良い．他方，近年の「日本企業の独り勝ち」とも言うべき状況は，このような過酷な現実の中においてさえ，さらに企業の実力を蓄え，弱者を次々に取り残しながら国際競争に邁進する日本の経済社会の特質を遺憾なく発揮した結果であると言うことができる．いずれにせよ，現在の国際競争を支えるものはまさに企業の実力そのものである．しかしそれは「系列・下請関係」とトレード・オフの関係にあるのではない．系列・下請関係の基礎の上にうち立てられた企業の実力，その切っても切れない関連の中にこそ，問題の核心がある．

1) 日経ビジネス，2000年11月13日．
2) 日本においても，企業ごとのの系列・下請システムの相違はもちろん以前から存在していた．特に80年代まではどの日本企業も輸出拡大，国際競争力強化のために系列・下請関係を最大限に利用して輸出を拡大してきたから，そのパフォーマンスに疑問を持つ余地はなかった．しかし90年代に入って円高による輸出の削減が不可避となり，さらに95年の超円高を契機に「世界最適調達」を打ち出して本格的な多国籍生産に移行してゆく過程で，企業間の業績に格差が生じ，この業績格差の一因として「系列・下請管理の稚拙さ」がやり玉に挙げられることになったのである．留意すべきは，80年代以前の業績好調の理由と系列・下請システムとがアプリオリに対応関係にあるのではないのと同様に，90年代以降における「業績の不調」が，はたして系列・下請システムに起因するものであるかどうかは一概には言えない．例えばマツダ，三菱，日産など，経営不調で外資と提携せざるを得なかった企業の多くが，海外（特に米国での）現地生産に深刻な問題を抱えていたことは周知の事実であって，むしろ多国籍経営の力量そのものに問題があった，と理解して議論を進めることも可能であろう．その意味で，ここでは現象的対応関係と内的因果関係とは同じでないことを指摘しておこう．
3) この分野では従来，親企業からの価格指定，いわゆる「指し値」が自由な市場での取引を阻害し，独占による中小資本の支配を生みだすものとして排除されてきた．系列・下請関係に関わる議論の根幹がこの問題にあることは，誰でもが理解していることである．しかし1980年代以降，購買・供給関係についての国際比較調査が進む中で，むしろ日本型の系列・下請関係の経済効率性だけが前面に押し出され，欧米資本主義の生産部門における非効率性を攻撃し，ミューチュアル・トラストを標榜してカスタマーの意向に添わせようとする合理化運動のモデルとして利用されるに至ったのである．このようにして評価されてきた日本型の取引関係が，単純な評価モデルとして通用しなくなったことが，今回の事態の最も重大な意味である．
4) 武石 彰「IMVP報告会」，9/12，2003，法政大学．
5) 日産自動車の系列企業の持ち株売却はその後も進み，最終的な系列企業は後掲するように，日産車体，愛知機械，日産ディーゼル，カルソニック，ジャトコの5社に絞られることとなった．1960年代後半以降，進められてきた部品メーカーの資本系列化の政策は，重大な転換点にさしかかったということができよう．
6) T社幹部からのインタビューによる．当時各社はバブル崩壊後の合理化運動を推進しており，上級モデルの開発中止，部品のバリエーション削減など，80年代の拡大の中で肥大化した開発・生産体制の絞り込みにかかっていた．部品購買についても，新機軸，高級部品などを求めた結果，部品価格も「緩んで」おり，その引き締めが課題になったのである．
7) 拙稿「価格設定方式の日本的特質とサプライヤーの成長・発展」，関東学院大学経済経営研究所年報13号．1993年3月．
8) この点に関してA社海外法人社長の某氏は次のように述べている「アメリカのサプライヤーにコスト管理をするだけではなく，利益率も妥当な水準で抑えなけ

ればいけない，と要請したら，そこまで言われるなら辞める，と言って欧米系のサプライヤーは手を引いてしまった」．この話の前段は，以下のようなやりとりがあった．「部品価格を抑制するためには，コストを引き下げるだけでは不可能で，価格のもう一つの構成要素である利益率を管理しなくては不可能である．つまり日本では利益率まで管理していると考える以外にないが，どうだろう」という質問に対して，「その通りだ」と回答し，それに続いてアメリカの状況の説明があったのである．他方，アメリカの有力サプライヤーのセールス担当者であるM氏は1970年代半ばの状況について，以下のように述べる．「一般にアメリカのサプライヤーは利益率15％以下の仕事は引き受けない．販売管理費を含めてトータルでは40％程度の水準だ」と述べている．

9) この問題は単純に「内製部門と同じにする」と考えることはできない．なぜならば欧米企業の場合，内製部門であってさえ，きちんとしたコスト・コントロールはできていないからである．インタビュー調査によれば，欧米企業でも原価分析は行われるが，実際にその結果がコスト削減運動などのために利用されることはなく，単に原因を解明するにとどまる．つまり内製部門ですら，そこまで管理しないという点に欧米企業の特徴があり，逆に日本では管理しにくいはずの購買・外注先でさえ，詳細なコントロールが可能であるという特徴がある．

10) 浅沼万里氏が例示した日本の代表的サプライヤーであるN社の収益率もこの数値すなわち13％である．

11) 企業の購買機能は一般に購買部での直接的な取引契約締結の他，開発部門での図面の確定，目標コストの調整，生産技術部門での生産コスト低減，品質管理・納期管理，さらに原価管理など，すべての部門が関わることになる．この中で購買管理部門の業務は，全社に分散する購買機能の統括および総合的評価の上でサプライヤー企業とカスタマー企業との「企業間取引関係」のあり方総体を管理・監察するものとなることは当然の結果である．

12) 従来のピラミッド型のヒエラルキー構造そのものは，日本における系列・下請関係の構造的表現として正しい現実認識を示している．それは日本の系列・下請関係を企業の階層ごとに抽象化し，その関係を図式化して表現したものである．従って当然のことながら中小企業に新日鉄が鋼材を供給するというような直接の取引関係をすべて洗い出しても，この抽象と異なることは当然である．本稿で問題にしているのは，ヒエラルキーの具体的内容を形成している個別の企業間の力関係が，いったいどのような現象に表現されているのか，この点を明らかにすることにある．それは従来のヒエラルキーとしての把握を拒否するものではなく，むしろその内容をより豊富化し，具体的な現実把握と結合させようとする意図の下に行われる．

13) 図2-1は自動車メーカーと部品サプライヤーの力関係を総体として単純化して表現したものであり，企業間の力関係を表現している．しかし現実の取引における力関係は，本稿でも紹介する経理公開や一括上納金のように企業総体として現れる場合もあるが，より具体的には個々の部品取引ごとに異なったものとならざるを得ない．すなわち製造部品点数が多い場合はもとより，仮に単品の生産しかしていない場合でも，その中での無数のヴァリエーションごと，部品番号ごとに

交渉力は異なるし，もちろんそれは取引先カスタマーの当該特定部品についての購買能力によって異なる．以上，図2-1 はそれらの全体を包括する抽象的な力関係の表現として理解していただきたい．

14) カスタマーとサプライヤーの具体的な関係について言うと，以下の2つの側面があることを理解しておく必要がある．個々の部品価格の設定については，個別部品ごとのコスト（価格）分析とそれに対する部品側のブラックボックス化の攻防があり，また同時に企業間の関係としても，総体としての値引き要請とそれに対する部品メーカー側の値引きへの協力姿勢の表現がある．これらは決して一色に塗りつぶされているわけではなく，個別の交渉の中で一つ一つの部品価格についての粘り強い交渉が行われ，その結果として個別価格の詳細な分析を無力化するような活動の後，カスタマー側が「総額での協力やむなし」とあきらめるまで続けられる．当然のことながらこの努力に少しでもゆるみがあればたちまち相手側に付け込まれることになる．いわゆる「支配・従属」の内容にさまざまな濃淡があることは，この点からも理解されるであろう．

15) 伝統的な欧米流の対応策は極めて明快である．すなわち購買価格は競争入札によって管理し，できる限り汎用部品を使い，これらの価格水準を前提として製造原価を計算し，それに必要な利益率を加えて最終的な販売価格を割り出す．これは部品を含めて個々に最適な車を設計するという日本流の設計思想に対して，汎用部品を使ってチューンナップで走らせるというヨーロッパ流の設計思想にもつながってくる．

16) 拙稿「価格設定方式の日本的特質とサプライヤーの成長・発展」，関東学院大学経済経営研究所年報13号，1993年3月参照．

17) サプライヤー企業にとって，受注先企業をいかに分散させるかは販売面での最大の課題のひとつである．1980年代に筆者が欧米で実施した欧米企業に対するインタビュー調査によれば，大企業はもちろん，ごく小規模の企業に至るまで，いずれの企業も最大顧客への販売依存度はせいぜい30%までというのが普通であり，この問題がサプライヤー企業経営の枢要点の一つになっていた．

18) ペイバック（あるいは上納金）というスタイルについては，関東地区においてはごく普通に多くの企業が理解しているのに対し，この間2004年1-2月に実施した三河地区の調査では，殆どの企業（中小企業）で「全く聞いたことがない」という状態で，ごく一部が「話には聞いたことがある」程度であった．これらの企業は一様に，単価改定でなく，ペイバックだったらどんなに楽になることか，と慨嘆していたのが印象的であった．ただし同じ問題について大手部品メーカーに聞くと，「単価を改定していたら商売にならない．我が社は一時金で協力していますよ」という回答があった．三河地区のカスタマーの購買能力が非常に強いこと，その中でも実力のある大手サプライヤーは簡単には単価改定に持ち込ませていないことなど，実に興味深い結果が現れている．

19) かつて筆者のインタビューに対し，三河地区に納入しているある企業は，「三河では15%を取るのは難しいが，関東に納入する時には20%は難しくはない」，と述べた．他方，関東地区のサプライヤーは，三河地区の企業の生産工程を見学した感想として，「原価水準が20-30%は違う」と述べていた．これはカ

スタマー企業の購買能力の水準を示すと共に，その下で鍛えられたサプライヤー企業の実力をも示している．
20) 常に価格の安いサプライヤーが競争に勝っていたわけではない．例えばF社の場合，内製部門の価格が5%高くても，発注先が内製部門に決まることは度々あった．それは内部からの購買圧力があったためであるが，元々は内製部門の稼働率低下・負担増加がグループとしてのメリットにならないとの判断がある．この場合は，直接的な価格だけが競争力の要素であるとは限らない．また欧米では自動車メーカーの生産力と部品メーカーの生産力がほぼバランスの取れた状態にあったから，カスタマーが入札の結果，他のサプライヤーに発注先を変えても，結局空いたスペースをそのサプライヤーが確保するという形で，全体の受注量と生産量がほぼバランスしていた．こういう状態では，サプライヤー側が互いに連絡を取り合い，Gentleman's Agreementと称して価格協定を行い，事実上競争入札を無意味化するような動きも一般的であった．
21) このような新しい契約方式は欧米の社会慣習に沿った，日本的購買管理方式の欧米的ヴァリエーションの一つであるが，近年の状況変化は驚くべき段階に到達しつつある．2004年に入ってGM，フォードは長期契約がある場合でも契約途中で価格を見直し，ベンチマークに到達しない場合は契約途中でも打ち切ることがある旨をインターネットで公開した．これはアメリカにおけるトヨタ，ホンダ，日産の好調に対し，GM，フォードが3,000-4,000ドルの値引きをせざるを得ず，自動車部門では利益を生み出せない厳しい状況にあることから，コスト削減を余儀なくされている結果だといわれる．事態の深刻さが窺える．
22) ウィリアムソンの述べる「関係特殊資産」という指摘も，欧米にごく一般的に見られるこのような契約の論理を表現したものだと思われる．拙稿「契約の論理を放棄した関係特殊技能論—浅沼萬里氏の混乱した議論について—」，関東学院大学経済経営研究所年報第24集，2002年3月．
23) フォードではこのような契約作成と同時に，サプライヤー支援チームを作って系統的にサプライヤーを訪問し，支援・指導を進めようとしてきた実績がある．
24) サプライヤーを組立工場の周囲に集めてこれを基礎にかんばん納入を行うという取り組みは，古くは80年代のGMビュイックシティ構想やBMWレーゲンスブルグ工場の50km圏にサプライヤーの新工場を建設させるなどの取り組みに見られる．近年のインダストリアル・パークへのサプライヤー工場の集積も，その淵源はこれらの取り組みにあり，従ってモジュール化に向けたサプライヤーパーク構想のもともとの出発点もここにあったと理解することができる．
25) このような事例の一つとして，スマート社アンバッハ（Hambach）工場におけるモジュール生産では，サプライヤー側がスマート社の敷地内に設備投資を行って生産を行う負担に対し，スマート社は年間生産量が20万台に達しない場合には，補償金を支払う契約になっている．また別の事例であるが，BMW社のインダストリアル・パークでは，モジュール生産のために敷地内にサプライヤーに投資をさせた．その見返りに，BMWの購買は2次サプライヤーまでモデル期間の長期契約を行い，事実上の発注保証を行っている．
26) 1996年，ブレーメンのR社工場でのインタビューによる．この前後に欧米シー

トメーカーは再編に次ぐ再編を繰り返し，欧米のシート業界は Johnson Controls, Lear, Faurecia の 3 社に支配されることになった．
27）2004 年 3 月のアメリカでの日系トランスプラント調査による．
28）いわゆる標準作業の作成に関して，2004 年 3 月の日本企業の日系トランスプラントに対するインタビュー調査でも，トランスプラントに標準作業を適用すること＝マニュアルに沿った労働の適用は可能であるが，標準作業を作成することそのものはきわめて困難であることがたびたび述べられている．この問題に関しては，日本企業の競争力は，まさに標準作業を作り上げる能力＝常にこれを改定し，無限に合理化を追求していく能力にあると力説する議論も多い．
29）このような分離・独立の直接的な狙いは，従来からの内製部門の合理化の難しさを乗り越え，外製よりも 5% は高いと言われる内製部品の価格を引き下げ，また外販を拡大して経営を改善し，グループ全体の競争力を強化しようとする点にある．ここで重視すべきは，特にアメリカ企業の場合には，UAW の抵抗によって合理化が行き詰まっている状況の中で，分離・独立によって本体から切り離し，合理化の壁を突破しようとする狙いも含まれている．フォードが Lear に Visteon を売却するという話が出たのも，そのような事情が背景にあると言われる．
30）J. ナッサーの提示したフォードの「カスタマーサービスカンパニー」という議論に典型的に見られるように，このような動きの背景には，自動車メーカーが利益を生み出すことが困難な製造部門からできるだけ手を引く，という認識が広がっていたことが考えられる．
31）欧米のサプライヤーがこの間，次々に生産拠点を周辺諸国（米国にあっては中南米，カナダ，欧州にあっては南欧・中央から東欧）に生産拠点を移し，近年ではハンガリーを超えてウクライナまで進出し，最終的には中国を目指すという傾向を強めている．ただし，中国における生産の条件は，少なくとも自動車・自動車部品に限ってみる限り，およそ整っているとは言い難い．電機産業のようにもともと女子工員の低賃金労働を利用する軽製造業などは簡単に生産拠点を中国などにも移転できるが，拠点を形成し，ノウハウと熟練，それに高度・超重量級の機械設備を稼働させる自動車産業は中国で安定的に生産を維持できる条件は，少なくともこの 10 年，15 年には簡単に訪れるとは思えない．そのような中国をベースとした「国際価格」の形成が何らの客観的根拠を持たないこと，またそれ故に「グローバル購買」がそれぞれの地域における生産基盤を破壊するような非常に厳しい価格破壊をもたらす可能性を感じさせる．
32）外資系企業の日本的購買方式についての認識には，ある種の誤解或いはステレオタイプ化した「理論」（例えば「1 社発注よりも複数発注による競争の導入の方が効率が高い」など）とかの信奉とでも言えるような状況が見られる．このような思いこみが実際の購買活動に単純に導入され，従来の購買システムを破壊する事例を紹介しておこう．ある自動車メーカーでは，具体的な購買政策はいちいちコンサルタントのご託宣を引き合いに出しながら実践されたのであり，彼ら自身の購買ノウハウや製造ノウハウが適用されたとは言い難い状況にあった．もちろん日本企業での従来の実践に問題がなかったというわけではないが，少なくともこれらの問題に取り組む際には，いちいち個別の事情を把握し，最適な解決を時

間をかけて見つけだしてゆく真摯な態度が不可欠であることは言うまでもない．

33) 2003年3月，GM系列日本メーカーZ社でのインタビューによる．
34) 現実の価格比較の難しさは，まさにそれが国際購買ネットワークと結びついている点にある．このような競争購買が今までの日本の系列・下請システムの中で決定的な力を持たなかったのは，比較の対象となる企業がいずれも同じ地域，国内に所在し，利用できる社会的・経済的条件が共通であったために，価格水準がそれほどのギャップを持たなかったからであり，また各メーカーともに自社の系列サプライヤーを育成し，生産体制を確立すること自身が競争の重要な焦点だったからである．現在のベンチマークを利用した価格競争の導入は，90年代のそれも後半以降，世界中の自動車メーカーが世界最適調達を開始した上，カスタマー側がサプライヤーを選ぶ際にも，世界的な過剰生産の下で容易に価格コントロールが可能であるという客観情勢によって可能になったものである．ここでは自動車メーカーのコスト解析力が不十分でも，またコスト・テーブルを持たなくても，強引にサプライヤーに価格の引き下げを求めることが可能になる．
35) Fourin資料でのデンソー，岡部社長のインタビュー記事．
36) このような立場に置かれた国内企業が集中合併を進めようとすると，市場シェアの制限から独禁法上の問題が発生するため，大手企業は弱小部品メーカーを買収することが困難となる．他方，この事例に見られるように，国際提携をした複数のカスタマー企業が購買価格をお互いに公開し，値引きを要求するとすれば，国際的独占体がローカル中小企業に対して巨大な圧力を行使することになり，独占禁止政策上大きな問題があるものと考えられる．国内市場をベースにした独禁法の運用が，現在のような国際化時代の購買システムにどのように対応するのか，重大な課題を提起している．
37) デンソー，岡部社長のインタビュー記事による．
38) 2004年8月29日～9月11日実施の中国実態調査に基づく．調査対象企業は大連，煙台，天津，長春に所在する日系自動車部品メーカー，同関連企業18社．
39) 2001年欧州自動車・部品産業調査でのインタビュー結果による．
40) 2004年3月のアメリカ進出日系トランスプラントでのインタビューによる．GM，フォードは厳しい経営環境の中，安くて良い部品ならどこからでも買うというスタンスを強めており，アワードサプライヤーの数は140，110，90，70社と次第に絞り込まれてきている中で，急速に日系企業が増え，全体の半数を占める状況になりつつあるという（3月15日，H社でのインタビューによる）．
41) トヨタ系列二次下請の事例．2004年1月．
42) F重工担当者からのインタビューによる．2004年2月．
43) 自動車用ホース類取り付け金具の分野では，従来，国内問屋が零細企業や内職を使って生産し，これを取りまとめて自動車メーカーに納入していた．しかしスーパーのレジでも時給1,000円の時代になったので，内職は激減し，小零細企業も後継者が育たない．そこである問屋は中国現地生産を開始してコストを大幅に下げ，販売価格を30%下げて高い利益を上げている．特別の技術内容を必要としないこの分野では，中国での品質水準で充分であるとする上，コストは70%程度は引き下げることが可能である（2004年9月の中国実態調査による）．

第2部　ヨーロッパにおける日本型システム導入のインパクト

第 3 章

フランス自動車部品メーカーの日本的経営導入の実態

はじめに

　2002年1月，（財）社会経済生産性本部国際部の委託を受けて，フランスにおける日本的生産管理方式の導入状況を明らかにするため，フランス自動車部品メーカーについて実態調査を行った．

　周知の通り，フランスの自動車産業は，1980年の第2次オイルショックを契機として，全面的な経営危機的状況に陥り，80年代の後半にはダル委員会の勧告を受け入れて，大幅な人員整理と工場のスクラップ・アンド・ビルドに取り組んできた．同時にフランスでは，経営の長期的な体質改善策として，日本の自動車産業の生産（経営）システムが具体的なモデルとして設定され，推進されてきた事実も特記するべきであろう．

　その後，90年代を通じてのフランス自動車産業の再編・合理化の過程を俯瞰するとき，欧州自動車産業内でのプジョー（Peugeot）グループの躍進，ルノー（Renault）の市場拡大などの事実により，そうした構造改善の取り組みは，期待以上の成果を上げることができた点が指摘できる．

　ことに90年代後半以降，EUの統合，グローバリゼーションの展開によって，フランスの自動車サプライヤー層は，急激な再編・集約化の渦中にあり，

「生き残り」をかけて，技術水準の向上，コスト改善のための現場管理強化に全エネルギーを傾注しており，ここ数年間で大手メーカーはもちろんのこと，中小規模企業に至るまで本格的な経営改善が取り組まれている．その場合，経営改善の重要な柱となっているのが，日本的生産管理方式であり，その普及・改善ぶりは目覚ましい．

ここでは，90年代末から2000年にかけての，これら自動車サプライヤーにおける日本的生産システム取り組みの推進役をなす，2つの重要な事実を指摘しておこう．

その第一は，2000年以降におけるトヨタ自動車の，フランスにおける小型乗用自動車生産開始である．トヨタ自動車では，2001年初め，フランス北部Valenciennes工場で，小型乗用車ヤリス（Yaris）の生産を開始したが，2002年10月には早くも年産18万台のフル操業が実現し，2004年4月には三直体制を導入，生産能力も約2割増の21万台を見込んでいる．同工場では，フランス部品サプライヤーの採用例が目立っており，これらのサプライヤーはトヨタの厳しい目標コスト（コスト削減率30～50%）を実現するために，トヨタ生産システムを導入するなど，経営挙げての必死の取り組みが伝えられている．

他方，ルノー，日産自動車の資本提携の下，目下2003年投入予定の次期車Clio－マーチ／マイクラのプラットフォーム統合化，部品の共同購入を目的とした「Renault－Nissan Purchasing Organization（RNPO）」の設立などの動きが刺激となって，フランスサプライヤーの日本的生産システムへの関心が高まっている．

フランスの自動車部品生産は欧州内ではドイツに次ぐ規模を誇っており，部品産業基盤も固い．個別サプライヤーの技術開発力は，ドイツのそれに劣るものの，コスト競争力レベルは高く，ドイツを上回る．

また，いくつかの大手サプライヤーは，90年代末頃から，M&Aによって経営基盤を強化し，戦略的製品分野を育成する動きが見られた．米国系サプライヤーの欧州進出に対応するため，積極的なM&Aも行われた．米国のITTから，シャーシ関連事業を買収したValeo，EciaとBertrand Faureが合併して誕

生した Faurecia（さらに Faurecia は Sommer Allibert の自動車部品事業を買収した），などフランスを代表する巨大サプライヤーの動きが目立っている．

今回，筆者がフランスでヒアリング調査した調査企業7社のうち，5社を選び出し，それらの企業が日本的生産管理方式をどのように取り入れ合理化を推進しているか，5S，改善活動をはじめ10項目に焦点を絞って明らかにした．以下では調査企業別にその実態を検討してみることにしたい．

第1節 フランス部品メーカー5社工場の調査結果（Faurecia A 工場）

1. Faurecia A 工場の概要

Faurecia A 工場の経営実態を明らかにする前に，フランス国内における Faurecia の最近の動きについて説明しておきたい．Faurecia はフランス自動車部品工業界では Valeo と並ぶトップクラスの総合部品メーカーである．同社は Valeo が独立系の企業に対して PSA グループの子会社であり，97年までは Ecia と称した．1997年12月，Ecia はシート専業メーカー Bertrand Faure を買収して Faurecia と改名し，内装システムメーカーとして新発足した．この合弁により，同社の売上高は99年度48億ユーロに達し，シートおよびエグゾーストシステム分野では欧州最大の部品メーカーとなった．

さらに2000年10月，Faurecia はフランス最大のプラスチック成形品メーカー Sommer Allibert から自動車部品部門 SAI Automotive を買収し，欧州トップの内装システムサプライヤーとして急成長を見るに至った．Faurecia は SAI を吸収することによって売上高は2000年度84億ユーロに増大し，内装システムサプライヤーとしては Lear，Johnson Controls，Magna に次ぐ世界ナンバー4のグローバルメーカーに躍進したのである[1]．

表3-1は2000年時点での Faurecia の事業別欧州市場シェアおよび世界・欧州市場ランキングを示したものである．これから明らかなように，Faurecia は内装部品関連のモジュールやフロントエンド・モジュールのような，ほとんどの欧州自動車メーカーが導入している主要なモジュール組み立て生産に関して，国際的な巨大モジュール・サプライヤーを抑えて欧州市場トップの地位を

表 3-1　Faurecia の事業別世界・欧州ランキングと欧州市場シェア

2000 年推定	世界ランキング	欧州ランキング	製品売上別欧州市場シェア
シート	3	1	25%
ダッシュボード・コックピット	2	1	30%
ドアパネル・モジュール	3	1	29%
音響部品・セット	n.a	2	16%
内装製品計	3	1	24%
エグゾーストシステム	3	1	22%
フロント・エンド・モジュール	2	2	31%

（出所）Faurecia 資料

　獲得している点が注目される．ところでもう一つ注意せねばならぬ点は，こうした国際的なモジュールサプライヤーへの統合プロセスで，欧州域内の数十に及ぶ部品工場が Faurecia の社名の下に集約されている事実である．これらの工場群は，かつてはバラバラの経営スタイルで運営を任されていたにもかかわらず，今日ではいずれの工場も統合された管理技術，つまりトヨタ生産システムあるいはリーン・プロダクションシステムによって工場運営が強力に推進されている．特に Faurecia がリーンシステムを経営指導理念としての前面に押し出すに至った背景には，同社が 2001 年以来 TMMF（トヨタ自動車フランス工場）の有力なサプライヤーとしてシートやドア・インナーパネルの生産に携わってきたことと密接な関連があることが指摘できる[2]．ここではそのような意味でトヨタ自動車 Valenciennes 工場にドア・インナーパネルを供給している Faurecia A 工場における工場運営の実態をつぶさに検討し，同社におけるリーン生産システム導入の状況・レベルを明らかにしてみることにしよう．

　今回調査した Faurecia A 工場は 2000 年まで Faurecia の合併相手企業 Sommer Allibert Automotive 所属工場でフランス東部に立地し，ダッシュボード，ドア・インナーパネルなど内装部品を生産している．同工場の従業員規模は 850 名で，そのうち 400 名が臨時工である．

　同社の最大取引先はルノーに，製品としてはダッシュボードパネルとドア・インナーパネルを供給している[3]．調査 2000 年時点でダッシュボードについ

ては日産 1,500 台を生産しているが，目下ルノー車のモデルチェンジの時期を迎えており，取引額は減少傾向にある．その影響を受けて A 工場の従業員を 2001 年は 1,000 名だったのが，2002 年には 150 名減員されて 850 名となった．ルノーとの取引額は A 工場の 50% を占めている．

次に第二の取引先がボルボ（Volvo）で，ダッシュボード組立生産を行っており，日産 1,240 台で同工場の売上高の 40% を占める．残り 10% の売上高は TMMF（トヨタ自動車）との取引額で，その全量がフランス北部の Valenciennes 工場で生産する小型乗用車ヤリス向けにドア・インナーパネル，ドアトリム，その他小物部品を日産 450 台の割合で供給している．同工場の今後の生産見通しは，ルノーの注文が切れてボルボと TMMF の受注量が増加する見込みで，両社の今後の受注割合は 7 : 3 の予定と見られている．

2. 取引先 3 社への製品のデリバリー状況について

A 工場から取引先各社へのデリバリーはそれぞれ異なった形態をとっている．そこに各社の管理方式の特徴が如実に示されている．以下では簡単ではあるが 3 社のデリバリーの特徴を紹介してみることにする．

（1）ボルボでは納入の 16 週前に Call off（Call off parts）制度を採用している．この Call off 制を説明すると，ボルボ側から納入の 16 週前にどういった種類のどういった量の製品を納入せよという大雑把な内示がなされ，納入の明細が呈示されるのは 1 週間前である．1 週間前といっても A 工場が直接ボルボの組立工場に納入し，そこでサンクロン（車に同期化して工程順に製品を揃える．つまり，シーケンスのこと）に並べて納入する．この納入センターには 1 日半から 2 日分の部品を在庫できる倉庫が用意されている．

ボルボでは時々製品の過剰ないし不足が生じ，変動調整が必要となる．そうした調整の時にはすぐ納入センターの倉庫に連絡があって倉庫の在庫品が使われる．A 工場から納入センターには毎回決まった量の製品がトラック 12 台で納入されるが，変動調整があった時は A 工場にも同時に知らせがあって，そ

の分は別に次のトラックで搬送される．ダッシュボードについてはそれぞれのトラックに100個ずつ搭載される．ボルボの場合，16週前のCall offすなわち内示で呈示された製品量に比べ1週間前の量の方が多くなる傾向にある．従ってボルボの生産ラインはそうした変動に対応できるフレキシビリティが必要となる．

（2） ルノーではダッシュボードとインナーパネルの内示期間が異なる．ダッシュボードは内示が6週間前に示される．それに対してインナーパネルは20週前に示される．インナーパネルにはその上に使われる布地の注文をずいぶん前に用意しなければならないので20週間必要となるのである．ダッシュボードの納入は1日当たり11台のトラックで搬送する．注文のはっきりした量は1日前に決定される．シーケンス（組立工程順に製品を揃える）はルノー自体で決められる．ルノーはボルボに比べて，予測量と実際に生産ラインで必要な製品量とのずれは大きくないが，平均して8％はある．それにしてもボルボ程フレキシビリティは要しない．ルノーではこうしたラインでの変動調整量に対してはあらかじめ倉庫に在庫しておく．前日もう少し納入量を減らしてほしい時は，余計な分を倉庫に入れるし，納入量を増加してほしい時は倉庫から出してくる．

インナーパネルの納入の仕方はボルボのやり方と似ていて，ルノー組立工場の道路反対側にある納入センターに納入し，そこからルノーのシーケンスに合わせて納入する．この納入センターはFaureciaのものではなくて，別のサプライヤーVisteonのセンターである．なぜ競争相手のセンターを使うかと言えば，Visteonの部品と合わせて納入するからである．このやり方はPIF（Platform Industry Firm）と呼ばれ，部品のシステム化，モジュール化の単位となる．これはロジスティックプラットフォームであり，Visteonはここでは競争相手ではなくモジュール化のための共同者となる．このVisteonの納入センターにはボルボのケースと同様，倉庫が用意され変動の調整に使われる．

これに対してダッシュボードについては，ルノーの組立工場に直接納入し，シーケンスを作るのはルノーが自分で行う．前述のPIFという制度は広く利用

されており，例えばルノーではサンドヴィル工場で採用されている．

（3）TMMF（トヨタ）の場合，毎週金曜日に12週間先の注文量予測が知らされる．TMMFは12週間先の内示に変動があれば毎週の金曜日に通告すると確認している．これまでの状況では12週間の最初の6週間の変動は全くない．次の3週間の変動率5％，次の3週間の変動率10％，しかし毎週の金曜日にアジャストされる．少なくとも6週間の予測量は，はっきりわかっており変更はない．ルノーは予測と実際の注文量に8％のズレが生じているが，TMMFでは，大体の予測量が提示されたうえで，変動の可能性にも示唆されるが，しかし，実際のズレはない．

TMMFへ納入する主な部品，ドア・インナーパネルの納入方法について説明する．TMMFは2交代生産なので，A工場も2交代でパネルを生産し2交代に基づいてトラック4台で納入している．納入先はTMMFの納入センターで，ここではTMMFの従業員によってシーケンスが作られる．TMMFではシーケンスを作るための安全倉庫が用意されていると思われる．トラック4台にはそれぞれ番号1，2，3，4がつけられている．朝8時，トラック1，2が出発する時，夕方発のトラック3，4と明日朝8時発のトラック1，2の搭載量が伝えられる．従って今日のトラック1，2の搭載量は前日の朝8時に教えてもらっているわけである．このように正確な搭載量の情報は前日まで知らされていないが，しかし実際にはあまり変更がないので問題でない．

情報は朝8時に知らせるといったが，その8時にはそれぞれのトラックのサプライヤーマニフェストというものが走る．サプライヤーマニフェストにはどういう部品を搭載しなくてはならないか，それがリストになっている．マニフェストはインターネットでやってくる．TMMF側ではコンピュータにインプットして8時になったらダウンロードしてプリントできる．これに対応するのはきつい．どうしてきついかというと，TMMFから情報をもらってプリントする時間がどのくらい必要なのか，あるいはそのリストに従って準備して生産して全部測って翌日の8時にぴったり合わせるからである．

この間に必要な時間は前もってよく測っておかなかったら大変なことにな

る．だから仕事を開始する前に部品の準備，機械設備の準備をよく測っておかねばならない．工場ではこの8時前にあらかじめ準備しておこうとしてもダウンロードしても出てこない．8時からの決まった時間にのみ準備できる．準備段階で生産が始まる．そのときTMMFと共同でA工場がどのくらい時間がかかるか自分で測定する．A工場側がこれだけ必要だと主張したらその時間をTMMFは同意してくれる．しかし後になってこの時間を勝手に変更するとTMMFの評価は落ちてしまう．

　TMMFと仕事をする時，この準備段階でいろいろ協議し決められる．サプライヤー側がこの協議時点でこれが必要だと主張したことはTMMFはOKしてくれる．しかし一度協議して決められてから後で変更を申し出ても受け付けてくれない．例えば後になってリストをプリントする時間は10分で良いと思ったが，実際には20分必要だった．この時間では無理だといってもTMMFは受け付けない．ただしいろいろ改善して10分かかったのが5分に改善したという時にはもちろんOKしてくれる．

　次のようなケースがある．A工場では実は朝8時でなくて，その2時間前つまり朝6時にサプライヤーマニフェストの情報が得られるようにTMMFと交渉しOKを得た．どうして変更できたかというと，8時の情報では生産が間に合わないから，もっと時間がほしいということではなくて，2時間前に情報を得ることができたらラインの最終で出る製品について確実に改善ができることを保証したからOKが出たのである．

　今，この経過について説明すると，A工場ではTMMFに製品を納入するときTMMFの生産に合わせたタクトタイムで生産せずに，従来通りのロット生産を続けていた．当然TMMFに決められた納入量とA工場の生産量の間にズレが生じる．A工場は倉庫に製品を在庫しておいてこの変動に対応した．A工場はこのやり方を改めてTMMFへの納入量に合わせたタクトタイムで生産し，ラインから直接トラックに積んで納入することにしたい．

　ついては現在の状況では8時の情報ではラインでの生産は即応できない．だから，もう2時間前に情報を流してもらってTMMFに合わせたタクトタイム

で生産させてほしい．こういうことでTMMFからOKをとることができたのである．こう変更することでTMMFにはなんらメリットはない．しかし，これによってサプライヤー側は確実に改善が進み，状況を変えることができるということでTMMFはOKしたのである．

　TMMFのサプライヤーについての評価は納入で間違いのないことである．ボックス3個納入予定のところ，2個しか納入されていない時，ショートシップメント，1となる．このショートシップメント数で評価が決まる．目標はショートシップメント，ゼロである．サプライヤーマニフェストの製品数が時間通り納入されないとTMMFはすぐエマージェンシーマニフェストを送ってくる．それにはリストの製品がいつ納入できるかを通知しなければならないと書かれてある．そうなればサプライヤーはリスト製品がいつ届けられるかを知らせる．その分はサプライヤーの責任でトラックで送らねばならない．その場合決して次のトラックのスペースに突っ込んで送るといった便宜的なことはしてはならない[4]．

　他の取引先の場合，こういった問題が起こると一寸アレンジして次のトラックのスペースに搭載し，電話で間に合わせたと連絡するようなことがある．TMMFでは絶対にそうした便宜的なことは許されない．A工場ではここ3，4カ月前からこうしたショートシップメントはゼロとなっている．インナーパネルの納入については問題があってもTMMFは困らない．しかし，小さい部品の納入では問題があるとTMMFのラインがストップする．だからA工場では極度に神経を使っていて，ロジスティック担当者はフルタイムでこれにかかりきっている．ロジスティック担当者の中にはTMMF専門のものがいる．A工場はTMMFの評価はまだトップではないけれど高い評価を上げることができた．前述したようにこれまで他の納入先に納入に問題があったときは黙って次のトラックのスペースに搭載して間に合わせるようなことがあったが，TMMFでは絶対にそれが許されない．問題が生じたらすぐTMMFに知らせる．これが信頼を受ける理由である．A工場のモールディング製品について，以前は品質上問題があったが，TMMFの東京から人が派遣されて共同で問題に取り組

み解決を見た．

　以上，A工場から取引自動車メーカー3社への製品デリバリィ状況についての調査結果を説明してみた．3社への納入対応はそれぞれ異なっている．特に新しい取引先TMMFへの納入は，他の欧州メーカーと異なってユニークかつ管理が厳しい．しかし，その厳しい管理に耐えることでFaurecia A工場は，リーン・プロダクションシステムを吸収し，工場管理体制を一新しつつあることが読み取れる．われわれは，このTMMFとの交渉過程からA工場がいかにして日本的生産管理方式を自工場内に取り入れ，管理技術をレベルアップしつつあるかが理解できたように思える．以下ではA工場のリーンプロダクションシステム習得のプロセスを追跡してみることにしよう．

3. Faurecia A工場の生産システム

　現在，A工場で担当している生産工程は，インジェクション・モールディング，テルモフォーミング（加熱塑性加工），フラッシュ・モールディング（ダッシュボードの表皮の製造）などである．

　工場での生産は，プラスチック・モールディング工程については，顧客別セル生産体制をとらず集中方式がとられており，その後工程である組立てラインは，ジャパニーズラインとかヨーロピアンラインと呼ばれ，顧客別にセル生産化されている．いわば，前段の加工工程は集中化された量産体制をとっており，後半の組立工程のみ顧客別のセル生産方式を採用するといった折衷主義がとられている．

　これは，90年代後半以降，経済不況の深化する過程で徹底した1個流し生産方式をとる日本の自動車部品メーカーと対比して，欧州部品メーカーの共通した特徴といえる．つまり，日本のメーカーは段取り替え時間を極端に縮小して頻繁に型交換を行い，在庫削減の徹底化を図り，コスト削減を行うのに対して，むしろ欧州メーカーは，プラスチック成型加工などでは全く型交換を行わず，製品をまとめ打ちして在庫が増えても気にしない．そして，もっぱら在庫の調整でフレキシビリティの不足を補う方式が主流となる．

こうした両圏の差異は，企業文化によるもので，現地において日本的経営が普及しても簡単にはなくならない．ただ，前項で見られたように，A工場では日本的生産管理方式の最先端を行く TMMF のサプライヤーに徹する時，この折衷主義も限界に達し，これまでの在庫調整方式を放棄して顧客別セル生産方式をより強化している．このようなプロセスが明らかにされる時，欧州のメーカーでも日本的生産管理システムが導入され，管理技術がより向上するにつれて，従来の倉庫を置いて在庫調整する方式は次第に影を潜めてゆくのではないか，少なくとも欧米でティアワン（Tier 1）サプライヤーとして生き残りを図るグローバルメーカーにとって，この課題を無視してサバイバルは不可能となりつつあるように思われる[5]．

次にA工場の作業組織を紹介してみる．UAP は Unité Autonome de Production の略で，《自律的生産ユニット》の意味であり，一種のチームワーク組織で，それぞれボルボの UAP，ルノーの UAP といったようにカスタマー別に分かれている．そしてワークショップごとに，UAP 所属の労働者向けに生産性取り組みの結果や，企業業績といった各種の情報が提供されている．UAP の中は，さらにブレイクダウンして，いくつもの GAP（Groupe Autonome de Production)，すなわち，《自律的生産グループ》という組織が存在する．G はグループの意味で Unité の代わりに Groupe が置き替わっている．それぞれの UAP にはユニットの責任者プラス何人かのスーパーバイザーがいる．その下のグループにはそれぞれグループリーダーがつく．グループリーダーの任務は半分が生産の仕事，半分が生産管理の仕事である．つまり半分は生産の指導につくとともに，半分はグループのオペレーターの管理を担っている[6]．

前述の A = Autonome（自律的な）とは何を意味するのか．それぞれのユニットあるいはグループは自分たちの生産について責任を担っているし，自分たちで方針を決めて生産性向上の取り組みを行う．もちろん，技術部のスーパーバイザーは，手伝いが必要であれば助言もするし指導も行う．しかし，それはあくまでも側面からのサポートにすぎず，ユニットやグループの主体性は確保される．

改善の提案制度があって毎月提案の中から選び出され，報奨金も提供される．グループリーダー（チームリーダー）は毎日仕事の始まる前，自分のグループのオペレーターに5分間不良品とか機械の故障とか提案内容とかを報告する．さらにたくさんの臨時工がいるので，今日はどういう部品を作るか，その工程はどういうプロセスか，さらにカスタマーはどの企業家，品質レベルはどのくらいか，などについてできる限りわかるように説明する必要がある．ポリバランス（多能工化）はチームリーダーを中心に極めて緻密に取り組まれている．チームメンバー全員についてマトリックス化された表には，それぞれのメンバーのポリバランスの現在のレベルが色づけられて表示され，その向上のための取り組みが推進される．ポリバランスのレベルは5段階に分類される．例えば，機械の調整の仕事を例にとると，① ポリバランスのやり方を知っている．② 知っているし，実際やれるが時々間違う．③ やり方を知っているし，間違いなくやれる．④ 完全に良くできる．⑤ 完全に良くできるし，人に教えることもできる．

　その表にはチームメンバー個々人の写真が添付され，各メンバーがポリバランスの5段階をレベルアップすることが推奨される．

　A工場では「Hoshin」（方針）が重視されている．これも日本的経営の一つの取り組みと言われる[7]．ここには整理・整頓・清潔の5Sがある．この5Sを使って「Hoshin」を具体的に説明してみよう．5SはA工場では早くから取り組まれていたが，マンネリ化して停滞してしまった[8]．労働者にとっては5Sの目標が漠然としていて日常の取り組みとして興味がわかない．そこで2001年から5S全体を取り組むのではなく，そのうち清潔（Clean）に焦点を絞って活動を開始した．具体的には工場の地区をセグメント化し，それぞれの部分＝セグメントをグループ単位に振り分け，リーダーが責任者となりそれぞれのセグメントのCleanさを競い，毎週1回オーディットが評価し結果を表にして公表した．この結果，各グループのオペレーターは一生懸命自分のセグメントを綺麗にし，成果を上げることができた．これからわかるように，「Hoshin」とは目標を重点的に絞って取り組む方式をさすようである．

もう一つ A 工場の射出成形部門で取り組んでいる「Hoshin」を紹介してみよう．表 3-2 に示されるように，この部門では毎月 10 の目標を決めそれぞれ射出成形機ごとに，この 10 の目標のうちいくつ取り組むことができたか（10 の目標のうち 5 つ取り組めたら 50% とする），また各月ごとに取り組むべき月目標（これも取り組むべき項目が 6 つだったら 60% とする）を示し，両社の差異を明らかにし，目標とのギャップを縮める努力を奮起する．10 の取り組むべき項目について詳細に説明できないが，例えば，それは TRS（Taux de Rendement Synthétique．英語の Overall Equipment Efficiency　設備総合効率）の取り組み，標準作業，チームワーク，かんばん，品質保証，金型交換時間の短縮であったりする．これらの項目についてそれぞれどのような形で，どのレベルまで取り組んだかは，ここでは問わない．取り組んだ場合は 1，取り組まない場合はゼロとし

表 3-2　成形機別の方針の取り組み

		成形機 1	成形機 2	成形機 3	成形機 4
1	Taux de marche + TRS manuel（設備総合効率の取り組み）	1	1	1	1
2	Standardized work（標準作業）				
3	Groupe de travail（チームワーク）		1		
4	Stock pied de ligne en FIFO（ラインサイド・ストック管理）				
5	Ordonnancement par kanban à lots fixes（かんばん）				
6	Minimum qualité（品質保証）	1	1	1	1
7	Tableau SMED + suivi TCF（金型交換時間短縮）	1	1		
8	Pareto du Non-TRS et MTBF（semaine）（設備総合効率パレート分析 + 平均故障間隔）	1	1		
9	Affectation des moules（金型）	1	1	1	1
10	Film de Production	1	1	1	1
	合　　計	60%	70%	40%	40%
	X 月の目標	70%	70%	60%	40%

（出所）A 工場資料

て，極めて大雑把である．A工場側の説明によれば，この活動はいきなり90％とか100％（つまり10項目のうち9項目とか10項目全部）の実現を期待しない．

　最初は30％から出発した．現在も目標は50％，60％台で少しずつアップさせる．労働者はいきなり高い目標を設定するとやる気が起こらない．割合，合理的にアプローチできる目標であったらがんばって取り組むのである．この辺に日本の集団主義的な取り組みとの違いが明らかとなる[9]．この辺の状況からわかるように，労働者がどのようなやり方でどの程度取り組んだかは一切問題にしないで，とにかく手をつけたかどうかを重視する．このX月の成果は100トンから3,000トンまでの機械23台を合計して53％であり，この月の目標62％に比べておよそ10％減となっている．このような取り組みの実態から見て，10項目の取り組み結果はさして高いものと評価できないであろう．しかし，こうした段階を一つ一つ積み重ねて労働者に主体的に取り組ませる方式は評価してよいであろう．

　A工場の成形機の金型交換は3人で取り組んでいる．3人が1つのグループを構成している．100トンから3,000トンクラスの成形機だと，現在金型交換は18分で完了する．A工場の最大規模の成形機（3,000トンクラス）は，2年前段取り替えに6時間かかった．これに比べると現在の型交換時間18分は目覚ましい進歩と言えるだろう．700トンの成形機は1カ月前の交換では45分かかったのが，今では努力の結果14分に短縮できた．これは2日間のSMED（段取り時間短縮の取り組み）学習でこの成果を上げられるまでに進歩している．

　このSMED活動は，労働者が取り組んでいるプロセスをビデオカメラに写し，それを労働者たちに見せながら無駄な労働を省き，段取り時間の短縮を実現するのである．それぞれの成形機にはTRS（OEE　設備総合効率）の推移を記入した記録表が存在する．これはオペレーターがすべてTRSを記録しておいたものである．TRSとは機械の稼動記録であり，稼働時間テストがあればその時間，故障があればその時間などをすべてつけておく．これによってそれぞれの機械の動き方が明らかとなる．この記録がTRSで機械のエフィシェンシィの重要な指標ということができる．

A工場ではかんばん方式も導入されたがフランスの環境になじまず，成功しなかったようである．それが具体的にどういう状況なのかよくわからないが，欧州流にトップダウンで上から押しつけ的に導入して労働者と一緒に取り組まなかった点が問題だったようである．例えば労働者は，かんばんの扱い方に注意を払わないことからかんばんがしばしばなくなったりするので，毎日カンバンの数を数え，なくなった分を新しく作り直すといったことが煩雑で労働者はその意味もわからず，もう飽きて取り組みを拒否するようになり，チームリーダーにその仕事を押しつけた．

　チームリーダーは自分でかんばんを数え，取り組んだ問題を明らかにし問題解決に結びつくことができた．こうした点を反省すると，かんばん導入の最初から労働者と一緒に取り組み，少なくともチームリーダーとか主だったメンバーは導入の最初から取り組むべきだった．トップの方で最初いろいろ仕組みを考え，うまく動き出したら，今度は労働者に説明し取り組ませるといった方式は誤りであることがわかった．そうしたところから昨年，新社長が就任してから考え直し，スーパーバイザー，チームリーダーを中心に新しいかんばん方式の導入に取り組み始めている．

　これまでルノーのダッシュボード納入にもTMMFのドア，インパネの納入にもかんばん方式が採用されているが，その方式は複雑で労働者にとってよく理解できない．新しいかんばん方式では，A工場にあったA工場労働者主体にして取り組みを考えている．TMMFのかんばんを一方的に受け入れるのではなくて，自らTMMFに提案し決めていきたい．そのためにTMMFの方からもスタッフがやってきて，一緒に新しい方式を作り上げてゆくことに決めている．

4. 日本的生産管理方式導入の実態

　すでに冒頭でも説明したように，今回の調査では，日本的生産管理方式の具体的な活動内容として10の項目を用意し，フランスの工場ではそれらの10項目にどのように取り組んでいるのか，いないのかをヒアリングした．すでにそ

の具体的内容については，3）の生産システムで，すでに記述されている点もあるが，ここでは重複面も厭わずその実態を明らかにしてみる．

（1）5S……A工場ではすでに5Sは4年前（1998年）に導入された．いろいろ取り組みが始まって，だんだん時間が経過すると労働者は5Sの取り組みに飽きた（多分これもトップダウン方式から来る限界もあるように思われる）．そこで改めて整理・整頓・清潔の3Sに絞ってやり直したが，これも飽きられて途中で挫折した．2001年11月から本当の5Sに戻ることに決めた．あちこちに広げないで本当の5S，大事なところだけパイロット活動をすることに決めた．前項で詳しく述べたように，清潔＝クリーンに問題点を絞り，週のオーディットの制度を導入した．これは5S活動を「方針化」したことで労働者相互の対抗心を高めて成功したようである．ただ，5Sとは生産活動のベースメントであることを考えると，それが何かイヴェント的な取り組み体系にしないと元に戻ってしまう危うさを考える時，欧州における日本的生産管理の構築の根本的な難しさを意識してしまう．

（2）改善活動……これも4年前から改善提案を進め，それを使って活動に取り組んだ．4年前，この改善活動のイニシアチブを取った人はValeoから移籍したグループ長である[10]．彼はValeoでSPVに取り組んでいたのでFaureciaの前身のSAI Automotiveに転職した時提案した．この彼の提案をトップが積極的に後押しし実現を見ることができた．しかし，この提案制もだんだん日数が経つとマンネリ化し，どんな提案でも受け入れることがわかると全く意味を持たないような提案も出てきて内容に新鮮味が薄れた．最近，TMMFの指導で提案を1週間に1人1つだけに絞ることにした．しかし質を吟味することを抜きにしてはマンネリ化は避けられないようである．

（3）小集団（QCサークルなど）活動……この取り組みは2年前（2000年）から始まった．これは生産組織の一つの形態で，何かの問題が生じると，すぐに問題解決の特別グループを結成し，問題が解決するとそのグループは解散する．例えば，それが生産性を問題とするものもある．今はこうしたグループを組織する時は，スタッフだけでなく必ず労働者を参加させる[11]．労働者を入

れるとその効果は極めて高い．それは労働者のアイデアを採用すると他の労働者も一生懸命に取り組むので非常に効果が高い．今はグループを結成するとき，労働者がどういうグループを作るべきかを決める．彼らは工場を見ていろいろチェックして工場で何かあるのではないかということで，グループを結成することを決める．グループの中では労働者のイニシアチブによって決められるのである．こういうグループを結成する際にはまずその課題取り組みの訓練を行う．例えば，SMED（段取り時間短縮の取り組み）であったら，SMED とはどういうものかについて半日間の訓練がある．けれども，同時に周囲の何人かを含めて実際のグループ活動に参加させる．これで SMED の活動を周囲に広げることが可能となる．

　それから，次のような取り組みの改善も行われている．5 年前（1997 年）PSE が導入された時，PSE のどのチームにも所属せず，あちこちのチームを走り回って PSE 活動促進の役割を果たしてきた．しかしこのような方式では，それぞれのチームの自主的活動を強化する上で適当でない．PSE の特別のスタッフを置くよりもそれぞれのチームに PSE のことをやれるメンバーを育てることの方が重要だということで方式を変更した．今では PSE をみんなで導入して取り組みましょうということに決めている．

　(4) TQC／TQM……品質は企業のどこでも問題とされる．工場内では PSE の隣に平行して QSE がある．今は PSE をやっている時，設備の問題を一緒に考えるのだけれども，それと同様に，品質も大事に取り扱わねばならない．目的が一緒であるということは，特別に品質の制度も分けて問題にする必要はないということである．もちろん，QC 活動を待たないでも品質管理は取り組まれている．ISO 9001 などに取り組んでいた．また QSE を導入したのは自分のことは自分でする（auto-control）．自分の作った部品は完全に良いと思わなかったら次工程へ回さないという考え方に基づいている．これが徹底すればラインの終わりで品質をチェックする必要はいらない．現在会社の PPM はゼロ PPM となっている．しかしこれは，それぞれのオペレーターの段階で直しが入ってゼロ PPM となるので，初めからゼロ PPM で製品が完成されるわけではない．

（5） TPM（予防保全）……PSE の取り組みの前に TPM の取り組みがあった．しかし実際にはあまりうまくいかなかった．だから PSE の取り組みが始まった時に TPM 活動をその中に含めようとした．その理由は，フランスではメンテナンスは専門工の仕事（メチエ）となっていて一般にオペレーターはその領域に入り込めなかった．こうした制度のままでは，TPM の運動はなかなか広がっていかないのでメンテナンスの仕事を一般のオペレーターに戻したいと考えたからである．しかし，実際にはこの活動は一年間でやめた．その理由は，何よりも TPM 活動の成果を上げるためにはそれ相応の制度変革を含めた長期間の持続的な取り組みが必要であることが理解されたからである．ともかくも現状ではメンテナンスの仕事はメンテナンス課に返却した．しかし，現状ではフル生産が続いているし，設備は不足している状況だから何か機械設備の故障などが生じれば，生産全体が麻痺して大変な状況となる恐れは十分にある．やはり，一般のオペレーターに TPM 思想を普及させ，いつも生産が正常稼動できる用意をしなければならない．

　そうしたところから，2002 年から再び TPM 活動を始めることにした[12]．今までに TRS のデータが集計保有されているのだが，その使いこなしが全くされていない．そこでこれから進められる TPM には，きちんとこのデータを活用することにした．それから MTBF（Mean Time Between Failure 平均故障間隔）について検討する．こうした機械設備に関する情報を蒐集するためには，グループリーダー＋機械を調整する人＋メンテナンス課の人＋技術部の人＋オペレーターが一緒にグループを結成して，このグループが指導推進を図る必要がある．

（6） JIT 生産……かんばん納入に 2 年前から各取引先自動車メーカーと一緒に取り組んでいる．また前項でも説明したように，A 工場の自主性に基づいたかんばん方式を導入するために TMMF のスタッフと協力して取り組みを開始している．

（7） セル生産……セル生産については，前項でも指摘した通り，後工程の組立生産については以前から取り入れられているが，その前工程のインジェク

ションの工程では，顧客の注文と関係なくロット生産が続けられている．Ａ工場では一番大事なことは，機械の稼働率を引き上げること．成形機は頻繁な型交換をやめて量産を続けるようアレンジされている．だから顧客別に成形機ラインを形成する方式はとられていない．フランスでは機械稼働率を引き上げることが目的化されている．これと対照的に，日本では稼働率を低下させて顧客別に機械を並べる（これはフランス側の意見であって，はたして日本のメーカーが稼働率を低下させて機械を大量に並べているかどうか確証できない．むしろフランス側が稼働率を上げて在庫量を増やしているのに対して，日本では生産の平準化を図り，在庫量を減らしている点が対照的と言えるのではないか）．この結果，フランスでは金型交換時間がかかったり，機械故障で生産に障害をもたらすリスクが高い．先行きの見通しもなしに一途に生産を進めることによるリスクが生じる（リスキーなのは大量生産体制を維持することによる在庫増大ではないか）．いずれにしても，日本とフランスの生産管理のビヘイビアは極端に対照的と言えよう．

(8) 多能工化……Ａ工場では金型の交換要員として3名が専業化している．しかし，生産がフル活動となったり，受注量が急増すると金型交換を3名でこなすことは困難となる．その場合，新しく金型交換要員を増やすか，オペレーターが金型交換できるように訓練するか，どちらかの方式選択が必要となる．Ａ工場では後者の方式を選択した[13]．これらのオペレーターは金型交換を完全にマスターできるのではないが，その業務に参加できるよう多能工として訓練されている．この取り組みは1年半前から始められた．

(9) 段取り替時間短縮……この取り組みは4年前から始まった．すべてのインジェクション機について金型の内段取りと外段取りが区分されて金型は前もって機械の傍らに準備された．またこれらの金型はプレヒーティングが用意される．

(10) 品質責任……前述したように，各工程の品質責任が重視されて，Ａ工場では2002年からラインの最終工程での検査は廃止された．

表 3-3　Faurecia A 工場の日本的生産管理方式

5 S	5 S を 4 年前に始める．途中 3 S に変える．2001 年 5 S の本当に大事なところだけ絞ってパイロット活動として取り組む
改善活動	改善活動 4 年前から提案制度中心に取り組む しかし途中マンネリ化する．最近提案制度週 1 人 1 つに絞る
小集団	2 年前から始める．問題が生じると組織作って取り組み，問題解決すると解散．現在はグループ内で労働者のイニシアチブを重視する
TQC／TQM	ISO 9001 など全社的取り組み
TPM	TPM 1 度始めて 1 年間でやめる．今年 2002 年から TRS のデータを活用し一般のオペレーターが TPM に取り組めるように訓練する
JIT 生産	2 年半前よりかんばん方式導入
セル生産	セル生産は後工程の組立て生産のみ，前工程のインジェクション工程は機械の稼働率を上げて大量生産を行う
多能工化	3 人の金型交換専門工をサポートできる要因をオペレーターから選んで訓練する
段取り時間短縮	4 年前から取り組む．インジェクションマシンの金型内段取り，外段取り，プレヒーティングの取り組み
品質責任	各工程のオペレーターの品質責任重視．ラインの最終工程の検査員廃止

（出所）ヒヤリングによりまとめる

第 2 節　フランス部品メーカー 5 社工場の調査結果（DCC 社）

1.　DCC 社の概要

　DCC 社は，日本の自動車メーカー，カルソニック・カンセイと米国の最大自動車部品メーカー，Delphi Automotive の合弁会社で，カーエアコン用コンプレッサー製造を目的に，1996 年フランス東部で設立された．DCC 社の設立に至る前史を簡単に紹介すると，以下の通りである．

　1986 年にカルソニック（当時）と GM ハリソン（当時）の間に，V 5 コンプレッサー製造を目的に，合弁会社 CHC（日本）が設立された．CHC では新設計の V 6 コンプレッサーに移行されるまでの 6 年間，この V 5 コンプレッサーの生産が続けられた．1995 年には GM から分離独立した Delphi と CHC の合弁で，DHC 社がフランス東部に設立された．そこでは CHC で遊休設備となった V 5 ラインを日本から移設して生産が行われた．この DHC の V 5 ラインの編成は CHC のコピーとし，CHC からの支援チームが派遣されて短期立ち上げ

を実現した．ここでは生産開始以来 2002 年時点までに累計 400 万台を超える生産が行われている．DHC に隣接して，1996 年に共同開発の CVC コンプレッサー生産を目的に，前記 DCC が設立された．ここでは 1997 年新型 CVC の生産が開始され，2002 年までに累計 300 万台以上の生産が行われている．以上の DCC,DHC の概要をまとめてみると表 3-4 のようになる．

　DCC，DHC 両社の工場は同じ場所に隣接して建てられており，事務所は共同で，社長は両方の会社を兼ねている．こうした経過から明らかなように，DHC は DCC の親会社であり，DCC はその子会社に当たる．DHC は日本の工場と全く同じで，設備，生産の流れ方，組立ラインはそのまま日本に合わせている．V 5 コンプレッサーはすでにアメリカで生産が始められてから 20 年経過しており，設備償却も済んでいるので収益力が高い．組立は V 5 コンプレッサーの方がより自動化が進んでいる．しかし，自動化が進んでいることが経営にとって良いのかどうか，考え方次第である．

　CVC コンプレッサーは顧客が多いので，フレキシブルに対応せねばならない．完全に自動化すると顧客への対応が難しくなる．V 5 コンプレッサーを日

表 3-4　DCC，DHC の会社概要

会社名	Delphi Calsonic Compressors（DCC）	Delphi Harrison Calsonic（DHC）
設　立	1996 年 12 月	1995 年 8 月
資本金	22.9 百万ユーロ	?
株　主	カルソニック・カンセイ 40%，デルファイ 60%	CHC 16%，デルファイ 84%
製　品	可変容量 CVC　100，125，135 cc	可変容量 v 5　156 cc
人　員	234 名	312 名
計画能力	90 万台／3 直	85 万台／3 直
組　立	半自動組立＋テスト	自動組立＋テスト
取引先	Opel, GM Brazil, NMUK, NMISA, BMW, Renault, Daimler, いすゞ	Renault, PSA, Opel, GM Brazil, Saab, Fiat, Ferrari, Diavia

（出所）DCC 社，DHC 社資料

本で生産した時，お客が固定化していたので，高効率化，自動化して生産する方式がとられた．フランスでは大物部品は内製で対応し，DCCでは8部品，DHCでは6部品が内製されている．

2. DCC社の生産システム

DCC社は現在，可変コンプレッサーCVCを3直体制で年産110万台生産している．従業員は加工：一直23名，組立：一直35名，3直合計234名．これに若干数の臨時工が加わっている．CVC組立に必要な部品は，コピー部品，重要部品，大物部品の3種類に分類できる．そのうち，コピー部品は現地メーカーから，重要部品は米国または日本の経験あるメーカーから調達しており，大物部品（8部品）は工場で生産している．DCC社の内製加工ラインでは8部品を専用ラインで"一個流し"で生産し，鋳物部門のような客先ごとに形状，寸法の異なる部品については，段取り替えで対応している[14]．組立ラインは1ラインで，現在，5社13機種の組立を行っている．部品調達に関して，欧州メーカーの選定については，欧州にはコンプレッサー部品の製造経験のあるメーカーがないため，開発・生産技術・調達チームを結成して，地元メーカーを吟味して選定した．

購買契約などの実務は，Delphi LTCの購買部が担当している．この結果，外注メーカーとの関係は，日本のそれとだいぶ異なる[15]．その違いを挙げてみると，① 契約中心である．② 長期展望型でなく，目先のコストで取引先が変更される．③ 取引先との関係改善が進まず，発注元と受注先が勝者となるWin-Winの関係には程遠い．④ 品質より価格優先．最近鋳物に関しては，加工歩留まりが悪いため，トータルコストを考慮したメーカー選定の仕方を考えている．

輸入部品への為替の影響を回避するため，日系メーカーの欧州進出誘導，現地メーカーの発掘を進めてきている．外注部品に対しても，かんばん納入を導入しているが，メーカーの納入品質等が劣るため，日本の在庫ゼロを目標としたJIT方式には程遠い．現在，部品の納入頻度は次の通りである．――欧州製

部品，小物部品は通常デイリー納入．大物のクラッチは，メーカーが近接していることもあって 1～2 回／日納入．アルミ鋳物（仏・伊）は毎日供給．日本製ピストンは，船，トラック便で 2 週間ごとに納入．

3. 日本型生産システムの導入

- DCC 社は生産設備導入時点より，日本国内の CKJ，CHC 社より指導を受けた．また設備導入時点の生産技術担当者を CHC 社や設備メーカーに派遣し，設備研修をかねて CKPW（カルソニック・プロダクション・ウェイ）などの OJT，OFFJT を行ってきた[16]．
- CHC 社生産技術者の DCC 社への長期滞在による 5 S，異物混入管理，現場管理などの指導および CKPW による問題解決のための手法など指導を受け，レベル向上が図られた．1998 年から外部機関（KAIZEN 研究所）などによる現場改善，ターゲットコストの指導を受けた．
- CIE 主催の QC 大会への参加．

現地での日本型生産管理方式の展開は，日本レベルと比べると差がある．問題点を列挙すると次の通りである．

改善手法は理解しているが，経験が浅く，問題点の掘り下げが足りないため，問題解決に時間がかかったり，同じ間違いを繰り返す．精度を要する部品や保全の複雑な機械にはてこずっている．5 S（フランスでは捨てるものと拾うものがはっきり分かれる）．安易にストックを持ちたがる（日本人と欧米人の差異）．平均 3，4 年で従業員が入れ替わるため，技術伝承が困難である．DCC 社はまだ歴史が浅い企業であり，親会社の支援を受けトップのリーダーシップの下に現場改善を中心に Continuous Improvement を進めてきた．これまではいかに生産量を伸ばし，客先需要に応えるかが最重要課題であった．これからは，競合他社に勝つために TPM の推進・成功が重要なファクターになると言える．

4. 日本的生産管理方式導入の実態

表3-5　DCC社の日本的生産管理方式

5S	DCC社に長期滞在のCHC社生産技術者の5S指導
改善活動	CKPW（CK社の生産管理方式）による問題解決の取り組み KAIZEN研究所の指導で現場改革に取り組む
小集団	CIE主催のGC大会への参加
TQC／TQM	QC 9000を98～99年取得　ISO 14000, ISO／TS 16949取得 QC活動に全社的に取り組んでいる
TPM	KAIZEN研究所の指導によって2002年よりTPMに取り組み
JIT生産	D社によるリーンプロダクションの指導
セル生産	内製加工ラインでは8部門を専用ラインで1個流しして生産している．客先毎に形状寸法の異なる部品については段取り替えで対応
多能工化	
段取り時間短縮	鋳物部品のような客先ごとに形状，寸法が異なる部品については段取り替えで対応している．そこでラインの流れをスムーズにするため段取り時間短縮に取り組んでいる
品質責任	オペレーターは工程の品質に責任を持つ

（出所）ヒヤリングによりまとめる

第3節　フランス部品メーカー5社工場の調査結果（SMI社）

1. SMI社の概要

1991年日本のベアリング，ステアリング製造会社KY社はルノーの子会社でステアリング製造会社SMI社の株式35%を取得し，資本参加した．さらに93年KY社は株式を追加取得し，出資比率を75%に引き上げた．翌94年にはSMI社の増資によりKY社の取得資本は80%となった．同社はSMI社に対し，これまでパワーステアリング生産の技術支援をしてきたが，ルノーに代わって経営権を完全に掌握することにより，当時急速に増大しつつあった欧州の需要に対応して，現地（リヨン）の電動パワーステアリング生産を本格化し，ルノー以外の自動車メーカーに対しても積極的な拡販に乗り出した．

その後，2000年にはKY社の出資比率はさらに85.29%にまで引き上げられた．この間96年には，従来の工場に隣接して新工場が建設され，内部にはパワーステアリングの機械加工ライン，最終組立ラインが設置された．こうした

設備導入を背景として，これまでルノー向け供給が売上高の90%を占めていたのが他の自動車メーカーに重点移行した．

さらに2000年には，KY社はもう一つのフランス自動車メーカーPSAとの間に，出資比率51：49でパワーステアリング製造のジョイントカンパニーを設立した．2001年，KY社の欧州事業統括会社の許に販売されたステアリング台数は700万台にのぼる（ただしこの中にはKY社所有の南米工場分も含まれる）．これは欧州市場の総販売台数1,500万台の40%を占めており，今やKY社は欧州第一のパワーステアリングメーカーの地位を確保するに至っている．

取引先も95年当時ルノー，アウディ，ネッドカー，ボルボだったが，2000年にはこれにPSA，トヨタ，オペル，ダイムラークライスラー，フォードが加わっており，世界の主要自動車メーカーと取引を行うに至っている．

さて，S社の2000年の売上高は3億11百万ユーロであり，従業員数は1,762名にのぼる．同社の製造するパワーステアリングの80%はノーマルパワーステアリング（NPS）であるが，今後急速にシェアを伸ばす製品は電動パワーステアリング（EPS）である．当然同社も今後は，EPSの開発，生産に努力が傾注されることになろう．

2. SMI社の生産システム

今回のS社では，油圧パワーステアリング組立工場とパワーステアリングの心臓部であるバルブの研磨・組立工場を見学した．まず，油圧パワーステアリング組立工場は従業員数450名3交代制で日産1万台の製品を組み立てている．450名の従業員は主力の製造部とこれをサポートする製造技術，品質保証，メンテナンス，ロジスティックの4課からなる．品質保証は顧客やサプライヤー対応，あるいはISO，TS規格は中央本部内の品質保証によって担われる．同様ロジスティックも客先対応は中央に別に設けられている．

油圧パワーステアリング組立工場では，98年，台当たり工数を100とすると，2001年には工数72まで低減する計画であった．実際にはこの計画は実現できず工数88にとどまった．98年から4年間にここでは生産台数が増加し，

しかも従業員数は100名近く削減されている．

こうした状況に対応するため，工場では生産性の工場のほかさまざまの工程改善が取り組まれている．同時に保安部品として安全，品質が重視されている．例えば，フランスの工場では現在サプライヤーから供給される部品は，日本のような通い箱方式をとらず，ダンボール箱に入れられて納入されている．これなど整理する上で問題が多い．しかしフランスのサプライヤーにとって長い間慣行化し一挙に変えることは難しい．もしサプライヤーの意思を無視して通い箱方式に転換すれば反発も大きい．

そういったことで，工場では当面インターナル＝構内物流の改善に重点的に取り組み，成果をサプライヤーに示して徐々に変更する方針である[17]．組立ラインは97年頃には直線ラインになっており，目標生産台数400台に対して作業員は13名だった．これは日本では，せいぜい5〜6名の作業員がいれば組立が可能と見られる．そこで，モデルラインを作ってU字型ラインに改造し，多工程持ちとした．

この取り組みの結果，99年には目標生産台数420台に対して台当たり工数23，作業者数は10名に削減できた．段取り時間もこれまで45分だったのをワンタッチ段取りとして2〜5分に大幅削減できた．2001年には，もう少し作業改善に取り組み，部品の取り出しサイクルタイムのばらつきが40％位あったのをやりづらい作業の改善を進めることで30％程度削減できた．治具を開発して部品の供給もやるようになったので，部品の取出しが手許ででき，大きな動作をなくすことができた．以上のような取り組みの結果，目標生産台数420台に対して台当たり工数18〜19，作業者数は1名削って9名に削減できた．

このほか，物流の改善については，以前は好き勝手な形で運搬する状況だったので，部品もフロアに置き去りにされたりして，5Ｓ上問題になっていた．そこできちんとしたルールで物を運ぶように改め，ガイドラインはすっきりした．2002年にもラインの改善は続けられており，当面の目標はオペレーターを8人に削減する計画である．これが達成されれば97年に比べて台当たり工数は半分となり，作業者数も日本ほどには行かないものの，生産性向上は大幅

に改善されることになる．

　今後は日本的改善方式を本格的に推進し，例えば，標準作業を組み合わせ，作業者一つ一つの作業がタクトタイム内にあるのか，それぞれの作業に無駄がないか分析することが必要と見ている．こうした改善活動は，日本のKY社から派遣された2名の教育担当者中心に改善チームが組織され推進されている．97年時点では，作業者13名のラインが2001年には9名に削減されることで，そうした体験をしたことがないフランス人には，他の者にしわ寄せされるのではないかという危惧の念も生じてくる．そうしたところから，改善チーム9名も含めて話し合い，決してしわ寄せするものではない．作業改善することで作業が無理なく進められる点を納得してもらっているという．

　また，作業者の削減も徐々に広げて，決して無理しないようにする．多台持ちも日本に比べて少し弱いが，じっくり取り組みたい考えと言われる．また，改善活動が進み，出来高などが増加したならば，改善の成果を作業者に還元してもよいという考えを持っている．こうした改善活動を展開する上で，労働者の教育訓練方式についても取り組みが進められている．

　第二に，予防保全（TPM）についての取り組みである．今までは機械設備が壊れてから直すというスタイルが一般的であった．しかし壊れてから修理するとなると，生産活動を混乱させリスクも大きい．機械設備が壊れる前に定期的に予防保全することで成果を上げることができる．欧米では，メンテナンスはメンテナンスの専門工に任せがちだが，オペレーターも定期的に油をさすとか，掃除をきちんとするとか応分の作業を取り組ませる．そうした中で，TPM思想を広げてゆく必要がある．

　第三に，多能工制の取り組みである．欧州では一つの工程しかできないという労働者たちがかなり存在する．彼らに多能工化のための作業者教育をしっかり取り組ませることで，多能工化制の成果が上げられる．ことにフランスでは2000年から週35時間労働制が取り入れられ，またその結果，欠勤者も増えてきて問題が深刻化しているだけに，本格的な取り組みが重要視されてきている．

第四に，SMI社では，3交代制をとっているが，昼作業・夜作業の格差が問題である．ことに夜勤は昼作業に比べ能率のレベルダウンが著しい．この問題を扱うには標準作業の取り組みが極めて重要である．バルブの研磨・組立工場ではマニュアル組立ラインと電動パワーステアリング（EPS）ラインがセットで6ラインある．

　両ライン共に生産量は増加傾向にあるが，なかんずくEPSラインは98年以来4倍増加し，作業員も10名未満から200名に急増加している．この間，台数当たり工数の改善は見られない．というのは取引先の増加によって，電動パワーステアリングの種類が4種類に増えているためである．その結果，現在では在庫率3.5日まで削減できた．

　こうした成果をもたらす上で大きな役割を果たしたのがSMED（金型の段取り時間の短縮）である．これは2000年11月，1時間30分かかっていたのが，2001年4月には40分にまで短縮できた．現在，金型の全型番を流すのに2.5日かかっているが，これを1日で流す目標を立てて取り組んでいる．当然，型交換時間の一層の短縮が要求されるわけである．この取り組みは典型的な日本流のやり方ということができよう．

3. 日本的生産管理方式導入の実態

　以下ではSMI社が日本的生産管理方式10項目導入の実態を表3-6にまとめて紹介する．同社は91年ルノー子会社が資本参加を開始したということで，日本的生産管理方式の導入は遅かった．また，96年から工場新設，増産体制の取り組みなどで腰を落ち着けて経営改善に着手したのは，97, 8年頃からである．そうした取り組みは今もなお続いているのである．

第4節　フランス部品メーカー5社工場の調査結果（A・R社）

1. A・R社の概要

　A・R社は創業1865年の古い伝統のある家族企業で，本社はグルノーブルにある．かつては繊維産業の分野でハトメ・クリップ，ボタンなどを製造して

表3-6 SMI社の日本的生産管理方式

5S	最初2Sから始める．5Sトップダウンで取り組み，5Sチームを組織
改善活動	97年より改善チーム，KPS（KY社 Production System）チームを組織して工程改善に取り組む．U字型生産ラインの導入によるラインオペレーターの削減（97年13名→01年9名）構内物流の改善など．改善指導のため日本より2名教育担当者派遣．現在サプライヤーの品質，デリバリー改善指導も開始
小集団	QCサークル各課ごとに週1回今起こっている問題点を検討する．作業時間内に取り組む
TQC／TQM	TQC社内全体で取り組んでいる ISO 14000，TS企画など全社規模で取り組んでいる
TPM	TPM教育にも取り組み，TPM専門のメチエのメンバーだけでなく，オペレーター全般に普及させている
JIT生産	かんばん納入を実施．標準作業はまだ十分でないが推進している．目で見る管理をしっかりやる
セル生産	取り組んでいる
多能工化	日本と同様のシステムで取り組む．U字型生産ラインでの多工程持ち生産の強化．また多能工化普及のため多能工化教育も進めている
段取り時間短縮	EPSラインでは段取り替え時間1時間30分から40分に短縮．金型の全型番を従来の2.5日間に流すレベルから1日で流すフレキシブル生産に取り組んでいる
品質責任	作業者は工程の品質保証に責任を持つ

（出所）ヒヤリングによりまとめる

いた．この分野の製造をやめたのは2年前で，その時全売上に占めるシェアは売上の1％に過ぎなかった．その1％の時点での取引先はルイヴィトンのような高級な会社だけが残った．現在は自動車部門に主力を移し，工業用ファスナー，クリップ類を製造している．この分野で世界No.2の企業である．これらはエラスチックのメモリを使って物を締める部品で，材料としては主としてプラスチック，金属類が使用されている．

現時，A・R社の売上の85％は自動車用部品で，残り15％が建築用部品である．工業用ファスナー，クリップ類の自動車産業内で占める生産ウエイトはごく小さなものだが，この分野でA・R社はトップの米国企業についで第2位の生産額を占めており，従業員数は世界全体で2,500名である．同社は，欧州，北米，アジアなどの10カ国に12工場と8の開発研究所を持つ．12工場の地域分布を紹介すると，フランス3，ドイツ2，イタリア1，スペイン1，チェコ1，米国1，ブラジル1，中国1，日本1（厚木工場）となる．うちスペインを

除いて全工場がA・R社100％出資である．

　従業員2,500名中開発に従事するものは7％を占め，毎年新しい部品開発件数は800にのぼる．開発費のすべてがパテントに関わるわけではないが，同社では600件のパテントをとっており，年率にして平均15件となる．

2.　A・R社の生産システム

　グルノーブルには本社工場と郊外工場の2工場がある．今回，郊外の規模の大きなプラスチック成形工場を訪問調査した．同工場は従業員260名で3交代制をとっている．機械設備は25トンから365トンにわたる射出成形機100台が保有されている．金型は30％内製で，残り70％は外注である．1日40％の成形機が金型交換をしており，金型の段取り時間短縮の取り組みは重要な課題である．これまで長い間SMED（段取り時間短縮）に取り組んできた結果，以前金型交換に3時間要したのが今では15分に短縮され，半日かかったものは3時間に短縮されている．

　この工場では，製品の取り出しと搬送の自動化が進んでいる．ラック（搬入箱）にはすべてバーコードがつけられ移動に際してはそれを読み取り，コンピュータの指示で製品は指定の場所に運ばれる．顧客に対しては1日1回納入が一般的で，従来のかんばん納入の代わりにバーコードを利用した電子かんばん方式が採用されている．これから明らかなように，A・R社では工場内にコンピュータシステムを全面的に導入し徹底した生産合理化が図られている[18]．

　小ロット生産の工程では，射出成形機1台ごとにオペレーターがつけられているが，量産分野では射出成形機ごとにパソコンによって管理されている．このシステムを利用すると，どこかの成形機で何か故障するとか，パラメーターがおかしくなると，ディレクトされてすぐ担当のオペレーターを呼び出す仕組みになっている．

　オペレーターは一般に1人当たり10〜15台の成形機を担当し，パソコンによる集中監視，管理が進められている．ディスプレイにはいろいろの指標が指示されているが，例えば，生産のサイクルタイムであると，赤字で表示された

場合には，生産サイクルタイムより加工時間がかかっていて，部品コストは赤字になることを示している．また青は部品の加工時間とサイクルタイムが一致して正常であり，緑はサイクルタイムよりも加工時間が短くて利益が出ることになっている．このように成形機はコンピュータの集中監視機構でオートコントロールされており，オペレーターはディスプレイに表示してある支持で時々チェックすればよいことになっている．

　このコンピュータ管理は1994年からスタートしており，これ以降どの時期でも顧客がかんばんを持ってくればその時点の状況をすべて明らかにできる体制になっている．A・R社では生産した製品を客先に納入するのにラックに入れてそのまま納入することはせずに袋ないし，ダンボールにつめなおしている．これは一般フランス工場の悪しき習慣で，労働と資源の無駄となっている．ドイツなどではすでにラック納入への切り替えが進んでいるが，フランスでは遅れている．

　出来上がった製品は，倉庫から1日当り5千個から6千個くらい送り出される．製品在庫率は3週間と言われる．出来上がった製品は天井まで届くような高い，沢山の棚のついた倉庫に納入される．整理の仕方は全部コンピュータによって決められ，棚は製品種類別に特定されていない．スペースの開いているところに製品箱はどんどん納められる．しかし，バーコードの記憶はすべてコンピュータが記憶して，後入れ先出しの方法で，前に納入した順序で製品は取り出され納入される[19]．

　クイックコネクターの生産ユニットでは部品は塵，ごみを嫌うので外気から遮断されたクリーン室で組立が行われる．そこでは部品は自動組立装置で自動的に組み立てられる．工程検査も自動化される．内部はクリーン室であることから，ここに搬送された部品は箱から取り出し，特別のものに入れ替え，途中シャワーしてから組み立てられる．こうした組立機械は工作機械メーカーと共同で開発したので，もちろん外部メーカーに販売はしない．

3. A・R社の手作業組織

工場内の従業員組織は4グレードに分かれる[20]．

(1) オペレーター…この工場では手作業は一切なく，オペレーターは機械のコントロール，工程の検査，機械の検査を一切担当する．オペレーターはそれぞれ一人当たり10～15台の成形機を管理する．生産ユニットの機械の稼動状況はコンピュータによってコントロールされる．

(2) リーダー…リーダーはオペレーターグループの代表である．シフトごとにリーダーがいる．

(3) 調整係…調整係は金型の段取り替えに責任を持つ係であるから，段取り替えが行われるごとに新しい製品シリーズのために機械調整を行う．

(4) 生産ユニットの長…生産ユニットにおける人間の責任，製品の品質の責任および生産計画の責任を持つ．リーダーと調整係は格付けでは同じレベルであるから工場長とオペレーターの間には格付け的に言うと2つのレベルがあるのみである．

4. 日本的生産管理方式導入の実態

(1) 5S…5Sの取り組みはすでに90年代初めから始まった．現在5Sは整理，整頓，清潔の3Sを重点的に取り組んでいる．これは3カ月ごとにオーディット（点検）が行われる．

(2) 改善活動…A・R社では改善活動をプログレス・プランと呼んでいる．プログレス・プランは会社全体の戦略計画から出発している．3年前計画の中には6つのキーワードが設定された．

① イノベーション　② 生産性　③ 予防保全（TPM）　④ グループ活動　⑤ カスタマーズに適応する品質　⑥ 活動にパートナーも入れて取り組む（パートナーは顧客とサプライヤー）．

　これらの6つのキーワードはそれぞれユニット単位で取り組む．それぞれのユニットでは6つのキーワードの中で，何を重点的に取り組むか自分たちで決めてそれを壁に貼り出す．

以上のような改善活動は以前から取り組んでいたけれども時々の散発的な取り組みだった．しかし3年前よりもっとフォーマルな取り組みを進めている．

(3) 小集団活動…QCサークルが存在する．品質管理部の責任でいくつかのQCサークルが生まれる．主に部品の品質管理が対象となる．この会社で一番使うのは，グループ活動よりも企業内オーディット（点検）で，そのやり方には二つある．

　① 企業内で割りと時間のかかるオーディット．前もって予告しておく．
　② 企業内フラッシュ．とても短時間でオーディット30分以上かからない週4日フラッシュ．どこで実施するか，どこで取り組むか前もって知らせない．

(4) TQC／TQM．

(5) TPM…プログレスプランの6つのキーワードの1つに含められている．TPMの取り組みは金型と機械部門に分かれる．TPMとは前もってメンテナンスをしっかりして全く機械が故障を起こしたり，止まらないように取り組むこと．簡単な機械のメンテナンスは，メンテナンス課がオペレーターを訓練する．この取り組みは2年半前から開始．

(6) JIT生産…バーコードを使ったPOP（Point of Production）を利用して電子かんばん方式が実施されている．この電子かんばん方式についてトヨタよりも早く導入している．

(7) セル生産…セル生産は取り組んでいない．製品は顧客別に違っていないので共通したものを納入しているからセル生産をやる意味がない．部品製造に使用される金型は1,800種類もある．同じ金型でもカラー材料で違ってくるので基本部品リファレンスは6,000種類にものぼる．

(8) 多能工化…工場内には射出成形機のユニットが4つと成形品を袋やダンボールにつめる担当のユニットが1つと合計5ユニットある．オペレーターはこれらユニット内のすべての業務をローテーションで行う．2001年より週35時間労働となって以来，週何日か休む者がいると，ユニット

表3-7　A・R 社の日本的生産管理方式

5S	取り組んでいる
改善活動	取り組んでいる．A・R 社ではプログレス・プランと呼ぶ
小集団	QC サークルがある．主として部品の品質管理を対象とする
TQC／TQM	
TPM	取り組んでいる．TPM は金型も機械関係についても取り組んでいる
JIT 生産	バーコードによる「POP」取り組み．電子カンバン方式は早い時期から取り組んでいる
セル生産	部品種類 6,000 種類もあるので顧客別に生産はしていない．同一の部品を全顧客に販売しているのでセル生産は意味がない
多能工化	メンテナンス課がオペレーターに簡単な機械のメンテナンスを教育する．2 年前より取り組む
段取り時間短縮	SMED（スメッド）を 92, 93 年頃より導入．大きな成果を上げている
品質責任	オペレーターは工程の品質責任を持つ

（出所）ヒヤリングによりまとめる

　内では皆で仕事を回さなければならない．その意味で多能工化は今や必須の取り組みになりつつある．以上の5つの生産ユニットの他に金型とメンテナンスがある．例えば金型には2つの専門（メチエ）がある．1つ目は金型専門がある．2つ目は金型を調整することである．あと生産ではないが材料の検査も違った専門である．これらの専門（メチエ）に関してはオペレーターの多能工化の対象には含まれていない．

(9)　段取り替え…すでに 92, 93 年頃から SMED（段取り替え時間を短縮する方法）が採用されている．かつて段取り替えに3時間かかった成形機は今は15分に短縮され，半日かかった機械は2時間に短縮されている．

(10)　品質責任…オペレーターは工程の品質責任を持っている．

第5節　フランス部品メーカー5社工場の調査結果（ITWB–C 社）

1.　ITWB–C 社の概要

　B–C 社はリヨンのプラスチック成形メーカーで，以前は自動車関係部品の売上比率 75%，医療関係，電気工事の売上比率 25% の割合だったが，1999 年米国の自動車プラスチック成形部品製造の大手メーカー ITW グループに身売

りした[21]．現在同社は ITW DELFAST グループに属し，企業名も ITWB–C 社と改名した．製品も自動車用プラスチック部品 100% に専門化している．

年商は 4,500 万ユーロである．従業員は 360 名で 3 交代制をとっている．米国系グループ入りを契機に，従来の市内工場と 80 年代初めに設置した小工場を売却し，新たにリヨン郊外に工場を建設した．この新工場で製造しているプラスチック部品は，クーリングシステム部品，プレッシャーバルブ，フューエルタンク，ラジエーター部品に，ドアハンドル，メタルインサートモールディング（コネクター類），ファスナー，ペダル部品等で，製造部品は細分すると 800～900 種類となる．この工場の取引先は PSA，ルノーがメインでそれぞれ売上高の 30% を占めている．Valeo が 10% だが，これからの新しいプロジェクトが展開すると 15% にアップする．日産ルノーのアライアンスの下で，これから英国日産への納入も予定している．

2. ITWB–C 社の生産システム

目下 ITW グループは全体で工場別に製品種類の統合再編成を進めており，B–C 社も得意分野への絞込み戦略を立てており，将来は前述の 900 種類の中から 150～200 種程度に部品生産を集中化し，残りの小ロット品製造から撤退するか，外注に任せるかをはっきりせねばならない．

同社がグループに併合される以前は，多品種少量生産への対応のため，段取り替え時間短縮の技術を導入したり，それに関連する設備投資も行ってきたが，今日では一転して量産体制に集中する方針に切り替えている．その結果，戦略的には加工機械（射出成形機）をたくさん並べて，その後工程である自動組立ラインを直結させる生産ライン一貫化のレイアウト変更が取り組まれている[22]．以前は成形工場と組立工場に分かれていた．

このレイアウト・チェンジの取り組みは，まだ半分程度進行したところであるが，すでに 900 m^2 のスペースが節減され，その開いた場所に別の製品生産が取り組まれている．

また，同社では，このレイアウト・チェンジを契機に異なった取引先に製品

の標準化を要請し，一層の量産効果を上げている．例えばプジョー，ルノー，VW の 3 社に対して，従来それぞれ異なった形状，異なったサイズのラジエーター・キャップを供給していたのをキャップの内径などを共通化し，外側の形状のみを各社使用にすることで，開発費，生産費の大幅コスト削減に成功した．

こうした企業を超えた標準化採用も ITW グループのようなバックがあって初めて実現できたことであり，B-C 社はこのような形でグループ入りの利益を享受している．

しかし，これはファースト・ステップでの状況であって，工場別専門化がより進化する次のステップではどうなるか．

この点に関しては，ヨーロッパでのグループ化が 1 年余り前に始まったばかりということで明確ではない．現在のところ，営業戦略に関してはグループ・レベルで決定されるものの，各工場（企業）別に営業単位が存在しており，依然としてグループ内部で重複する製品について相互に競い合う状況が続いており，ここの工場（企業）は現在もなお独立したプロフィットセンターの地位を維持している．研究開発機能も B-C 社内にとどめられており，その上，シカゴにある本部研究センターや各工場での新製品開発の情報が入手でき開発シナジー効果がもたらされている．

一方，購買に関しては，グループが一括して調達するところからコスト削減効果は大きい．例えば，従来 B-C 社が材料メーカー RC 社から調達する金額は RC 社売上額の 5% にすぎないが，ITW 全体では 50% にもおよびそこから大幅な割引が可能となるのである．

各工場の投資額については，毎年 9 月予算案が本部に提出され，決定される．投資額は一定金額の枠内については独自に決めて自由に使うことが認められている．それが一定金額枠を超えるとパリのグループ本部で認定され，さらにその枠を上回ると USA 本部で認定される．こうしたリクエストに対してはわずか 5 日の期間内に裁決されるという．

次に工場内での生産システムについて紹介してみることにする．生産組織は

ビジネスユニットが大きな単位となっており，さらにビジネスユニットはいくつかのグループに分割される．グループは生産組織の最小単位でありいわばチームである．ビジネスユニットは技術区分に基づいている．

例えば，前述したような，プラスチック成形＋自動組立設備によって製造されるフューエルタンク，ラジエーターなどのキャップ製造のビジネスユニット，あるいはインサート・モールディングのコネクター製造（オールタネーター用パーツ）のビジネスユニットである．

これらビジネスユニットやさらにそれの分割されたグループ単位で，日本的生産管理方式がどのように導入され，成果を上げているか，以下10の項目別に検討してみよう．

3. 日本的生産管理方式導入の実態

(1)　5S…80年代半ばから5S活動が開始されたが，これは継続して取り組まれず途中で廃止された．ITWグループ入りした4年前のころから5S活動はビジネスユニット単位で取り組まれ，そのキャンペーンは「アルク・アン・シエル（虹）」と呼ばれた．その活動はきちんと取り組まれ，内部でのオーディット（評価）も行われた．

(2)　改善活動…80年代半ばから開始されたがうまく活用できなかった．本格化したのは，4年前ビジネスユニットが組織された時点で，一種の文化革命的盛り上がりが認められた．これにはオペレーター，テクニシャン，エンジニアが参加し，改善活動に取り組んだ．例えば，前述の複雑な部品の自動組立装置は改善活動の成果である．改善活動にはTPS（Toyota Production System）が利用された．それは，①問題点を明らかにし（アイデンティファイし）②評価し③測定して④それに対する活動を行い⑤活動の結果をまとめ⑥決定する，という方式である．

(3)　小集団…QCサークルは早い時期からずっと取り組んできたが中止した．QCサークルに代わるほかの道具があったので．

(4)　TQM／TQC…TQCよりもTPMを重点に取り組んだ．

(5) TPM…後述の多能工化の取り組みとからめて取り組む．

(6) JIT…顧客へのジャスト・イン・タイム納入，レイアウト改善による1個流し生産方式の導入，U字型生産方式の導入．

(7) セル生産…新工場移転後，加工工程（射出成形機）と自動組立ラインを連絡したレイアウトの再編成を全面的に進め，中間在庫の削減，製造期間の短縮を実現した．

(8) 多能工化…2001年1月からの35労働時間制の制定で，欠勤者が増加し，その対策として多能工制の導入が必要となった．B-C社では，2001年より多能工化は二つのステップに分けて導入された[23]．

　（i）Multi Skill

　　レベル1．グループ内すべての仕事を行うことができる．

　　レベル2．ビジネスユニット内のすべての仕事を行うことができる．

　　レベル3．ビジネスユニット内のすべての仕事＋検査作業，簡単なメンテナンス．

　　すべてのオペレーターがレベル3にグレードアップできることが望ましいが，安全管理，品質管理の難しさから，それぞれ3分の1ずつの分布となっている．現在オペレーターのMulti Skillのレベルアップのためのトレーニング過程に入っている．また，今後オペレーターの賃金額はMulti Skillのレベルに対応してランク付けされる．

　（ii）Multi Competence

　　Multi Competenceは2002年より取り組む．これはもっと技術的な仕事のための多能工化で，このレベルではビジネスユニットを超えて仕事を行うことのできる人である．

(9) 段取り時間短縮…B-C社はITWグループ入りする前の段階では多品種少量生産に対応するため，段取り時間短縮に取り組んだが，ITWグループに入ってからはグループ内工場の製造品種の絞込み――量産化指向により段取り時間短縮の取り組みは放棄された．

(10) 品質責任…オペレーターは工程の品質責任を負う

第3章　フランス自動車部品メーカーの日本的経営導入の実態　129

表3-8　ITWB-C社の日本的生産管理方式

5S	80年代半ばごろから開始．その後時々取り組みそれから中止．3年前からきちんと取り組んでいる．5S活動をアルク・アン・シエル（虹）と呼んでいる
改善活動	改善活動80年代半ばから開始．しかし途中ダウン．4, 5年前から機械装置の改善などにエンジニア，テクニシャン，オペレーターが改善活動に参加して成果を上げる
小集団	QCサークルずっとやっていたが現在は中止．それに変わる取り組みとしてTPSの取り組みがある
TQC／TQM	TQCよりTPMに力点を置く
TPM	取り組んでいる
JIT生産	工場内にかんばん導入している．同時にアメリカからMRPも導入
セル生産	加工ラインと自動組立ラインの連結によるラインの一貫化
多能工化	2001年より多能工化は二つのステップに分けて導入 1つはMulti Skill，他はMulti Competence
段取り時間短縮	ITWグループに合併される以前多品種少量生産対応として段取り時間短縮を取り組んだが，現在では製品品種の絞込み—量産化指向により，この方式は放棄された
品質責任	オペレーターは工程の品質責任を負う

（出所）ヒヤリングによりまとめる

おわりに

ここでは5社5工場の実態調査から，フランス自動車部品産業における日本的生産管理方式導入の状況を総括的にまとめてみたものである．

1）各工場ごとにまとめられた表は，日本的生産管理方式の特徴を10項目に分けて，それらの管理技法がこれら5工場でいつ頃から，どのように導入されているかを示したものである．各表を見ると，中には日本的生産管理方式を早い時期から取り入れたところもあるものの，より本格的な取り組みを開始したのは90年代末期，すなわち97, 98年の時期からである．

例えば，ITWB-C社は，ITWグループに吸収されるずっと前の80年代半ばから，5Sや改善活動を導入しているものの，それは部分的なものにすぎなかった．それが本格化されたのはITWグループに加入した98年頃からである．Faurecia A工場では合併以前の98年から5Sや提案制度などを取り組んできたが，工場をあげて全社的活動に入ったのはごく最近の2000年頃からで

ある．このように企業によって多少のズレがあるものの，現在ではどの企業も日本的生産管理方式を徹底したレベルで導入を開始している．その背景には，グローバリゼーションの展開で，自動車メーカーの世界部品調達が急速に進み，フランスのサプライヤーも否応なく，国際レベル以上のCQD（Cost, Quality, Delivery）で対応せねばならない状況が生まれつつある結果と言えよう．いわばサバイバルをかけた生産合理化強制が，フランスサプライヤーをして日本的生産管理方式への関心を深めていると言えよう．

2) これまでの欧州自動車業界の日本的生産管理方式導入の取り組みは，どちらかというと導入しやすいところを手がけ，難しいところは後回しにするといったつまみ食い的傾向が目立っていた．しかしここ2, 3年前からは，そうしたやり方では成功しない，もっとシステマティックな取り組みが必要だという点を痛感し，導入困難なところをどうやってつぶしていくかが，担当者の重要な取り組み課題として提起されてきている．

その例を挙げると，Faurecia A工場は，5Sの取り組みがマンネリ化して途中で労働者に飽きがきてしまった．この問題を解決するために，5Sのうち「清潔＝クリーン」に焦点を絞り，各作業グループごとにテリトリーを決め，毎週オーディットを行って点数を表し，それぞれのグループが相互にクリーン競争に競い合うやり方を始めている．あるいは，これまでトップダウンですべて企画アイデアや取り組みの仕方などカードルのレベルで決めて下に降ろす方式が一般的だったのを，企画の段階から労働者を入れ，労働者のイニシアチブを重視する動きは，A・R社の改善活動などにも明瞭に指摘できる．

3) フランス部品メーカーの日本的生産管理方式の取り組みが，90年代末頃からより本格的なものになった証拠として，生産ラインのレイアウト改善に着手している事実からも裏づけられる．SMI社は日本側資本84％の子会社であり，日本的経営法導入のために親企業から指導員が送られている点，割引して考えねばならないが，13人のオペレーターによる直線ラインを，U字型ライン多台持ちに切り替えることで，4人のオペレーターを9人に削減することができた．段取り替え時間もこれまで45分かかったのが，ワンタッチ段取り

にして2～5分に大幅削減できた．

　また，ITWB-C社では，加工成形機械と後工程の自動組立ラインと連結したレイアウト改善に取り組むことで，中間在庫の削減と製造期間の短縮を実現した．このように，JIT方式の導入のためには生産ラインの改善（生産骨格の改善）が重要なことに着目した点も，フランス部品メーカーの日本的生産管理方式取り組みが，極めて高いレベルに到達してきたことを裏づける材料ということができるだろう．

　4）このように，困難な課題に取り組んで前進しているケースもあるが，日本と異なった生産組織が存在してそれがネックとなってなかなか課題を簡単に克服できない側面も指摘できる．

　例えばフランスでは，メンテナンス工とか検査員はオペレーターと区別されたメチエ（専門工）であり，これまでは，両者は伝統的に隔絶した職務であるため，TPMとか多能工制に手をつけることが困難であった．例えば，FaureciaA工場ではTPMを取り入れようとしたが，メンテナンス工は自分の専門領域をがっちりと押さえ，オペレーターの関与を認めない状況では，TPM思想は普及せず失敗に終わった．そこでA工場では，機械が壊れる前に定期的な予防保全（TPM）の取り組みが重要なこと，TPM運動にはオペレーターを含む全社的な取り組みなしでは成功しないことなど，旧来の専門工的な観念打破に努めると共に，他方では，オペレーターを訓練して簡単なメンテナンスや検査の技能習得を取り組ませ，メンテナンス工あるいは検査工との連繁的な取り組みを強化させる．A工場では2002年より新しいTPM活動を開始している．DCC社でもSMI社でも最近ほぼ同様のTPM活動に取り組んでいる．こうした動きを見ると，これまでも指摘した通り，フランスでの日本的生産管理方式の導入が，単なる模倣でない，欧州固有の労働組織の再編成にまで手をつけるより本格的なものとなりつつあることが明らかとなろう．

　5）しかし，日本と欧米の極めて異なった経営感覚，企業文化が壁となってそこに日本的生産管理方式の折衷的な導入による限界も指摘できる．これはセル生産に典型的に示される．

Faurecia A 工場の場合，樹脂成形工程は，顧客別セル生産体制をとらず顧客からの注文をある期間まとめて集中生産しており，その後の組立工程のみ顧客別にセル生産化している．いわば，前段階の加工工程は集中化した量産体制をとり，後半の組立工程は顧客別セル生産標識に切り替えるといった折衷方式をとっている．そしてそれによって生ずるズレを在庫強化によって解決を図ろうとしている．欧州企業の場合，こうした折衷方式はごく普通のやり方で，プレス品や成形品をまとめ打ちして機械の稼働率の引き上げを図ろうとする．

　こうした方式は，顧客別に加工工程から組立工程に至る全工程を連結して「細く長いライン」を作り，徹底して在庫削減を図る日本方式と極めて対照的なやり方と言えよう．日本方式では「必要なときに，必要なものを，必要なだけ作る」ことを徹底して，作りだめを排除する．それに対して，欧州では稼働率を引き上げるためには在庫が増えるのもやむをえないという考え方である．でも日本方式をとれば，導入する機械台数は増え，しかも稼働率が低下するので，一定のコストアップは避けられない．欧州方式でも日本方式でも結局はコストアップにつながる点でどちらが良いと判断できない，というのが欧州人の結論である（今回もそういう意見を耳にした）．

　しかし，日本側から言わせれば，ワンタッチ段取りの工夫や，ハイスピード量産機械からロースピードの小型機械への改良などによって，コスト低減は可能だから，1 個流し方式が断然優れているといえる．この点に関して議論はここでは避けるが，A 工場のように日本的生産管理方式を導入しているとはいえ，それが分野によってはかなり折衷式である点も認識しておく必要がある．しかしその A 工場もトヨタ自動車をカスタマーにすることによりその限界を超えようと努力している点も注目に値する．

　6）　以上述べたように，全体的に見て高度の日本的生産管理方式が導入されるに従って，工場内では労働者の作業組織や労務管理に大きな変化が進行しつつある点も注目される．

　例えば，80 年代にフランス企業を訪問すると，カードル（幹部）が強い権力を保持し，生産過程での労働者の地位は驚くほど低かった．しかし，今回の

調査で目に付くことは，企業によって多少の差はあれ，いずれも労働者の地位は強化されて，現場主義（経営者・技術者・現場従業員が一体となって生産現場の問題を取り組むこと）的傾向が目立っている点である．

また，そうした動きに対応して作業組織も日本的な組織に接近している点も注目に値する．例えば，Faurecia A 工場における UAP–GAP 組織．GAP は（Groupe Autonome de Production）であり生産の基底をなす組織であり，わが国でいう生産チームと理解できよう．このグループリーダー（チームリーダー）は日本の作業長と同様，配下のオペレーターに対する生産の管理面の指導と両側面を担っている．

賃金制度も昇進と同様，年功的な色彩が強まっている．その例として ITWB–C 社を紹介してみると，ここでは 2001 年より Multi Skill と呼ぶ多能工制が導入され，オペレーターの賃金は多能工のレベルに応じてランクづけされる．この多能工制は長期の訓練と作業経験に応じて，つまり，従業員の長期間にわたる雇用を前提として成り立つものである．

この B–C 社の制度が，フランス自動車産業の中でどのように位置づけられるのか，今回の調査の不備により十分明らかにできないが，少なくとも全般的傾向としては，従来一般的であった短期的雇用制から長期的雇用制の方向に進みつつある点は疑いえない事実と言えよう．

以上見てきたように，フランス自動車部品産業における日本的生産管理方式の導入が契機となって，賃金，昇進を含めた労働者の雇用制度は過去のそれから大きな変貌を見せつつある．そしてその背後に，グローバリゼーションとモジュール化の展開で，もはやフランス自動車産業も，他の欧米諸国の自動車産業同様，旧来の伝統的な殻を抜け出し，徹底した経営革新に突き進まざるをえない状況に迫られている事実が明らかとなるであろう．

こうした動きはまだまだ端緒についたばかりであり，欧州産業界でも最も技術革新の動きの速い自動車業界の，特にトップ企業層で起きつつある兆候であり，全体の中ではまだまだ目新しい動向と言えるかもしれない．しかし，すでに地殻変動は始まっており，やがてこの鳴動は全体的な変動につながってゆく

ことは必至と言うことができよう．

1) Faureciaの実態については，池田正孝「サプライヤーへの権限移管を強める欧州のモジュール開発」『豊橋創造大学紀要』第6号，2002年2月を参照されたい．
2) TMMFはサプライヤー選定に際しては，コンセプト・コンペティション方式を採用し，選定を実施したと伝えられる．このコンセプト・コンペティション方式とは，DaimlerChryslerがSmartの1次サプライヤーを選別する際に用いられたことで知られ，供給を希望するサプライヤーに各社の提案を持ち込ませ，競争させた上で車両開発の早期段階でコンセプト決定時にサプライヤーを選定する方法である．FaureciaはTMMFのこのような厳しい選抜方式を勝ち抜いて，1次サプライヤーの地位を確保しただけにリーン・プロダクションシステム習得に全力をあげて取り組んできた．また，TMMFはコスト重視の姿勢から，ヤリス（Yaris）開発に際して厳しい目標コストを掲げてきた．品番単位まで落とし込んで練ったという部品の目標コストは，日本のサプライヤーに対する以上の厳しさで，削減率は30-50％といわれている．この結果，フランスで生産されたヤリスは日本でのヴィッツ以上の生産コスト削減で実現できたと言われる．こうした厳しいコスト削減競争の過程でFaurecia担当工場は日本的生産管理方式を身につけることが可能となったのである．
3) 2003年度，Faureciaのルノー，日産との取引額シェアは14％を占めている．
4) この辺がTMMFの絶対揺るがすことのない原則なのである．欧州系の自動車メーカーは長い間便宜的なやり方で応急の馴れ合い的な対策をとってきたわけである．
5) A工場では，目下のところ，ルノーやボルボのような欧州メーカーの納入先に対しては「まとめ打ち」で対応していけるだろうが，TMMFのようなコスト削減の厳しい日系メーカーに対しては，それでは対応は難しい．前述したようにTMMFでは，サプライヤーに対して30-50％の厳しいコスト削減を要求している．このような大幅なコストダウンを実現するためには，徹底した在庫削減を図らねばならない．
6) UAPあるいはGAPの役割について詳細に検討する余裕がないが，それらの目指すところは，現場主義の核心となる作業長とほぼ同一のものと考えてよいであろう．作業長の権限と役割については，安保哲夫編著『日本的経営・生産システムとアメリカ』ミネルヴァ書房，1994年，70-73ページを参照されたい．
7) 「Hoshin」（方針）管理は，特に日産自動車の生産管理方式の中で強調して取り上げられている．
8) FaureciaA工場をはじめ，欧州工場でよく耳にすることだが，「5Sに取り組んだが，途中マンネリ化してうやむやになる」と．しかし5Sとは生産管理活動のベースであり，基本的なしつけである．整理，整頓，清掃，といった作業の基本が放棄され，忘れられるといったところに欧州の作業者の管理活動に，あやふやなところが存在する．言い換えれば，5Sがきちんと守られていないところでは，

他の改善取り組みも表面的なものに終わってしまう危険性が指摘できる．つまり，5Sが守られない限り，他のすべての管理活動も他律的なものに終わってしまうのではないか．この辺のところに欧州企業での日本的管理方式の実践の難しさが存在するのである．

9) 日本の企業では，こういった取り組みが実施されていることはない．しかし，欧州企業では1つでも2つでも取り組めたら評価し，少しずつレベルを上げるといったやり方である．こうした取り組みではやりやすいところからはじめ，難しいところは後回しにするのが通例で，結局こうした姿勢では日本的生産管理方式の最も困難な部分は最後まで取り組まれずに終わってしまうであろう．

10) 改善活動も，わが国で見られるようにボトム・アップ方式をとらず，徹底してトップ・ダウン方式がとられている点が欧米企業の特徴である．もちろん，わが国でも最初はトップ・ダウン方式から始まるが，ある時点を経るとボトム・アップ方式に転換する．しかし，欧米企業では，いつまでもトップ・ダウンが続き，トップ側にイニシアチブをとるメンバーがいなくなると立ち消えの恐れがある点が特徴的といえよう．

11) 小集団活動にマネジャー，エンジニアばかりでなく，必ず労働者が取り入れられ，今はグループを結成するとき労働者がイニシアチブを取るように変化しているといわれる．この状況を詳細に聞き出せないのが残念だが，若しこれが事実であるならば興味深い事実である．

12) TPM活動が再開された経緯については興味深い．メンテナンスが専門工（メチエ）の仕事から，たとえ部分的であれ一般工に移行していくならば，TPMも本格的に取り組まれるに違いない．

13) 金型交換が交換要員の仕事に専業化されず，一般のオペレーターが金型交換できるように訓練する取り組みを開始している点は，前のメンテナンス取り組みと共通して興味深い．このような動きがフランス企業内に現れたことは同国の労務規律の構造的変化として注目されよう．

14) DCC社は8部品を専用ラインで1個流し生産を行い，鋳物部品のような客先ごとに形状，寸法の異なる部品については，段取り替えで対応している．こうした管理技術は明らかに日本企業側によって作り出されたノウハウといえる．

15) 購買業務がDelphi LTCの購買部に依存しているため，アウトソーシング関係は徹底して米国方式で貫かれている．このことは同社のマネジメントにとってマイナスの役割を果たしているものと思われるが，その修正は見られない．それがどうしてか理由は不明である．

16) DCC社の日本型生産システムについては，カルソニックを通じてのCKPW方式の導入が進められているが，その展開は日本レベルとの格差が指摘されている．しかし，これは指導側の日本人スタッフの少ないこと，従業員の入れ替えの激しさなどのため，一定の期間を待たねばならない．

17) SMI社は需要の増大，なかんずく急速にシェアが伸びている電動パワーステアリング（EPS）の生産増大のため，日本的生産管理方式の本格的導入が期待されている．しかし，これまではそうした期待の割合ほどには進展が望めなかった．それはSMI社の労働者側の日本的生産管理方式への理解が不十分なことなどのた

めである．従ってSMI社の管理層がこうした壁をどうやって突破するかが今後の重要な課題となるようである．これまで日本のKY社は資本参加以来，歴史が浅かっただけにこの問題に対して極めて慎重な姿勢をとってきた．しかし，最近の経過を見ると日本的生産管理方式の展開は，よりテンポがはやまってきている．

18) A・R社の生産システムは電子かんばん方式の採用や射出成形機ごとのパソコンによる生産管理等に見られるように，日本的生産管理方式の典型的導入とはいえない部分が多い．事実，他の調査企業などに見られるような日本人，日本企業の指導などは存在しない．むしろ，徹底したコンピューター管理ということができる．

19) 在庫管理について言うならば，製品在庫3週間分といった事実からも指摘できるように，日本型の徹底した在庫圧縮方式はとられていない．

20) A・R社の労務構成は，基本的にオペレーター，リーダー，調整係，生産ユニットの長と4つのグレードに分かれており，フランスの企業には見られない実にフラットなシステムとなっている．残念ながら十分なヒアリングの時間がなかったため，労務問題については詳細な情報を得ることはできなかった．しかし，高度情報化の進展がかつてのフランス企業の複雑な労務構成をフラット化した事例として注目に値するものと言えよう．

21) B–C社はかつてはリヨン市内に工場を持つ中小規模のプラスチック成形メーカーであったが，米国のITWグループに吸収合併されることで大手樹脂成形部品メーカーの一部門となり，その経営形態を一変させた．B–C社は目下生産形態の変貌過程にあり，ITWグループの部門として定着化するまでに，これから多少の期間を要するものと思われる．

22) B–C社は以前，中規模の樹脂成形メーカーであったところから，いかに多品種少量生産に対応するかが重要な戦略基点であった．しかし，現在では製品種類を整理し，コア・コンピータンスに絞り込むことが経営戦略の基本柱となりつつある．また，そうした中核となる製造品の生産効果を上げるために，加工―組立ラインを直結させ，生産ラインの一貫化レイアウトの取り組みが生産合理化のキーポイントとなっている．また，これらの問題と関連して，従来関わってきた多品種少量部門の選別化，アウトソーシング化も重要な課題となっている．

23) B–C社の多能工制の導入も注目される．同社の取り組むMulti Skill, Multi Competenceは，これまでのフランス経営では考えられない仕事幅の広い多能工制であり，はたしてこのようなMulti Skill, Multi Competenceがフランスのような風土に定着するか，極めて興味ある取り組みと言える．

参 考 文 献

中央大学経済研究所編『構造転換下のフランス自動車産業』中央大学出版部，1994
松村文人著『現代フランスの労使関係』ミネルヴァ書房，2000
安保哲夫編著『アメリカに生きる日本的生産システム』東洋経済新報社，1991
安保哲夫編著『日本的経営・生産システムとアメリカ』ミネルヴァ書房，1994
㈶社会経済生産性本部『主要国企業におけるJapanizationに関する調査研究』，2000.7

㈶社会経済生産性本部『日本的経営手法の移転に関する調査研究』，2001・4
㈶社会経済生産性本部『東アジアにおける日本型経営の変化等に関する調査研究』，2002・4

第 4 章

中欧・ハンガリーの自動車産業と日本企業
――マジャール・スズキと日系サプライヤーの現地経営――

はじめに

　かつて旧東欧諸国と位置づけられていたポーランド，チェコ，スロバキア，ハンガリーは体制転換と資本主義経済への移行過程の下，地理的に東に位置するバルト 3 国やルーマニア，ウクライナなどと区別して，かつての呼称，中欧（Central Europe）に位置している．中欧 4 カ国をはじめ，バルト 3 国など 10 カ国は 2004 年 5 月に新たに欧州連合（EU）へ加盟したが，わけても GDP 規模と人口，外資導入規模の面で中欧 4 カ国のプレゼンスは高い．

　中欧 4 カ国のうち，ポーランド，チェコ，ハンガリーはドイツ，オーストリアと国境を接し，西側諸国の企業のアクセスは他の EU 新規加盟国に比べて地の利を有している．事実，かつて EC（欧州共同体）は，1989 年，「中・東欧で体制転換の動きが始まると直ちに，『対ポーランド・ハンガリー経済再建援助計画（PHARE）』を打ち出」し，これらの国との経済的つながりを促進しようとしたのである（島野・岡村・田中編（2002））．一方，市場経済化を進める中欧 4 カ国は EU 加盟を前提とした欧州協定締結後（1991 年），資本の自由移動を進める一方，1996 年には EU 側による一般工業製品輸入関税が撤廃されるなど，着実に西側諸国との経済的関係を強化してきた．

こうした EU 側からの対中欧諸国支援と中欧 4 カ国による市場経済化と諸制度の EU 基準への適合，外資導入による経済発展路線が，双方の経済的結びつきを一層強固なものとしている．EU の対外投資先としては中・東欧地域がアメリカにつぐ地位を確立しており，すでに 1990 年代前半期には「ポーランド，ハンガリー，チェコの 3 カ国がドイツを中心とする EU 企業の国際分業の一環に完全に組み込まれ」ていたともいわれている（前掲，島野他編）．

このような状況下，日本企業の欧州事業が中欧 4 カ国の経済プレゼンス向上に無関係でいられなくなるのは必然であった．欧州企業と厳しい競争を展開している日本企業あるいは現地の日系企業にとっても，中欧 4 カ国は極めて重要な地理的戦略的な位置づけとなってきたのである．そこで本章では，次節で中欧 4 カ国の概要と工業化，投資・事業環境を比較概観・整理する．続いて，日本の自動車メーカーが中欧で初めて完成車組立工場を設立し，日系部品企業がいち早く進出を果たしてきたハンガリーに焦点を絞り，日系現地企業オペレーションの現状と課題，今後の戦略展開の方向を探ることとする．

第 1 節　中欧 4 カ国の経済概要，工業化・海外直接投資，投資・事業環境比較

冷戦構造の崩壊後，中欧 4 カ国は 1990 年代初頭の混乱期を経て，市場経済と民主的政治体制の整備，欧州諸国からの資本導入政策を機軸とした経済発展と国民生活の向上を実現しようと挑戦を続けてきた．このプロセスを詳しく振り返る余裕はここではないが，中欧 4 カ国の 1990 年代後半から現在までのマクロ経済パフォーマンスをまず概観し，工業化と海外直接投資の推移，投資・事業環境を比較してみよう．

1. マクロ経済パフォーマンス

まずは中欧 4 カ国の基礎的データを見てみると（表 4-1），6,000 万人を超える人口を抱える中欧 4 カ国の中でも，人口規模で群を抜くポーランドは EU の中でも独英仏伊西につぐ人口大国である．チェコおよびハンガリーはギリシャ

表 4-1 中欧 4 カ国の概要（2002 年）

	ポーランド	ハンガリー	チェコ	スロバキア
人口	3,861 万人	1,015 万人	1,019 万人	538 万人
GDP	1,885 億ドル	651 億ドル	695 億ドル	237 億ドル
1 人当たり GDP	4,884 ドル	6,476 ドル	6,822 ドル	4,403 ドル
対 EU 平均比[1]	41.0%	52.0%	61.0%	51.0%
就業構造 1 次産業[2]	19.2%	6.1%	4.9%	6.3%
同　　2 次産業	30.7%	34.5%	40.5%	37.1%
同　　3 次産業	50.1%	59.4%	54.6%	56.7%
輸出比率（対 GDP 比）	28.0%	61.0%	71.0%	73.0%

（注）1）購買力平価に基づく対 EU 平均比
　　　2）2001 年第 2 四半期のデータ
（出所）Peter Havlik et al. (2003), European Commission (2003)

やベルギーと同規模の 1,000 万人，スロバキアに至ってはその半分でフィンランドと同水準にある．

4 カ国の GDP はポーランドがその人口規模からハンガリーとチェコの約 3 倍の規模となっているものの，1 人当たり GDP に換算するとハンガリーとチェコはポーランドのそれを上回っている．また，注意すべきは購買力平価から見た 1 人当たり GDP の対 EU 比較水準である．これによれば EU を 100 としたとき，チェコの 1 人当たり GDP 水準が最も高く 61%，ついでハンガリー 52%，スロバキア 51%，最も低いのがポーランドで 41% に留っており，国土・人口で勝るポーランドが経済的豊かさの面では後塵を拝している．

各国の産業別就業人口比率によれば，ハンガリーとスロバキアの 2 カ国は先進工業国並みの水準に近い状況となっている．他方，ポーランドは 4 カ国中最も第 1 次産業人口が高く約 20% を擁し，反対に第 2 次・第 3 次就業人口比率は最低の水準で工業化・サービス経済化が他の 3 カ国に比べて遅れている．また，チェコは第 2 次産業人口で 40% を占めており，工業の比重が依然として高い水準にあることがうかがわれる．

次に，各国の GDP に占める輸出額の比率を見てみると，西側の外資導入が進んできたチェコ，スロバキア，ハンガリーでは GDP 比で 60〜70% もの財・

表4-2　中欧4カ国のマクロ指標（2002年）

	ポーランド	ハンガリー	チェコ	スロバキア
GDP成長率	1.4%	3.3%	2.0%	4.4%
失業率　%	19.9%	5.8%	7.3%	18.5%
インフレ率	1.9%	5.3%	1.8%	3.3%

（出所）Peter Havlik et al. (2003)

サービスが輸出に向けられている．外資による輸出向け加工組立型工場が多数誘致され，EUを中心に完成品や中間財などの輸出が伸びている状況を反映している．しかし，ポーランドのみがわずか28%と低水準に留まっている．

表4-2によれば，4カ国の2002年におけるGDP成長率，失業率，インフレ率を見ることができる．経済のグローバル競争激化の中で各国ともGDP成長率は鈍化する傾向にある．ポーランドは19.9%もの高失業率という問題を抱えながら，GDP成長率も4カ国中最も低い水準にある．ハンガリーは成長率，失業率ともに良好なパフォーマンスといえるが，4カ国の中では最もインフレ率が高い．チェコは7%台の失業率を抱えながらも，低成長，低インフレで推移しており，EU諸国並の経済パフォーマンスとなっている．スロバキアは4カ国の中では最も高い4.4%のGDP成長率であるものの，失業率が18.5%と高く，インフレ率も2番目に高い水準となっている．ここからは，チェコとハンガリーの2カ国が移行経済過程の中で，低成長の下で高失業率問題を克服しつつあり，スロバキアは成長率がインフレを伴いつつも失業問題を克服できない状況で，またポーランドは成長率・インフレともに低水準で高失業問題を内包しているという，各国の経済事情がうかがわれる．

2. 工業化の過程と外資導入状況

前項において中欧4カ国の経済状況を概観して，それぞれの国が移行過程を経て独自の特性と経済的成果，現状を有していることを述べてきた．ここでは1990年代後半以後，4カ国の工業化過程と外資導入について簡単に見ていきたい．

ウィーン比較経済研究所の年次報告によれば（表4-3，表4-4），各国の工業生産高対前年比と平均賃金の推移（1996～2002年）が示されている．工業生産高対前年比を見ると，1997年にポーランドとハンガリーで高い伸び率を示していたものの，ハンガリーがその後も3年間は高い水準を維持したのに対して，ポーランドは2002年に至るまで低い伸び率に留まってしまっている．両国の工業生産高について1995年を基準に2002年で換算すると，ハンガリーは179.2%の成長率を，ポーランドは141.1%の成長率という結果となる．

一方でチェコとスロバキアでは，ともに1999年のマイナス成長以後，工業生産高の回復が著しく，2001年から2002年にかけてはポーランド，ハンガリーに比べて高い成長率を記録している．しかし，チェコおよびスロバキアの両国の1995～2002年における工業生産高の成長率換算では，それぞれ23%，33%に留まる結果となっている．

表4-4によれば，4カ国ともに1990年代後半以降，平均賃金が徐々に上昇していることが理解できる．1996年に4カ国平均で月額賃金が250ユーロ

表4-3 中欧4カ国の工業生産高伸び率（対前年比）%

	1996年	1997年	1998年	1999年	2000年	2001年	2002年
ポーランド	8.3	11.5	3.5	3.6	6.7	0.6	1.5
ハンガリー	3.4	11.1	12.5	10.4	18.1	3.6	2.6
チェコ	2.0	4.5	1.6	−3.1	5.4	6.5	4.8
スロバキア	2.5	2.7	5.0	−2.7	8.6	6.9	6.5

（出所）Peter Havlik et al. (2003) : Transition Countries in 2003

表4-4 中欧4カ国の平均賃金（月額：ユーロ）

	1996年	1997年	1998年	1999年	2000年	2001年	2002年
ポーランド	259	288	314	401	472	557	553
ハンガリー	245	272	281	305	337	403	504
チェコ	285	299	323	343	379	430	510
スロバキア	212	243	253	243	268	286	316
4カ国平均	250.25	275.5	292.75	323	364	419	470.75

（出所）Peter Havlik et al. (2003) : Transition Countries in 2003

だったのが，2002年には約1.9倍の470ユーロにまで上昇している．ただ，ポーランド，チェコ，ハンガリーの3カ国では2002年に500ユーロを超えている一方で，スロバキアのみが316ユーロと極端に低い水準に留まっていることは特徴的である．平均賃金最高値のポーランドはスロバキアの1.75倍の553ユーロとなっており，人件費という点だけを取れば，スロバキアは他の3カ国に比べて外資誘致において優位な側面を持つことが明らかである．

中欧4カ国が体制転換後，外資をどれほど誘致してきたかを見ておく必要がある．1989年から2001年にかけて各国が受け入れた海外直接投資の累計額は，ポーランドが最も多額の誘致実績で累計額384億ユーロ，ついでチェコが301億ユーロ，3番目がハンガリーで243億ユーロ，そして最後にスロバキアのみ1桁下がって63億ユーロとなっている．

歴史的に見れば，体制転換後，もともと民営セクターを許容してきたハンガリーが最も早く海外直接投資を引き付けて誘致してきた．1991年の実績でハンガリーが誘致した投資額は累計で21億ドルとなっており，その時点ではチェコの4倍であった（Csaki & Karsai（2001））．1996年までハンガリーの外資誘導における首位の座が続いた後，ポーランドに取って代わられて，投資の中心地はポーランドとチェコへと移ったのである．

近年，国土面積と人口で大きく勝るポーランドへ海外投資が向けられた結果，外資が必要とする人材の供給不足を惹起し，それ故に平均賃金が各国に比べて高い水準となっているものと推察される．他方，スロバキアは海外直接投資が他国に比べて大幅に少ない状況ではあるが，2002年度から他の3カ国が減少傾向に転じる一方で，スロバキアのみ大幅な受入額の増大となっていることには注意を要する．

外資導入に伴い，各国は工業化と経済発展を図ろうとしているわけだが，投資に当たって注目すべき点である各国の労働生産性を比較してみよう（表4-5）．1996年から2002年における労働生産性の対前年比伸び率では，2000年に至るまでポーランドとハンガリーにおいて2桁の高い伸び率を記録し，他の2カ国より高いパフォーマンスを示している．しかし，1995年を基準に2002年

表 4-5　中欧 4 カ国の生産性伸び率の推移（対前年比％）

	1996 年	1997 年	1998 年	1999 年	2000 年	2001 年	2002 年
ポーランド	9.1	11.2	4.7	11.8	13.6	4.2	7.4
ハンガリー	9.4	13.7	11.9	10.5	18.3	4.8	5.1
チェコ	8.6	9.2	3.7	1.7	9.5	5.5	6.5
スロバキア	2.5	4.8	9.1	0.2	12.1	5.9	6.3

（出所）Peter Havlik et al. (2003) : Transition Countries in 2003

の労働生産性伸び率を測ると，ポーランド 180.5％，ハンガリー 200.4％，チェコ 153.9％，スロバキア 148.2％ となっており，外資導入金額で 3 番手だったハンガリーが最も高い労働生産性を実現している．最近では，ハンガリー投資庁は同国の労働生産性の高さを前面に出して，海外直接投資のさらなる誘致促進材料として積極的に PR しているほどである．

これらの中欧諸国の海外直接投資誘致機関が公表するデータ（累計投資額）によれば，直接投資上位国はドイツ，オランダ，オーストリア，フランス，アメリカ，イタリアが常に上位に位置している．フランスがポーランドで首位となっている他は，3 カ国ともドイツが 1 位となっており，ドイツの中欧における経済的プレゼンスの大きさを物語っている．1 件当たり投資総額の大きな巨大案件では，アメリカ，オランダ企業の存在感も無視できないところである．

業種別でいえば，4 カ国で若干の差異はあるものの製造業の海外直接投資が最も多く，その他，金融，エネルギー，食品加工，物流などの分野が上位に挙げられる．

ところで日本からの直接投資状況では，中欧 4 カ国へ進出あるいは進出を決めた日本企業の総数は 291 社にのぼり，製造業だけを見てみるとこの 3 年間で 123 社へ倍増しているという（表 4-6）．

製造業の中でも，とりわけ自動車関連の企業進出件数が抜きん出る格好で，全体の約 6 割を占め，直接投資の牽引力となっている．

最近，特に目立つのがトヨタ系の自動車部品メーカーのチェコへの進出と進出計画で，すでに工場を建設中といわれるのはデンソー，アイシン精機，東海

表4-6 中欧4カ国へ進出・計画中の日本企業(2003年3月)

	製造業	販社その他	総数
ポーランド	26 (18)	48	74
ハンガリー	33 (19)	54	87
チェコ	56 (29)	62	118
スロバキア	8 (5)	4	12
合　計	123 (71)	168	291

(注) かっこ内は自動車関連企業
(出所) 『日本経済新聞(夕刊)』2003年8月19日号

理化,豊田工機,愛三工業など大手有力メーカー群である.トヨタ・プジョーの合弁工場がチェコに建設されるのを契機にした,トヨタ系部品メーカーの進出ラッシュといえる.他方でも,フォルクスワーゲン・スロバキアが日米向け輸出車の生産能力強化を打ち出したり,マジャール・スズキが新工場を隣接地に増設する計画であるなど,中欧諸国における欧州の自動車生産拠点としての重要性がますます増大してきている状況となっている.

3. 投資環境・制度の比較

中欧4カ国は経済成長の促進と失業率の引き下げ,社会の安定のために海外直接投資による工業化・雇用創出を志向し,積極的な受け入れ体制づくりを行い,競争してきた.各国はそれぞれの事情に応じて制度・インフラの整備を行い,外資誘導に励んできた.以下では,各種制度を比較してみたい.

表4-7はJETROウィーンセンターでとりまとめた各国の制度比較表である.ただし,これらの制度は2004年のEU加盟以前のものであり,EU加盟に伴い,各種の優遇措置・諸制度の変更・廃止がその後出てくるものと予想されるが,ここではそこまでカバーしていない.

まず法人税率では,ハンガリーが最も低く18%,スロバキアは25%,ポーランドは27%,チェコが最も高く31%となっている.しかしあくまでもこれは基本税率であって,各国は外資を引きつけるために各種の優遇税制プログラムを整備している.

第4章　中欧・ハンガリーの自動車産業と日本企業　147

表4-7　中東欧諸国の投資優遇政策一覧（2003年現在）

	ポーランド	チェコ	スロバキア	ハンガリー
法人税	【法人税】 27%（2004年から22%） 【投資支援法】2002年5月施行 （概要） ・投資額の25%（地域により、20%、15%）を上限に補助 ・新規投資に関するインフラ整備に対して地方自治体の補助 （対象） 下記いずれかに該当する場合： ・1,000万ユーロ以上の新規投資 ・50万ユーロ以上の投資、かつ5年間100名以上の雇用を維持 ・20人以上の新規雇用を創出、その雇用を5年以上保障 ・新技術導入に関するものまたは「環境保全に優しい技術」の導入に関するもの 【特別経済区】 （概要） ・特別経済区（SEZ）は、地域経済振興、雇用拡大を目的、失業率の高い全国14カ所に設置されている。SEZ への投資については、次の優遇措置を受けられる ・大企業：投資額の50％（クラクフのテクノロジーパークは40%）まで法人税、所得税免税 ・中小企業：投資額の65%（クラクフのテクノロジーパークは55%）まで法人税、所得税免税 ・地方自治体により、不動産税免除も（対象・最低投資額） ・投資額100,000ユーロ以上かつ5年以上の事業活動を行う企業	【法人税】 31% 【優遇税制】 （概要） 新規企業設立の場合は10年間、既存企業における投資の場合は5年間、法人税全額免除 （対象） ・グリーンフィールド型投資形態 ・航空・宇宙関連機器、輸送関連機器、コンピューター、インフォメーション・テクノロジー関連機器、エレクトロニクス、電波・通信関連機器、製薬に係る製造業 ・上記以外の製造業で、生産ラインへの投資額の50%以上が政府の定めるリストに記載されているハイテク関連機器であるもの ・機械類への投資が総投資額の40%を超えるもの ・環境保全に対する負荷が小さい生産（最低投資額） ・3年平均5％超の失業率の地域100 mnCZK（約3 mnEUR） ・3年平均5％超の地域350 mnCZK（約11 mnEUR）	【法人税】 25% 【優遇税制】新投資促進法（2002年1月施行） （概要） ・外国資産比率条件を撤廃（外国企業を国内企業と同等に扱う） ・法人税100%返還を最長10年間適用（対象） （最低投資額） ・4 mnSKK（900万EUR） ・失業率10%以上の地域→2 mnSKK（450万EUR） ・事業拡大を目的とした追加投資にも適用 ただし、次の条件あり ・GDPがEU平均の75%以上の地域あるいは指定サービス業によるもの ・売上の80%以上が製造業あるいは指定サービス業によること ※また、優遇税制適用には国家補助局の承認が必要	【法人税】 18% 【優遇税制】 （概要1） ・10年間（適用期限2011年末）法人税100%免除 （最低投資額等） ①製造業への100億HUF（約42 mnEUR）以上・新規雇用500人以上（製造開始の翌年から適用） ②政府指定の振興地域→製造業への30億HUF以上の投資で、100人以上の新規雇用がある場合（同上） （概要2） 研究開発活動に費やした直接経費の100%を法人税から控除 法人税100%免除 （概要3） ・投資価値が100億Ft以上（指定地域では50億Ft以上）の年から4会計年、平均して500人の雇用各増大を果たすか、サービスでの50%以上をハンガリー登記の中小企業から調達 ・投資額の50%を生産機械から受けること、施設や機械の近代化に対するのは投資額の20％を越えないこと ・指定地域における投資最低額50億Ftから30億Ft以上に1会計年未満、もしくは5億を超えないこと ・控除額が1会計年につき、税引前利益総額の25%未満 ・税優遇措置は投資が完了した次会計年から受けつづけることができ、その後4会計年または投資完了年から4会計年可能

	ポーランド	チェコ	スロバキア	ハンガリー
雇用創出	・新規雇用1人につき4,000ユーロを上限に補助。ただし、総額は新規雇用の2年間の労働費用を上限。 ・雇用者の訓練にあたり、1人につき1,150ユーロを上限に補助	高失業率地域への投資（対象は優遇税制と同じ）に対し、当該地域の失業率に応じて： ・1人当たり最高20万CZK（約6,300EUR）までの新規雇用補助金交付 ・訓練費用の最大35％を補助		
地域開発工業団地		低価格用地の提供、地元自治体への補助による製造プラント建設地のインフラ整備	工業団地取得のために国庫から自治体に対して、インフラ整備建設資金（土地リース、技術施設）の7割までの助成金を交付 （適用条件） ・工業団地の開設主体が自治体であること ・開設済みの工業団地も適用可	
関税等	・輸出品、国際運輸等の特定サービスはVAT免除 ・投資資材輸入に対する関税減免	・製造プラントに対するカスタム・フリーゾーンの認定 ・機械・設備（製造後1年以内のもの）の輸入に対する関税及びVATの免除	・ハイテク機械および部品 HS84, HS85 は、新製品に限り輸入関税ゼロ（対象企業） 1999年9月以降に設立された製造業および指定サービス業で、外資による企業 ・輸出品は VAT 免除	・カスタム・フリーゾーン（保税倉庫、保税工場）に認定されると、輸入した設備などを無税で輸入できる ・国外向けサービス、輸出、医薬品はVAT免除
備考	特別経済区に対する法人税減免などの各種優遇措置は、EUの勧告を受けて2000年12月末に廃止し、2001年1月から「新経済活動法（ビジネス活動法、特別経済区法）」を施工した。また、2002年5月に特別経済区に限らない全国を対象にした投資支援法を施行した	戦略的サービス（特品）及び技術開発センター（顧客センター、ソフトセンター）、生産ライン等の改良등生産に直結するイノベーション活動を行うプロジェクト（に関連する投資プロジェクト）に対し、以下のインセンティブを導入事業活動補助金…事業コストの50%を上限給付。最長10年給付 1）一般訓練費コストの60%、特別訓練補助金…一般訓練コストの35%を上限として給付。適用条件： 2）戦略的サービス（高失業地域50名、最低雇用創出数50名、最低投資額50mnCZK（高失業地域の例外あり）、最低雇用創出数15名、外部委託専門家が40%未満、売上の50%以上が輸出向け等		特設奨励業種と法律によって指定されているものは、原則、国内の経済成長、雇用創出に貢献すると考えられる投資、また主に東部の社会的・経済的に開発された地域への投資、中小企業の運営に関する研究開発がなされる投資には優遇措置が与えられる

（出所）ジェトロウィーン・センター資料より

例えばポーランドは投資支援法に基づき，1,000万ユーロ以上の新規投資を行う外資に対しては，投資額の25%を上限に補助金を交付する．特別経済区においては大企業の場合，投資額の50%まで法人税・所得税を免税し，中小企業の場合は同様に65%の免税制度を実施している．

　ハンガリーは，100億HUF（ハンガリーフォリント）以上の投資額，かつ新規雇用500人以上などを条件に，10年間の法人税の100%免税措置を実施している．同様にチェコでは新規企業設立の場合は10年間，既存企業の投資については5年間の法人税免除（ともにグリーンフィールド型の投資），スロバキアでは最低投資額900万ユーロ以上の新規・追加投資に対して法人税を10年間にわたり返還することとしている．

　各国では，国内に経済発展する地域と，低開発のままの地域が混在しているため，後者への投資を促進するために様々な低開発地域への投資優遇措置をとって，国内の地域経済格差の改善に外資を利用している点で共通点を持つ．

　関税について見てみると，ポーランドでは輸出品，国際運輸などの特定サービスについての付加価値税を免除，あるいは投資資材の輸入関税減免措置を実施している．ハンガリーではカスタム・フリー・ゾーン（保税倉庫，保税工場）に認定された場合，生産機械や設備などを無税輸入できる措置が行われている．また，チェコでは保税工場の認定や機械・設備輸入に対する関税・付加価値税の免除を，スロバキアでは外資によるハイテク機械や部品などの新製品輸入に限り関税をゼロにする措置を講じている．

　ポーランドとチェコにおいては，雇用創出に伴う優遇措置も設けている．ポーランドは新規雇用1人につき4,000ユーロを上限に補助，また雇用訓練1人につき1,150ユーロを上限に補助している．チェコでは高い失業率地域への投資に対して1人当たり最高で約6,300ユーロの補助金交付や，訓練費用の最大35%を補助するとしている．

　しかし，こうした優遇措置や各種税制面が外資誘致へのインセンティブとなってきたことに間違いないが，これらの措置は2004年5月のEU加盟によって縮小ないし廃止されていく可能性が高い．まず，工業団地におけるカス

タム・フリー・ゾーン（CFZ）での設備・資材輸入関税免除は廃止され，EU競争法に基づく投資優遇措置の適用により10年間法人税免除などが縮小改変されるなどが予想される（JETRO (2003)）．逆にEU加盟のメリットとしては，EU地域をはじめとした輸入関税の引き下げ，通関の円滑化，諸制度手続きの簡略化などが享受できる．

　このような事情も反映してか，中欧諸国のいくつかの国では，さらなる展開を見せ始めている．つまり，スロバキアとポーランドが法人税の引き下げを行うことにしたのである．スロバキアは2004年から，それまでの税率25%をハンガリー並みの19%へ，ポーランドも同様に27%から19%へ引き下げる計画である（『日本経済新聞』2003年7月21日号）．さらにハンガリーは負けじとばかり2004年に16%，2006年に12%の法人税率としたいという．すでに欧米系の家電・情報機器工場のハンガリー撤退が一部で出始めている状況下で，手厚い外資優遇措置なき後の現地外資工場への継続的な操業インセンティブを考慮したものと推察される．財政収支赤字から脱却できていない中欧各国の法人税引き下げ競争は，将来的な財政健全化よりも一層の外資の誘致と撤退阻止を優先したきわどい政策展開といえる．

　以上見てきたように，中欧4カ国の体制転換後，各国は企業の民営化と外資誘導による工業化を推進するために様々な優遇措置を講じて，一定の成果を得てきた．EUをはじめ日米企業にとってもこれらの投資促進措置とドイツに比べて6分の1といわれる低賃金労働力は大いに魅力的であったことから，製造業を中心に直接投資は現在進行形で行われ続けている．とりわけ自動車産業におけるグローバリゼーションと中欧4カ国の自動車関連直接投資は密接な関係を示しており，現地へ進出している日系メーカーの現地経営を上記の文脈でどのように理解すべきかを考察することは一定の意義があるだろう．

第2節　ハンガリー自動車産業とマジャール・スズキ

ここではまず，ハンガリーにおける自動車産業を概観しつつ，マジャール・スズキの同国における位置づけを確認しておこう．

1. ハンガリー自動車産業

ハンガリーは旧コメコン体制下においては，乗用車生産が旧ソ連，旧東ドイツ，チェコ，ポーランドなどに割り当てられた関係上，コメコン諸国向けのバスの生産拠点であった．従って計画経済下で国有のバス・商用車メーカー（Ikarus, Raba）とその系列サプライヤーが存在したが，同国の産業全体に占めるプレゼンスは決して高いものではなかった．

そこへ中欧諸国の体制転換が起こり，資本主義の導入と民主化が進む中，欧州諸国に比べて圧倒的な低賃金と欧州市場へのアクセスの利便性から乗用車およびエンジン生産拠点の設立を目的にオペルとスズキが1991年に，エンジン生産拠点としてアウディが1993年にハンガリーへ進出した．

これら外資3社の生産拠点の稼働開始とともに，ハンガリーの自動車産業はそれまでの民族系バスメーカーから外資乗用車メーカー3社に同国の自動車産業の主役の座を取って代わられることとなった．それを如実に表しているのが同国自動車産業の貿易動向の推移である（表4-8）．

表4-8　ハンガリー自動車産業の輸出入推移（単位：100万 HUF）

		1992年	1993年	1994年	1995年	1996年	1997年	1998年	1999年	2000年
輸入	乗用車	24,132	35,597	53,958	52,165	50,604	79,781	134,889	179,577	210,135
	バス	959	1,058	1,493	1,167	1,119	1,334	1,763	3,486	3,114
	トラック	12,831	18,161	233,390	24,709	28,295	44,370	72,598	82,623	91,903
	自動車部品	6,992	14,939	21,853	18,937	49,556	53,670	103,859	178,062	225,301
輸出	乗用車	1,798	4,735	13,793	23,522	53,086	62,677	117,646	320,117	405,116
	バス	17,840	22,292	11,541	14,231	16,097	41,765	25,053	18,260	25,420
	トラック	539	662	945	1,696	1,660	1,900	1,715	3,233	2,404
	自動車部品	16,028	17,157	22,411	30,962	43,688	66,722	112,752	145,540	205,951

（出所）JETRO『ユーロトレンド』2002年7月号

これによれば，1992年ではバスの輸出額が乗用車のそれを大きく上回り，その格差は10倍程度であった．ところが1994年頃から外資メーカーの乗用車生産・輸出が軌道に乗り始めてくると，乗用車輸出額がバスのそれを上回り，2000年では乗用車輸出4,051億HUF（ハンガリー・フォリント）に対してバス輸出額はわずか254億HUFとなっている．

ただし，バスの生産に限っていえば，他の中欧諸国に比べて歴史と実績を積んできた背景もあり，バスの輸出は堅調に推移し貿易黒字に大きく貢献している重要部門であることは間違いない．

他方，自動車部品に関しては，外資メーカーの完成車生産の増大とエンジン・キーコンポーネント部品の組立台数の増加に伴って輸入額も増加の一途をたどっており，外資部品メーカーの生産拠点からの輸出額も増えているが，それを輸入額が凌駕している状況が近年続きそうである．

では，ハンガリーの自動車生産規模がどれほどか，表4-9で確認しておこう．体制以降直後の1990年では，ポーランドでは年間約30万台，チェコでは約24万台，ハンガリーはわずかに8,000台にすぎなかった．その後，ハンガリーは外資による完成車組立が増大するのにあわせて拡大の一途をたどり，1998年には10万台を超え，2002年では約14万台を生産するまでとなっている．直近の数字によれば，ハンガリーのかつての主役であったバス・トラックなどの商用車は年産3,000台を超える程度で，全体の2％を占めるにすぎないものとなっている．

ポーランドは2000年に50万台へ拡大したものの2002年には急激に生産台

表4-9 中欧3カ国の乗用車生産台数の推移（単位；1,000台）

	1990年	1995年	1998年	2000年	2002年
ポーランド	306	364	421	505	310
チェコ	238	228	378	455	447
ハンガリー	8	48	105	137	142
3カ国合計	552	640	904	1,097	899

（出所）JETRO『ユーロトレンド』2002年7月号，日本自動車工業会

数を落とし，チェコは45万台まで生産を増大させてきている．ハンガリーはそれらには遠く及ばないものの，着実に生産台数を増やしながら，中欧地域における重要な自動車生産国としての一定の地位を築きつつあることは相違ないものといえる．

このように，ハンガリーの一国経済においても自動車産業はその鉱工業生産高で約半分を産出し，雇用者数約7万人を擁するほどの重要産業となっている．その中でもとりわけ先ほどの完成車メーカー3社をはじめ，先進各国から進出してきた外資系部品メーカーが牽引役となっており，一方，民族系自動車関係企業は相対的に小規模・小資本で1次サプライヤーはわずかにとどまり，そのほとんどが2次・3次サプライヤーか資材・サービス企業といわれている．

ハンガリー自動車産業を概観してきたところで，同国における完成車メーカーの生産体制を比較しながら，マジャール・スズキの特徴を明らかにしていこう[1]．

すでに指摘したように，ハンガリー進出で先んじていたのはマジャール・スズキとオペル（旧GMハンガリー）の2社で，完成車組立（エンジン組立含む）を目的として設立された（表4-10）．

表4-10 ハンガリーにおける自動車メーカー拠点の概要

	マジャールスズキ	オペル・ハンガリー	アウディ・ハンガリー
設立年	1991年	1991年（旧GMハンガリー）	1993年
所在地	エステルゴム市	セントゴッタード市	ジョール市
従業員数	1,980名	1,300名	5,100名
生産品目・能力	乗用車組立：8.5万台／年　2モデル（ワゴンR，イグニス）	エンジン：57万台／年　シリンダーヘッド：46万台／年	エンジン：120万台／年　組立：5.5万台／年（2モデル）
現地調達率	25%	エンジン関係：約5%	10%
特徴	・完成車組立中心の唯一の工場 ・欧州への輸出強化 ・現地調達先を積極的に開拓 ・一部モデルでオペルと共同購買	・99年に完成車組立中止 ・以後，キーコンポーネント拠点 ・欧州最大のエンジン工場 ・生産性・品質で高水準	・ドイツ国外唯一の欧州拠点 ・全モデルのエンジンを生産 ・VW，シュコダ，セアト向け含む

（出所）ヒアリングおよびJETRO（2002）による

マジャール・スズキはハンガリー北部のエステルゴム（Esztergom）市の工業団地に進出し，2003 年現在従業員数 1,980 名でワゴン R ＋とイグニスの 2 車種を生産，2002 年度の生産台数は約 8.5 万台となっている．現在ハンガリーではマジャール・スズキのみが完成車組立中心の工場で，イグニス投入前の第 1 弾モデル・スウィフトはハンガリーの国民車的存在となり，1999 年時点ではこのモデルのみ年産で 7 万台が生産されていた．

他方でオペルは当初こそ低賃金利用でハンガリー市場向け完成車組立を行っていたが，域内の完成車輸入関税引き下げと市場競争激化のため方針転換し，1999 年に完成車組立を中止して欧州のエンジン生産の拠点とした．同工場では 1,300 名体制で年間 57 万台のエンジンと年間 47 万台のシリンダーヘッドをはじめ，キーコンポーネント部品を生産する同社の欧州最大のエンジン工場であるとともに，GM グループの重要拠点とも位置づけられている．

1993 年に最も遅く進出したのがアウディで，同社もハンガリーをエンジン生産拠点として立地し，従業員 5,100 名で年間 120 万台のエンジンと 2 車種年産 5.5 万台（全量輸出）を生産している．ここで生産されたエンジンは本社アウディの他，フォルクスワーゲンおよび同グループのシュコダ，セアトなどへ向けて輸出されている．この工場は 2001 年にエンジン R&D センターを設置して，生産，品質向上，設計変更などの対応のために 60 名のエンジニアが常駐している．成果を見ながら本社 Ingolstadt から技術移管がさらに進められていく計画といわれる．

以上のように，外資完成車メーカー 3 社はそれぞれの企業特性と戦略でハンガリー工場をオペレーションしており，特徴的である．マジャール・スズキはスズキグループの唯一の欧州拠点にして，完成車組立中心の工場に位置づけ，ハンガリー国内市場で首位を守りつつ，欧州地域への輸出を強化しようとしている．オペルは完成車生産から撤退して，エンジン・キーコンポーネント部品の生産に集約して，オペル・GM グループへの部品供給拠点として位置づけている．またアウディもハンガリー工場を欧州唯一のエンジンの重要拠点として，部分的な開発機能の移転も視野に入れて能力強化を志向している．オペ

ル，アウディはともにハンガリー自動車市場への完成車供給拠点とは位置づけておらず，欧州地域におけるグループ内での重要部品拠点としている点に共通点があり，ひるがえってそれはマジャール・スズキとは大きく異なる特徴といえる．

このような特徴を持つマジャール・スズキについて，以下ではより具体的な現地オペレーションを見ていこう．

2. マジャール・スズキの現地経営

スズキのハンガリー進出は，同社の欧州拠点ということで，ポルトガル，ハンガリー，チェコ，ポーランド，旧ユーゴといった候補の中から，体制転換後の安定性，民族紛争の危険の低さ，良好な労使環境という点を考慮して決定された．2002年度決算で黒字を計上するに至ったものの，累積赤字の解消は今後の課題に残されている．

マジャール・スズキは進出以来，リッターカークラスの小型車の現地組立を続けてきており，投入モデルはスウィフト，2000年からワゴンR＋と投入して2モデル体制へ，2003年よりワゴンR＋と新モデル・イグニスの2モデル体制で生産を行っている．2002年までの生産台数は着実な推移を見せており（図4-1），年間生産台数8.5万台となっている．そのうち約70％の乗用車が，欧州各国その他へ輸出され，約25,000台がハンガリー市場へ供給される．工場は2交代制で，稼働率は残業を含めて非常に高く，フル操業の状態である．この工場では生産のみが行われ，生産車種の開発はすべて日本のスズキで行われる．

ハンガリーの自動車市場は1998年を境に大きく成長を続けており，それに合わせる形でマジャール・スズキのワゴンR＋投入と生産能力拡大が軌を一にしている状況が見てとれる．

ハンガリーの自動車市場における国内販売シェア（2001年）は，スズキが19.5％で首位，2位がオペルで15.3％，ついで最近猛追しつつあるルノーが10.8％，以下，フォルクスワーゲン8.9％，プジョー7％となっている．マ

図 4-1　マジャール・スズキの生産台数

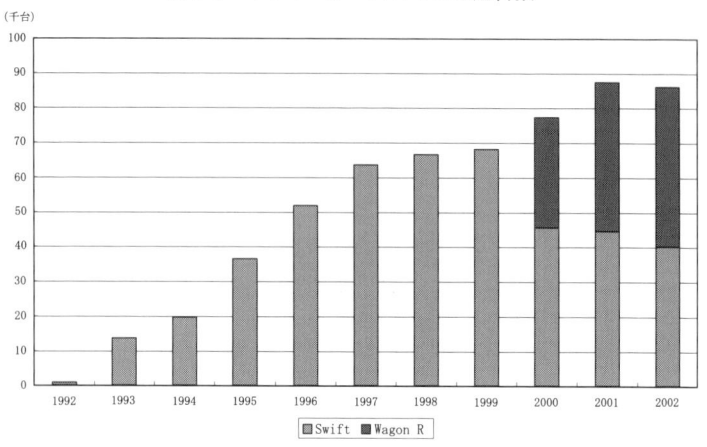

(出所) マジャール・スズキ

図 4-2　ハンガリーの乗用車市場

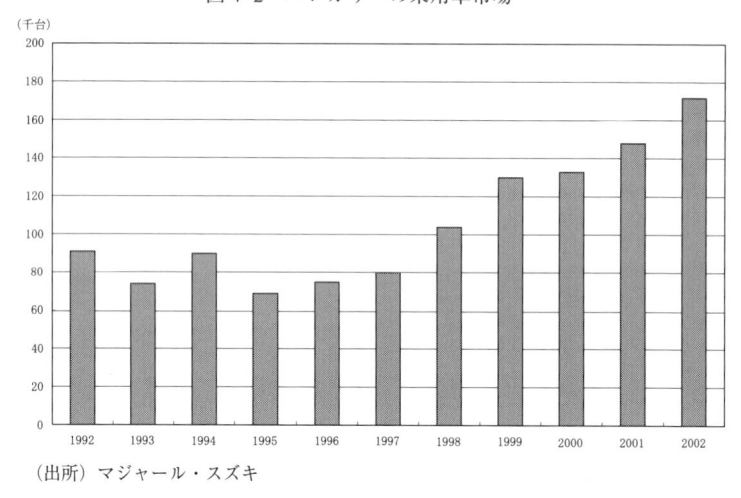

(出所) マジャール・スズキ

ジャール・スズキの現地生産 25,000 台と輸入車約 33,000 台が供給されている結果であり，スズキは同市場で長年首位を維持している．

現在，ハンガリーの自動車市場は年間 20 万台に満たない段階であるが，今後の市場拡大の可能性としては，年間 50 万台程度までは伸張すると予測できよう[2]．同じような人口構成と経済発展を続ける隣国チェコでも国内市場は 15 万台程度，ポーランドは人口が多いだけあり 30 万台程度，スロバキアは 10 万

台程度で推移しており，同様に推計すれば，中欧4カ国でフランスと同規模の，315万台の自動車市場が出現する可能性もある．もちろん推測の域を出るものではないし，現実にはハンガリーを除く中欧3カ国の自動車市場は2001年から2002年にかけて縮小しており，フランス市場並みの市場形成に至るまでにはまだ時間を要するものと思われる．

　小さな市場だが成長軌道を継続しているハンガリー自動車市場の下で，マジャール・スズキは2003年の生産計画を89,000台とし，そのうち52,000台を輸出するとしている．さらに今後2,000億HUF（約1,000億円）を投じて隣接地に工場を増設して，2004年末に20万台の生産体制構築を計画している．同社によれば，GMグループの伊フィアットと小型SUV（スポーツ多目的車）を共同開発することに合意し，フィアット社がデザインを担当しスズキの開発した車台を使う．その共同開発車の生産は，マジャール・スズキの工場で2005年後半から行われる予定となっている．

　このようにマジャール・スズキはハンガリー市場におけるシェアトップを維持するために新モデルを投入し，さらに欧州市場へ輸出を強化すべく，あるいは戦略的なモデルを多国籍チームで開発して生産を担当するために工場を拡張するなど，積極的な事業展開を推し進めつつある．

　マジャール・スズキの部品調達構造は，内製比率29%，日本からの調達が30%，EUのサプライヤーからの調達が15%，日系を含めたローカルのサプライヤーからの供給が25%という構成となっている．日本からはエンジン部品やトランスミッションなど重要構成部品をユニットで輸入して，工場で組み立てている．車体用の金型はすべて日本から持ち込まれてくる．

　同社は今後の生産拡大に向けて調達ネットワークの充実と現地化を進めようとしており，国内を含めた欧州地域の調達先を増やす傾向にある．1997年には欧州地域内の取引サプライヤー数は77社であったが，2003年時点では303社へ3倍を超えて増大しているのである．ところが，取引サプライヤー数は増えていても，地元ハンガリーのサプライヤーは38社から65社への増加に留まっている．この65社には日系サプライヤー19社や外資系サプライヤーも含

まれており，実質的なハンガリー資本の部品サプライヤーは極めて限られたものといわねばならない．

ローカルサプライヤーは大きく3つに分けられており，第1にマジャール・スズキの要求に応えるノウハウと技術を保有するサプライヤー，第2に多国籍企業のハンガリー子会社，第3にマジャール・スズキの要求に応えるノウハウ・技術を保有しないため水準到達のために同社のサポートを必要とするサプライヤーとなっている．少数ではあるが民営化され，開発力や設計力を高めるための投資をして技術力を高めてきたハンガリー資本の中堅サプライヤーが第1のカテゴリーに，日系をはじめとする多国籍企業が第2のカテゴリーに属している．現地調達を高めていくためにも今後大きな課題となってくるのは，第3のカテゴリーに当てはまる現地のローカル中小サプライヤーの育成・支援といってよいだろう．

このカテゴリー3のローカルサプライヤーに対しては，マジャール・スズキが直接行うもの，日系サプライヤーからサポートしてもらうタイプの2つのスキームで育成・支援を行っている．

前者の方では，日本的経営方式として改善，5S，かんばんなどの理論と実践を行うほか，マネジメント・トレーニング，サプライヤー集会を開いたり同業の欧州・日系企業の工場見学を実施するなどベンチマークを利用した教育活動を行っている．

日系サプライヤーにサポートしてもらうスキームとは，マジャール・スズキが日系サプライヤー11社のうちから適当な技術支援パートナーを捜し出し，ローカルサプライヤーと日系メーカーとで技術支援関係を築いてもらうというものである．ただ，イギリスで展開されている日系自動車メーカーらが展開している現地サプライヤーに対する「生産技術支援チームの派遣」といったシステマティックな取り組みと比べると，かなり見劣りしたものと映るが，現状ではやむをえないであろう[3]．

しかも，ここへきて自動車業界のグローバル化と再編成が進む中，スズキグループ内での国際展開とGMグループの中での展開を同期的に行わねばなら

ない新しい段階を迎えつつある．従って，新規にサプライヤーとなるためには，その部品メーカーは，そうした世界同期生産や世界的な供給体制といった，より厳しい審査を要求されていく可能性が出てきている．ハンガリー拠点のみへの供給であったとしても，同社資料によれば，まず ISO 9000 と ISO 14001，QS 9000 の認証取得は必須条件で，さらに経営方針，品質管理，取引実績報告，開発・イノベーション能力，データ・文書管理体制，購買プロセス，調達先のトレーサビリティ，生産体制，技術レベル，資材在庫管理，財務内容といった項目で厳しい審査を経なければならない．

さらにサプライヤーとして取引を開始した後，年に 1 度のサプライヤー評価を品質，購買，物流部門で第 1 段階として，第 2 段階では品質・不良，コスト低減，納入実績と柔軟な対応，イノベーション・開発力といった項目で評価され，A〜D までの 4 段階でランク付けされることになっている．

実際，現地の中小資本にとっては，マジャール・スズキのこのようなサプライヤー取引条件はハードルとして決して低いものとはいえない状況といえる．ただ，中には旧ソ連・ロシアの自動車メーカーの 1 次サプライヤーであった Bakony 社のように，民営化の後，技術力，開発力への投資を行い，マジャール・スズキの新モデル向けワイパーシステムを受注するローカルサプライヤーも存在することも事実である[4]．

ところで，工場の内部で特に目立った点を挙げれば，溶接部門で人手を多くかけて作業が行われていたということである．日本あるいはドイツなど先進工業国の自動車工場では，溶接工程のほとんどが溶接ロボットによって作業されているのに比べ，生産車種 2 モデル合計 6 仕様を生産する工場ではあるが，メインフレーム以外はほとんど手作業によっている．従って，溶接部門の作業者は同国でいう熟練作業者に相当し，マジャール・スズキ全体の平均年齢が 33 歳と若いのに対して，ここだけは中年層の社員が多数を占めていた．溶接部門はそのような理由から，同工場の人件費上昇要因に間違いないものと考えられるが，ロボットライン導入の投資効率は生産台数の面からみると採算性に劣るものと判断されていると推察され，また，現地における雇用創出面や労働意欲

といった別の側面からも，現在のような人手による溶接工程がしばらくは続くのではないかと考えられる．

また他方で，マジャール・スズキの立地するエステルゴム市はドナウ川を挟んでスロバキアと国境を接した位置にある．第2次大戦中に破壊されて，約50年間そのままにされていた国境を結ぶ橋が最近再建され，スロバキアへの移動あるいは逆の移動がしやすくなっている（図4-3）[5]．

先にマジャール・スズキの従業員数が1,980名と紹介したが，実は350人のスロバキア人が毎日，この橋を渡って同工場へ通勤している[6]．川を越えたスロバキア側に入ると失業率が20%を超えており，教育水準の高い労働者を雇えるというメリットを享受しているのである．もちろんハンガリー人を減らしてのスロバキア人雇用ではないという点と，すでにエステルゴム市周辺で日系および外資系メーカー間の人材獲得競争が激化しているという点は，指摘しておかねばならない．

ハンガリー国内の自動車販売トップシェアメーカーであり，かつ，完成車組立の先陣を切って直接投資して設立されたマジャール・スズキは，同国経済における重要なプレイヤーという地位を揺るぎないものとしている．また，毎年夏に社員や地域住民と一体になってスズキフェスティバルを開催するなど，よ

図4-3　ハンガリー・スロバキア国境のドナウ川
（エステルゴム市）

き企業市民として地域にも親しまれる存在となっている．

第3節　日系サプライヤーの直接投資（1）
——マジャール・スズキへの供給拠点——

　これまでの日本の自動車メーカーと部品メーカーの海外直接投資は，欧米・アジア諸国に完成車メーカーが投資を行えば，現地での部品供給をサプライヤー側が求められて同じ国に工場を建設するという基本パターンができあがっている．特に欧米では現地における部品調達率を投資先の国で数値によって規制され，それに応えるために部品メーカーの現地進出が促されてきたのである．日本の代表的完成車メーカー3社が進出した英国では，各工場の生産能力の増大に応じて現地サプライヤーを育成する意義とその関係強化に努めるインセンティブは地元の官民サイドでは高かった[7]．

　マジャール・スズキの場合は先に見たように，現地調達率の義務づけは行われていないものの，やはり現地からの調達で生産コストを引き下げて商品価格を抑えながら販売シェアと輸出台数を伸ばす必要から，日系部品メーカーの一部に現地進出を要請してきた．しかし，スズキのお膝元である静岡県のスズキ系サプライヤーは2003年時点でまだ1社もハンガリー拠点を設立していない．

　自動車巨大市場の北米は別として，日系自動車メーカーの欧州拠点の生産台数を見ると，英国トヨタが年産24万台，英国日産が同33万台，英国本田が同25万台，仏トヨタが同18万台，計画中のトヨタ・プジョーのチェコ合弁工場が年産30万台（予定）となっている．これらと比較すると，マジャール・スズキの生産台数年産約9万台という数字は，非常に低いことが明らかである．今後，同社は伊フィアットとの共同モデル投入や工場拡張による生産能力倍増を計画しているが，それが実現してようやく先の大手自動車メーカーと肩を並べる段階となる．こうした事情から推測すれば，大手メーカー系列サプライヤーに比べて資本規模に劣るスズキ系部品メーカーが，年産9万台の規模で現地進出しようとは考えにくいものと思われる．後に見るように，大手部品サプライヤーであっても，スズキ向けの供給目的というだけで現地経営を行って採

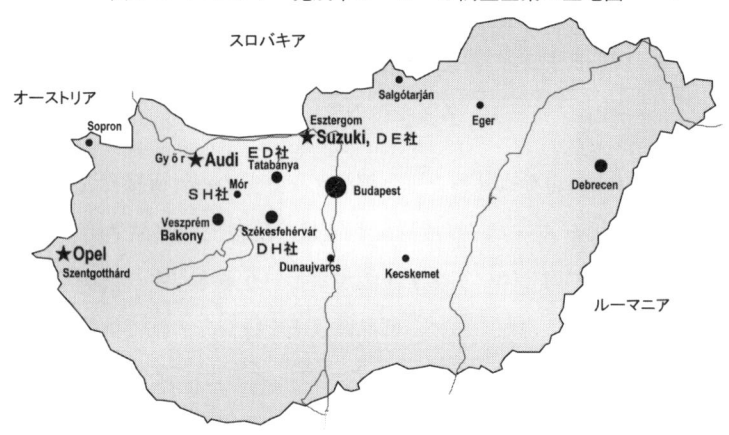

図 4-4　ハンガリー完成車メーカーと調査企業の立地図

（注）★印が完成車メーカー拠点
（出所）ハンガリー投資貿易庁，各社資料より

算が取れるかどうかは疑問視されるのも事実である．

　その結果，スズキから要請を受けてハンガリーに進出し，現地で部品供給をしている部品企業は，いわゆる大手資本に属する部品サプライヤーや中堅クラスで北米事業など海外生産オペレーションを経験済みの有力サプライヤーに限られている．今回調査することのできた日系現地工場はいずれもブダペストより以西の工業団地に進出している（図 4-4）．

　以下では，スズキのハンガリー現地生産に応える形で進出し，現地工場を経営している日系サプライヤー 3 社の事例分析を行う．

1.　MT 用クラッチ部品加工メーカー（ED 社）

　ED 社は日本国内のほとんどの自動車メーカーと取引関係を持つ大手メーカーで，日産の NRP（リバイバルプラン）を機にトヨタ系大手メーカーが株式を取得して，現在，資本構成上はトヨタ系のグループ企業である．

　同社のハンガリー法人設立は他の日系自動車部品メーカーのどこよりも早い 1993 年で，マジャール・スズキの立ち上がり直後であった．この現地法人設立に当たって，スズキ側の要請があったかどうかは定かではないが，ED 社に

とってはスズキとの日本国内での取引関係をさらに確実なものにしていくための戦略的な投資という性格のものであった．つまり，欧州では今でもマニュアル車が主流のため，クラッチ関連部品のサプライヤーは競争力をもっており，仮にマジャール・スズキが欧州サプライヤーからクラッチ部品を調達して，それがコスト的にも品質的にも良いものだとなれば日本でも採用されかねないと，同社では危惧しての現地法人設立だったのである．そこで当初は現地企業から10％の資本出資を受けて生産を開始したのだが，配当が出ないとメリットがないと相手側が申し出てきたため現在，現地資本を引き上げている．

立地先のタタバーニャ市は，合弁先が近いということで，市の工業団地（カスタム・フリー・ゾーン：CFZ）が進出先となった．すでに進出から10年を経ているため，法人税免除期間が切れて一般税率が2003年度から適用される．日本から輸入する部品については免税措置がとられており，このメリットは存続している．

2003年現在，従業員数35名で平均年齢30才，日本人駐在スタッフ2名，工場2交代制で年産20万セットのマニュアルトランスミッション用クラッチ部品の生産を行っている．マニュアル車についてはマジャール・スズキの2モデル全量を受注，供給するとともに，スズキとオペルで共同開発したモデル向けにオペル・オーストリア工場へも供給している．

部品調達については現地調達できるものはゼロで，品質，価格，納期において折り合いがつかないためという．鋳物をはじめドイツ，イギリス，スロバキアからの調達となっている．従って工場では加工機3台で鋳物加工を行い，他の構成部品と組み付けてクラッチユニットとして組立を行っている．

現場作業者は高卒が一般的で英語を話すことはできない．ワーカーとは現地人の事務所兼工場マネジャーを介して指導したり，報告を受けたりする．英語が話せてマネジメントのわかる管理職クラスを追加雇用したいが，なかなか採用できないでいる．毎年10％ほど人の入れ替えが生じており，すでに合弁時代の社員は1人か2人を残して入れ替わっているという．

当初は日本へ研修派遣していたが，その後，同社でISOやQSの認証を受け

て自社研修体制が設けられたのでそれで代替している．人の移動もあってのことか，QC意識が根付くところまではいっていないという．ただ，人によって大きく異なるが，ハンガリー人は「工夫したり考えたりすることが好きな民族」のようで，仕事をしながら治工具の改善をする社員も中にはいるといわれる．こうした活動に対しては，改善報奨金という形で報いている．

マジャール・スズキの受注を取るためには，日本で新型開発が進む中でコンペをかけられ，そこで2割の原価低減要求をクリアした提案を行ってようやく受注に至る．マジャール・スズキ側にしてみれば，欧州メーカーへのスイッチングコストはそれほど高いものとはならない状況にあり，ED社にとっては長年の実績があるからといった安閑とした姿勢ではいられないのが実情である．

すでにED社の工場スペースは拡張する余地がなく，さらなる拡張を行うためには工場移転をしなければならい．マジャール・スズキの2006年体制にどのように対応するかはまだ先が読み切れない段階でもあり，ようやく累積赤字が解消されたことから推測するに，工場移転はあまり現実的ではなさそうである．

クラッチ関係部品の欧州メーカーへの拡販は大手欧州サプライヤーが立ちはだかっており，さらに自動車メーカーの要求する開発，評価・実験面での貢献のための投資を必要とするため，そう簡単ではない．他方でED社の東南アジアやインド拠点でも欧州へ営業活動を活発化させているようで，輸入関税込みでも価格競争力があれば採用される可能性もあるという．

2. 自動車用ワイヤーハーネス製造企業（SH社）

SH社は日本有数の大手自動車用ワイヤーハーネスメーカーである．

SH社は自動車関連部品企業としては早い1996年に進出し，自動車用ワイヤーハーネスの製造を従業員数400名，日本人駐在員3名で行っている．取引先はほぼ全量，マジャール・スズキである．

進出はグリーンフィールド投資でも合弁設立でもなく，当初は現地企業（現地資本バスメーカーのハーネス製造会社）への技術供与から始まった．その理由

は，要請を受けたのがマジャール・スズキ設立間もない1990年代初頭のことであったので，現地企業に対して技術供与してハーネス製造をさせ，納入する形であった．世界で事業展開をしてきたさすがのSH社でも，いきなりハンガリーでの工場オペレーションは先が読めないことを理由にためらわれたのであろう．しかしさらなるスズキからの現地対応を要請され，SH社がグループで74%を出資して技術供与先のローカル企業と合弁会社を設立した．ところが，マジャール・スズキの生産拡大に対応するために追加投資が必要となった折り，現地企業側は採算面を理由に事業の拡大・継続を望まないと申し出たため，SH社グループが株式を全量買い取って1996年，現在のSH社の設立となったのである．工場立地は以前の合弁先に近いモール市の工業団地（CFZ）の中である．

こうした経緯を現地経営スタッフは，勝手のわからない現地経営事情や情報について現地企業を媒介に学びつつ，少額の初期投資で進められた点を評価し，結果的に合弁を解消したことにより顧客の要請に応えられる投資と事業拡大を行えたと総括している．

SH社グループにとって，ハンガリー工場は中欧で初めての拠点でもあり，その後のポーランド，スロバキア，ルーマニアなどでのグループ事業展開のモデルケースともなっている．ハンガリー国内への日系メーカー進出も，同社設立以後の1997年以降，徐々に直接投資が行われるようになっている．

同社の従業員構成はスタッフ70名，工場部門330名となっており，工場は3交代制24時間操業である．現場作業は労働集約的なワイヤーハーネスの組立作業が中心で女性社員が多く，4本ラインでマジャール・スズキの同じモデル向けの生産を行う．現場作業者は当初3カ月のトレーニングを受けてラインに配属されるが，この仕事に向かないと考える人はこの間に離職していく．離職率は1997年には8.2%，2002年は雇用増の影響もあり13.3%とかなり高い．ただ，3カ月の研修をクリアした従業員に限ってみると，3%程度に急減するという．ちなみに現地人管理スタッフは合弁時代から離職ゼロを記録している．

この工業団地内には当社の他に5社の外資企業があるなど，すでに市周辺の労働市場は払底しており，現場作業者は周囲30キロ圏内で募集をかけて，団地内企業で共同運行するバスで通勤させている．現業部門をはじめスタッフの基礎教育水準は高く「勤勉・実直・まじめ」で，とりわけ技術者スタッフは大卒，工科専門学校卒で，優秀であると日本人スタッフは述べている．ただ，コスト意識は社会主義時代の影響か，まだまだ十分ではなく，合理化は解雇につながるとか，なぜ電気の節約をしなければならないのか，といったレベルから教育しなければならない側面を併せもつのも事実である．

2000年より改善活動を導入し，当初は全く理解されなかったが，現在では年間約70件の改善案件が提出されるようになり，積極性もうかがえる．改善提案は1件につき100 HUFのインセンティブが設けられており，半年に1度，改善発表会を実施している．

生産活動に伴う資材・部品調達は，そのほとんどが日本・アジア，EU地域からの調達でまかなわれている．ハンガリー国内での調達はわずか5%で，金属プレート，プラスチック部品，ゴムなど交差の要求が厳しくないものに限られており，供給しているのは現地の中小企業6社である．ローカルサプライヤーを育成するには時間と手間，さらには忍耐が必要だが，じっくりと取り組める状況ではないのが現状であろう．

世界的に自動車業界ではコスト削減圧力が高まっており，特に新モデルのサプライヤー選定の際には，2割から3割の原価低減を要求される形でコンペ方式が普及しつつある．そのためにはVA/VE活動を設計段階から見直し，材料や生産工程まで分析して，スズキの日本での開発段階から積極的に関与して提案を行う必要がある．SH社としては，日本人スタッフを強化させたり，現地人スタッフを育成してローカルサプライヤー育成に乗り出すコストと現地調達比率向上で削減できる利益を秤にかけ，中国などさらに低賃金で生産した製品を輸入するなどを考慮に入れると，現地企業育成はあまり魅力的なものと映らないようである．

スズキのグローバル調達，あるいはGMグループ内でのグローバル調達と

いう流れが今後さらに進んでいくとするならば，スズキの要請で拠点設立した同社といえども，将来的に100％マジャール・スズキの受注が確約されるとは言い難い状況が見え始めている．同社はそれに対して，マジャール・スズキ100％を死守するとともに，新たな事業の柱を育てていく段階にきていると述べている．現在，2000年以降に現地進出してきた日系部品メーカーからハーネス部品製造を受注するほか，ドイツメーカーへの営業活動などを始めつつある．

3. イグニッションコイル製造企業（DE社）

DE社は北米にも2つの拠点を持ち，グループ総勢1,200名強の自動車用イグニッションコイルの専門メーカー（売上の約6割）で，家電・電機向け電子制御部品の製造も行っている．

進出立地先はマジャール・スズキのあるエステルゴム市の工業団地（CFZ）で，2000年に設立，2002年から生産を開始した．DE社のハンガリー進出はマジャール・スズキ対応であることももちろんだが，欧州の三菱自動車工業とダイムラークライスラーの自動車部品合弁会社（MDCP社：独チューリンゲン）へのイグニッションコイル受注決定が大きな要因となった．MDCP社へ供給された当社のイグニッションコイルはエンジンに搭載され，三菱自動車のオランダ子会社ネッドカーで自動車に搭載される．加えて，2004年初めにダイムラークライスラーの小型車スマートにも採用が決まり，搭載される予定である（組立はネッドカーが担当）．すでにアメリカでの現地経営で10年の実績を持つ同社ではあるが，欧州市場は未開拓の分野であったため，ハンガリー法人は日米欧の各自動車メーカーを顧客対象にした戦略投資であると理解される．

同社製品分野の世界的メーカーはボッシュ，ビステオン，デルファイ，デンソー，そして当社グループのビッグ5といわれる．DE社グループを除けば，巨大資本にして複数のキーコンポーネントを供給する複合的部品サプライヤーばかりの構成である．さらにこのほかにも，ドイツ，フランスに大手メーカーが存在する．DE社はこれら大手サプライヤーに対して高品質と製品寿命の長

さを売りとしており，製品開発においては日本のR&Dセンターに60名の開発スタッフを擁して，各メーカーに対する迅速な提案とリアクションを武器に現在の地位を築いてきた．このような同社にあっては，先述したような戦略的拠点として，ハンガリー法人が設立された理由もうなずけよう．

2003年春現在，DE社の社員は32名で，管理・事務・スタッフ部門24名（日本人6名），現場ワーカー8名と極めて間接比率が高い．これは設立間もない同社では，工場長をはじめ生産管理，品質管理，購買，人事，経理など間接部門マネジャーの採用と教育が進められている段階であることによる．特に品質管理スタッフは5名を擁し，ダイムラークライスラー向けの業務に万全の体制で臨む姿勢である．

イグニッションコイル100万個（年）の生産能力をすでに保有しているが，現状ではマジャール・スズキ向けの20万個（年）の供給分のみとなっており，ワーカー8名に対して日本人駐在員と現地スタッフとで生産指導を行っている．マジャール・スズキ向けが2年後には4倍に，また2004年からダイムラークライスラー向けに100万個の供給体制を計画しており，2004年夏には現業部門を70名規模にまで雇用拡大する予定といわれる（3シフト24時間稼働）．エステルゴム市にはマジャール・スズキやサンヨーなど大手が立地しており，採用は同社のような後発企業にとっては容易ではない．しかし，よい人材を慎重に採用していきたいとのことである．

工場は訪問時，かなりの空きスペースが見られたが，上記のように増産体制に備えて，順次設備が増設されていく予定である．現場作業は労働集約的な工程はわずかで，そのほとんどが自動化・半自動化された専用機によって行われ，中にはワーク送りのほとんどを自動供給装置によった自動化ラインまで設置されていた．これらの装置，ラインは日本で設計・調達して，無税で輸入されてきたものである．

現在8名の現場ワーカーは同社の北米拠点や日本で研修を受けており，日本人管理責任者によればまずまずの評価を受けている．すなわち，「ハンガリー人は新しいことに興味を示し，改善活動にもオープンで，すでにいくつかのこ

とを実行に移しており，かなり洗練されてきている．8名のうち半数は改善マインドを持っているだろう」と述べている．彼らはさらに3カ月にわたる研修を積み，生産業務，技術，設備・保守をOJTによる訓練を受けているため，単なる生産要員ではなく，コンプレックスワーカーとしての資質を備えているといわれる．従って彼らの平均賃金は相場よりも2～3割高いのである．

資材調達については，鉄芯やターミナルは日本から，銅線はイタリア，ゴム・樹脂関係はオーストリア，スロバキア，簡単なプラスチック部品のみをハンガリーから調達している．金額ベースで見ると，日本からの資材輸入が半分ほどとなっている．日本から調達している端子部品については，ハンガリーで調達先を探したいということであったが，それ以外については難しいとの見方であった．

今後，設備の増強と雇用拡大によって増産体制が整ってくると，ハンガリー拠点は欧州市場ばかりでなく，日本やアジアに向けた輸出拠点とも姿を変えていく予定である．2006年頃から徐々に利益を計上できる見込みとされ，追加投資をしなければ2013年頃には投資の回収ができそうだという．

以上，マジャール・スズキの日系サプライヤー3社の事例を見てきたが，スズキとの関係，進出の経緯・背景，ハンガリー拠点のもつ今後の意義と位置づけはそれぞれの経営事情を反映して一様ではない．各社の現地オペレーションを一言で要約するならば，ED社の場合は国内取引の維持・発展のための直接投資，SH社の場合は大手資本故の顧客への現地調達貢献，DE社の場合は現地受注をきっかけにした欧州市場開拓のための戦略的チャレンジといえよう．

第4節　日系サプライヤーの直接投資（2）
――汎欧州戦略立地のケース――

ここでは，マジャール・スズキとは全く無関係にハンガリーで生産拠点を設立した，わが国最大の部品サプライヤーDH社のケースを取り上げる．同社をふくめ，世界の部品メーカービッグ5，すなわちデルファイ，ビステオン，ボッ

シュ，リアがすべてハンガリーに現地法人を設立している．偶然か戦略的かは判別しかねるが，いずれの大手メーカーも同国で生産している主力製品を異にしている．

DH社のハンガリー進出は1997年，生産開始は1999年にディーゼル噴射ポンプ，2002年夏から可変バルブタイミング機構，同年末よりコモンレールの生産を行っている．同社のハンガリー進出に当たっては，マジャール・スズキでも，関係の深いトヨタ自動車でもなく，実はいすゞのポーランド工場建設が直接的な契機となっている．

いすゞは1997年にポーランドに総額260億円を投じて，生産能力30万基の欧州環境規制対応型ディーゼルエンジン工場を設立した（Isuzu Poland Polska）．この工場設立により，いすゞの海外におけるエンジン生産拠点は，日本・アジア・欧州・北米（GMとの合弁）の世界4拠点体制となった．

DH社はこのいすゞエンジン工場との取引を確保しようと営業展開したところ，先方より現地生産・供給を条件に出されたため，中欧諸国への進出を検討することにした．ポーランド，チェコ，ハンガリーの3カ国を候補とし，投資調査を行ったところ，ポーランドはインフラ面で難があり，チェコはその時点で誘致に積極的ではなく，インフラ，人材，コスト面を考慮してハンガリー・セーケシュフェヘールバール市の工業団地に現地法人を設立するに至ったのである．

欧州における生産拠点を見てみると（表4-11），DH社は原則的に既存拠点の製品・顧客と重複しないように汎欧州地域で分業体制を構築しており，ハンガリー拠点は中欧地域で最初の直接投資であったことがわかる．ことに，1999年から2002年にかけては，主力取引先トヨタのポーランド・チェコ事業の展開に合わせて矢継ぎ早に拠点を設立している．

わが国トップの部品メーカーにもかかわらず，欧州市場で売上高20位前後に留まる同社だが，ここ5年間で欧州向けの売上高が倍増する勢いで2007年にはトップ10入りを目指すという（『日経産業新聞』2003年10月6日号）．その鍵を握るのが，同社のハンガリー拠点で生産する高性能な燃料噴射装置部品と

表4-11　DH社の欧州生産拠点概要

	国	設立年	出資形態	事業概要
西欧	イギリス	1989年	100%出資	ラジエータ，オイルクーラなどの生産
	イギリス	1990年	100%出資	ヒータ・エアコンの生産
	イギリス	1999年	100%出資	スタータ，オルタネータの生産
	ドイツ	1998年	35%出資	コンプレッサ，マグネットクラッチの生産
	スペイン	1989年	100%出資	エンジン制御部品，電子部品の生産
	イタリア	1990年	100%出資	エアコン，ヒータ，ラジエータの生産
	イタリア	1999年	100%出資	スタータ，オルタネータ，小型モータの生産
	ポルトガル	2001年	100%出資	ラジエータ，インタークーラなどの生産
中欧	ハンガリー	1997年	100%出資	ディーゼル噴射ポンプの生産
	ポーランド	1999年	100%出資	小型モータの生産
	ポーランド	2001年	100%出資	ヒータ，コックピットモジュールの生産
	チェコ	2001年	100%出資	HVAC，エバポレータ，コンデンサなどの生産
	チェコ	2002年	100%出資	エアコン用関連部品の生産

(出所) 同社ホームページによる

複数の拠点で生産するエアコン関連事業である．

同社ハンガリー工場はいすゞポーランド工場向けのディーゼル噴射ポンプの生産から始めて，2002年にはそれまで日本国内のみでしか生産していなかったVCT（可変バルブタイミング機構）を生産，さらに2003年からは前述した高性能な燃料噴射装置部品（コモンレール）の本格的な生産に着手した[8]．それに伴って投資を随時行っており，また従業員数もこの間に600名から810名（3交代，24時間稼働，2003年3月）まで増員され，さらに翌年には1,500名と倍増する計画といわれる．また，ハンガリー拠点の取引先は，当初のいすゞポーランド1社から生産品目が増えて拡大傾向にあり，英国トヨタやVW，日産，三菱自動車ネッドカーからも受注するに至っている．

現地社員のうち工場長が40歳（大卒），マネジャークラスが30代半ばで（大卒），全社員の平均年齢は31歳と非常に若い（高卒中心）．スタッフ系に限れば，同社のこの地への進出が早かったことや知名度の上昇により，国内最高峰といわれるブダペスト工科大学の卒業生採用も多いという[9]．人口10万人程度の市のため，一般ワーカーの労働市場は層が薄く，半径30キロ圏内からバ

スで通勤させている．離職率は5～6％程度で，事業の拡大に伴ってポストが増えているため内部の昇格チャンスも少なくなく，定着率は良好だという．すでに日本への研修派遣も100名を超えている．

特に生産技術部門には力を入れており，日本で3カ月研修を受けた20名のローカルスタッフに，4名の日本人がサポートでついているほどである．彼らはOJTを通じてさらに現場でよく学びながら業務を担当し，日本人でも気づかない点を指摘するなど優秀さを持っているが，今のところ自分で改善・工夫するところまでは至っていないという．

工場のライン構成では，日本よりは人手を多く必要とする内容となっており，生産機種が少ない割には自動搬送機よりも手作業による柔軟性を活用している．かといって労働集約的なラインとはいえず，かなり資本装備率の高い工場である．加工機や設備をすべて日本から持ってくると輸送コストがかさむので，研削盤などにはドイツ製の汎用機を多用し，専用設備に限り日本から輸入するなど，できるだけコストを削減する工夫が行われている．

資材調達については，そのほとんどをドイツからの輸入が中心となっており，進出当時は現地サプライヤーの利用は皆無であった．調査段階では資材のドイツ依存は不変だが，一部のプレス加工，パイプ加工，ゴムキャップ成形などについてはローカルサプライヤー10社を開拓して，指導も行っている．これらのローカルサプライヤーの多くはドイツ企業などとの合弁メーカーで，完全なローカル企業となると品質，技術，マネジメント，納期面で安心して発注できないようである．現地調達率に関して数値目標としては30％をかかげているが，その意味するところは，数字に拘泥されるものではなく，それでコストが下がるのであればさらに進めたいという意思表明といえる．

このように生産品目の多様化と設備増強，雇用増大でDH社ハンガリー工場の拠点としての位置づけは重要度を増しているが，その背景には，三菱自動車ネッドカーをはじめ，いすゞ・GMのポーランド合弁企業（オペル車），欧州フォードからコモンレールを受注するなど同社の欧州営業の成果によるところ大である．この分野はこれまで独ボッシュの独壇場で世界市場の9割を握られ

ており，残りの10%をデルファイと同社が分ける構造が一般化している．DH社は世界最先端の技術力と性能を売り物に攻勢に出て行く方針で，数年内に世界シェア10%の達成を目論んでいる（前掲紙）．

このような機能部品になると，自動車メーカーの中にはコスト解析・評価のできないところもあり，まさにブラックボックス部品の様相を呈している．このことは同社にとって価格面で強い武器ともなるが，逆に価格一辺倒のコンペ方式で発注が決められるような場合には諸刃の剣となる可能性もある．幸い，欧州市場ではディーゼルエンジン需要はさらに高まる傾向にあり，また，厳しい欧州環境規制をクリアしている技術的な先進性などから，売り込み方法次第では同社の目標達成も実現可能な範囲と推察される．

まとめと若干の展望

体制転換以後，工業化と海外直接投資誘致で経済発展を志向してきた移行経済国ハンガリーは，すでに見たように，乗用車生産という面では，まさにゼロからのスタートを切ってようやく10年をすぎた段階である．日本企業の直接投資に限れば，完成車メーカーのマジャール・スズキ，その取引部品メーカーとそうでないメーカー合わせて19社が現地で生産活動を展開している．いずれの企業もハンガリー政府が用意した各種優遇措置と地方政府による工業団地（カスタム・フリー・ゾーン：CFZ）の下で操業を行っており，拡大EU加盟に伴い，そうした恩典の縮小は避けられない見通しである．

スズキによる現地供給要請に応えて進出しているのは大手・中堅部品メーカーに限られ，しかも現地供給に限った進出は1社だけで，欧州メーカー製品採用の日本市場への波及阻止を目的とした進出や欧州市場開拓拠点としての戦略投資というケースもあり，マジャール・スズキのサプライヤーとはいえ一様ではない．もう1社のケースでも，やはり汎欧州市場での製品・カスタマー別の分業体制構築と欧州トップ10入りを目指した戦略立地であった．そもそもスズキ傘下の静岡企業はいまだ現地に出ておらず，それはマジャール・スズキの生産規模と欧州部品市場へ参入するだけの資本力不足を考慮しての，あるい

は海外への生産移転よりは地元雇用を重視するなど，理解しうる経営判断の結果といえる．マジャール・スズキの計画している 2004 年，生産能力 20 万台体制になって初めて検討に値するかもしれないが，EU 加盟や乗用車生産の工業素地で勝るチェコ・ポーランドなど近隣諸国へ直接投資が流れつつある中で，先行きを見通すことは容易ではない．

それに関連して，マジャール・スズキは生産規模を倍増するが，部品の現地調達ネットワークをいかに円滑に進めていくかが大きな経営課題となってくる．幸い，2003 年春に投入したイグニスは乗用車と SUV（スポーツユーティリティ）を融合させた 11,000 ユーロの商品で，すでにハンガリー市場では計画の 55,000 台を超える受注で好調である．加えて 2004 年の新モデル，2005 年後半の伊フィアットとの共同開発モデルの投入が予定されており，小型車に特化した積極展開を進めていく計画である．これらのモデルはハンガリー市場をはじめ，今後拡大するであろう中欧諸国の市場と西欧市場をにらんだもので，販売は楽観的であるが，むしろ，先に指摘した部品調達の現地比率向上が課題となっている．

部品サプライヤーにとっても，ローカルサプライヤーの育成・指導に時間とコストをかけてまでじっくり取り組むだけの余裕はないのが現状といえる．ローカルサプライヤーといっても，具体的にはハンガリー資本 100% の企業と，ハンガリー資本とドイツ系資本による合弁中小企業の 2 つのタイプが挙げられる．前者よりは後者の方に期待がかけられており，またドイツ・ハンガリー合弁中小企業は数もかなり存在している．例えばわれわれの訪問した樹脂成形・組立企業は完全にドイツ系サプライヤーの 2 次下請メーカーであった．こうした事情もあってか，チェコのローカルサプライヤーの開拓へベクトルが移りかねない状況も出てきている[10]．

国家推進プログラムでもある自動車クラスター構想（西部の工業都市ジョール市が拠点）も目立った効果は未だ現れていない[11]．また，ハンガリーサイドによる公的なローカルサプライヤー支援・開発政策が，ハンガリー生産性センター（HPC）を窓口に 1996 年以来実施されてきた．HPC の主要業務はハンガ

リー企業・中小企業の生産性向上のための啓蒙・普及活動を主とし，具体的には欧米の近代的経営管理のトレーニングや日本的生産管理（5 S，改善，JIT，TQC, TPM）の教育・実践などをサポートすることである．しかし近年のハンガリー政府の組織改編に伴い，HPC のスタッフは縮減されてしまい，スタッフの理想や努力が十分に実効できる環境ではなくなっている．下請け企業支援も同センターの業務に数えられているものの，自動車産業が特別に重視されている訳ではない上に，組織縮小の影響は避けられない状況である[12]．

　他方で，各社の日本人駐在管理スタッフらは，現地ワーカーの質について，同様によい評価を与えている．ただ対象となるのは 40 歳以下，中心となるのは 20～30 代で，それ以上は旧体制の呪縛から抜けきれないので原則的に雇用されていない．一般ワーカーらの基礎教育の高さ，勤勉さ，工夫や改善への関心といった点については，他の欧米拠点などを経験した上で，高く評価しているところは興味深い．しかも，その彼らの平均賃金（月額）は 85,000～120,000 HUF，すなわち 4.5 万円から 6 万円が一般的で，依然として西欧に比べて人件費の面で競争力がある．訪問先企業のいずれにおいても，協調的な労使関係と安定志向が強いとされ，改善や合理化への取り組みもトップダウンで運営しやすいという特性もある．

　ただし，人口 1,000 万人ということもあり，国内西部地域では労働市場はかなり逼迫している状態である．単純にいうと，西欧との地の利を考慮した直接投資は西部地域に集中して失業率 2% の完全雇用，低開発でインフラ整備に課題を抱えている東部地域は失業率 10% という構造を抱えながら，高齢化が進んでいる，これが同国の労働市場の現状である．

　さらに，管理スタッフレベルの採用はすでに人材獲得競争が厳しく困難な状態にあり，給与水準も一般ワーカーの 3 倍から 4 倍，さらに自動車貸与などの特典も一般化している[13]．現地オペレーションの効率や労務政策は現地マネジャーやスタッフに大きく依存するところであるから，このような事情を考慮した上で現地経営が進められねばならない．

　工場設備・ラインの構成ではワイヤーハーネス製造の SH 社ではその商品特

性上労働集約的な作業工程が中心をなしているが，その他の部品メーカーでは日本よりは意図的に人手を要するものの，汎用加工機と専用機でライン編成しておりかなり資本装備率は高い．取引先の増産などへの対応力に余力の乏しいのは ED 社のみで，本格的な工場の拡張を行うためには別の場所に移るしかない．現地操業 10 年で累積赤字を解消したとされる同社だけは，今後の展開次第ではハンガリー国内あるいは周辺諸国などへ工場移転する可能性が他のメーカーに比べて若干あるといえよう．逆に最も他へ移転しそうにないのは DH 社で，現工場の隣接地に第 2 工場を建設できる後背地を所有してさらなる業容の拡大に備えている．

　結論として予想されることは，「欧州の工場」化が今後も進む傾向にあるとはいえ，日本企業を含めて外資系自動車メーカーあるいは部品サプライヤーのハンガリー直接投資はこれまでのような勢いで進められるとは考えにくいということである．自動車関連企業にとっては，乗用車生産の歴史がわずか 10 年しかなく，しかもその間に現地自動車部品サプライヤー中小企業の育成・支援・開発政策あるいはこの分野における起業家創出・育成策が十分に展開されず，未だに実績が芽生えてこない現状では，乗用車生産の工業基盤という重要な点でハンガリーに勝るチェコ・ポーランドの優位がますます顕著になってきている．

　歴史的な観点に立てば，技術力のあるサプライヤーの不足が日本自動車産業におけるサプライヤーシステムを偶発的に生み出し[14]，伸張する需要と生産力の拡大という好条件を背景に世界的にも有力な自動車部品メーカー群を育ててきた経緯がある．このような産業発展の軌跡と似た条件下に中欧諸国の現在があると考えれば，各国の置かれている諸条件の下で，それをチャンスとみる起業家とそれを支援する様々な主体の果敢な挑戦が，中欧自動車産業の裾野で主導権を握るのではないかと考えられる．

[付記]

本研究は，三井逸友・横浜国立大学大学院環境情報研究院教授を研究代表者とする科学研究費補助金・基盤研究 B 1（課題番号 14330011）「地域インキュベーションと企業間ネットワーク推進の総合的研究」（平成 14〜15 年度）に，研究分担者として参加した研究成果の一部である．なお，現地調査にあたっては，関東学院大学経済学部の清晌一郎教授グループの調査企画に参加させていただいた（2003 年 3 月）．さらには筆者の勤務先にて奨励寄付金学術研究の認可を受けて，追加調査を同年 7 月に実施することができた．現地の日系企業とハンガリー中小企業の方々，JETRO ブダペスト事務所・同ウィーンセンターの方々には大変お世話になり，またハンガリー生産性センター所長 Norbert Mátorai 氏，同所・平塚公一氏（JICA 専門派遣員）には多大なるご協力とご支援をいただいた．記して厚く感謝申し上げます．もちろん，すべての文責は筆者個人にある．

1) マジャール・スズキは現地調査（2003 年 7 月），オペル・アウディの情報は，JETRO（2002）に基づいている．
2) 関東学院大学の清晌一郎教授の指摘によれば，先進国の乗用車市場は人口の約 20 分の 1 を目安として見るとよいとのことである（研究会でのご指摘を参考）．すなわち日本は人口 1 億 2,500 万人として自動車市場規模 600 万台（2002 年乗用車・商用車販売合計 579 万台），アメリカは 2 億 8,000 万人として 1,400 万台（同 1,713 万台），ドイツ 8,200 万人として 410 万台（同 352 万台）フランス 6,000 万人として 300 万台（同 271 万台）で，目安としてはほぼ適当と判断できる．人口統計は外務省，各国販売台数は日本自動車工業会のそれぞれのホームページを参照した．
3) 池田正孝（1995 b）参照．
4) Bakony Automotive Parts Manufacturing 社はワイパーシステムやインパネ，ドアヒンジ，ヒートユニットを生産する創業 1938 年，従業員数 790 名の企業である．同社は 87 名の金型・治工具部門を持ち，その規模は国内最大級の規模といわれる．筆者ヒアリングによる（2003 年 3 月）．
5) この橋の再建に，マジャール・スズキも資金援助したといわれる．
6) より正確にいえば，ハンガリー系スロバキア人である．これらの在外ハンガリー人に対してハンガリー政府は，一般のスロバキア人に比べると労働許可発行で優遇する政策を実施している．マジャール・スズキの雇用条件はハンガリー人一般と差異はない．筆者ヒアリング（2003 年 7 月）および㈳日本自動車工業会（2003），㈶海外投融資情報財団（2003）による．
7) 池田正孝（1995 a, 1995 b），三井逸友（1995），三井逸友（1999 b）参照．
8) DH 社ニュースリリースによれば，従来量産の同部品は最高噴射圧が 1,450 気圧だが，ハンガリーおよびタイ拠点で生産する部品は世界最高の 1,800 気圧まで対応可能なシステムで，最大手のボッシュを技術で凌ぐといわれる．ハンガリー

工場では 2005 年に年産 30 万台まで拡大する見込みという．
9) たまたま事業拡大の際に，市内の米国系大手情報機器メーカーがリストラを実施して人材が労働市場に流出し，渡りに船とばかり DH 社ではマネジャーおよび現場ワーカーをそこから調達することができた．
10) JETRO ブダペスト事務所では，日系企業のローカルサプライヤー開拓支援のため，これまでに数回逆見本市を開催した．しかし，思うように成果が上がらなかったため，2003 年はチェコで同様の催しを実施して，チェコ企業の開拓支援に乗り出している．筆者ヒアリングによる（2003 年 7 月）．
11) アウディエンジン工場のあるジョール市を拠点とし，2000 年にハンガリー最初のクラスターモデルとして Pannon Automotive Cluster が認定され，活動が行われているが，まだ，語るべき成功物語を持たない段階である．事務局はジョール市工業団地内のインキュベーション施設にある．筆者ヒアリングによる（2003 年 7 月）．
12) 英国スコットランド企業庁（当時の開発庁）が 1990 年代に展開した下請企業開発政策と比較すると（前掲三井（1995）），ハンガリーの場合は，予算規模が格段に小さい，対象が幅広く特定業種や企業に限定されていない，官民挙げての展開にまで至っていない，外資企業の関心を高めるまでの成果が見えないなど十分な成果が得られていない．しかし拡大 EU にあたって欧州委員会は，ハンガリー政府とチェコ政府は，サプライヤーネットワークの開発を推進してきたととらえている（Commission of the European Communities（2003））．
13) JETRO（2003 a）のチェコ・ポーランド立地の日系企業インタビュー記録によれば，チェコ・ポーランド両国でも管理者・スタッフクラスの人材採用難が生じているという．
14) 酒向は日本のサプライヤー・システム形成におけるメーカーとサプライヤー間の「相互信頼を基礎とする長期関係の構築」について指摘している（酒向真理（1998））．

参 考 文 献

Commission of the European Communities : Impact of Enlargement on Industry, *Commission Staff Working Paper*, SEC (2003) 234, 2003

Csaki, G. & Karsai, G. : Evolution of the Hungarian Economy 1848-2000 Vol. III, Atlantic Research and Publications, Inc. , 2001

中央大学経済研究所編『構造転換下のフランス自動車産業』中央大学出版部, 1994

Freyssenet, M., Shimizu, K., Volpato, G. eds. : Globalization or Reorganization of the European Car Industry?, *Palgrave Macmillan*, 2003

藤本隆宏『能力構築競争』中公新書, 2003

藤本隆宏・西口敏宏・伊藤秀史編『サプライヤー・システム』有斐閣, 1998

Gecse, G. & Nikodemus, A. : Clusters in Transition Economies : Hungarian Young Clusters case study, Innovation and Environmental Protection Department, Ministry of Economy and Transport, 2003

池田正孝「ヨーロッパ自動車産業の構造変革と日本型下請システム」日本中小企業学

会編『経済システム転換と中小企業』同友舘所収，1995 a
池田正孝「欧州自動車産業の下請け再編成の動向」『中央大学経済研究所年報』第 25 号，1995 b
JETRO「中欧の自動車産業（チェコ・ハンガリー）」『ユーロトレンド』，2002 年 7 月号，2002
JETRO「中欧進出日系企業の事業環境（チェコ，ハンガリー，ポーランド，）」『ユーロトレンド』2003 年 3 月号，2003 a
JETRO「欧州部品産業（機械，自動車，電気・電子部品）の概況（イタリア，ポーランド，チェコ，ハンガリー，ルーマニア）」『ユーロトレンド』2003 年 5 月号，2003 b
JETRO Budapest『日系進出企業概要』，2003
ジェトロ・ウィーンセンター『中東欧政治経済情勢』，2003
Havlik, P. et al. : Transition Countries in 2003, The Vienna Institute for International Economic Studies, 2003
三井逸友『EU 欧州連合と中小企業政策』白桃書房，1995
三井逸友「日本企業の海外事業展開の『経済性』評価」三井逸友編『日本的生産システムの評価と展望』ミネルヴァ書房所収，1999 a
三井逸友「日系企業の海外現地生産の到達点」三井逸友編『日本的生産システムの評価と展望』ミネルヴァ書房所収，1999 b
酒向真理「日本のサプライヤー関係における信頼の役割」藤本隆宏・西口敏宏・伊藤秀史編『サプライヤー・システム』有斐閣所収，1998
㈳中小企業研究センター『21 世紀の日本産業とサプライヤシステムのあり方』，2003
㈳日本自動車工業会「拡大 EU を契機にさらなる飛躍を目指す―ハンガリー工場を拡張するスズキ―」『JAMAGAZINE』2003 年 11 月号，2003
清 晌一郎「生産力発展の現段階と日本化の本質」中央大学経済研究所編『構造転換下のフランス自動車産業』中央大学出版部所収，1994
島野卓爾・岡村 堯・田中俊郎編『EU 入門（第 4 版）』有斐閣，2002
The Hungarian Investment and Trade Development Agency : Automotive Industry in Hungary, 2002
植田浩史「中小企業とサプライヤ・システム」『企業環境研究年報』第 4 号，1999
植田浩史「現地生産・開発とサプライヤ・システム」森沢恵子・植田浩史編『グローバル競争とローカライゼーション』東京大学出版会所収，2000
渡辺幸男「日本機械工業の地域集積と地域分業構造の再編成」三井逸友編『日本的生産システムの評価と展望』ミネルヴァ書房所収，1999
㈶海外投融資情報財団「ハンガリー投資セミナー」『海外投融資』2003 年 7 月号，2003

（参考 URL：日系企業も参考にしたが匿名のため割愛）
㈳日本自動車工業会
http : //www.jama.or.jp/
ハンガリー投資貿易庁
http : //www.itd.hu/

ポーランド投資庁
http://www.paiz.gov.pl/
チェコ外国投資庁
http://www.ywbc.org/czechinvest/
スロバキア投資貿易開発庁
http://www.sario.sk/

第3部　日本型システムを支える開発支援型産業

第 5 章

自動車素形材産業における「日本的」産業発展試論
―――金型用鋳物製造業と冷間鍛造金型製造業を事例に―――

は じ め に

　戦後,日本の自動車産業は驚異的な発展を遂げ,その出荷額,雇用従業者数,輸出額で国民経済に大きな影響を及ぼしてきた.国内市場の旺盛な拡大と低価格・高品質が受け入れられた海外市場の伸張により,完成車メーカーはもちろん,部品メーカーや加工・組立の中小企業を巻き込んで拡大成長路線を歩んできたのである.従って自動車産業は経済学や経営学の研究対象として常に注目され,完成車メーカーの企業成長・発展を取り上げた研究や部品企業との取引関係や共同開発などに注目したサプライヤー・システムの研究,中小企業論視点による中小規模の部品工業研究が蓄積されてきた[1].この流れは国内に限らず,米欧の研究者らによっても高い関心を喚起し,MITグループによる国際的な日米欧学術調査研究の成果は広く知られている[2].

　しかしながら,これらの一連の研究は,その多くが自動車メーカーや大手部品サプライヤーを対象としており,総合産業としての自動車産業の裾野部分までカバーしているものではない.有り体にいえば,最も目に見え易い部分を取り上げて自動車産業論を展開しており,目に見えにくい黒衣的な存在である裾野産業が取り上げられることはなかった.その目に見えにくい裾野産業にも視

野を広げ，日本の自動車産業研究に幅と厚みをもたせたのが池田正孝氏の開発支援型産業研究である[3]．氏の研究は，自動車の開発と量産において製品としての完成度を高めることやリードタイムの短縮に決定的に影響を及ぼすプレス金型と車体溶接治工具に焦点を当て，それら製造業の存立構造や技術基盤を解明した．

本章では，われわれが開発支援型産業研究として着眼した産業のうち，プレス金型用の鋳物製造業，精密鍛造部品を生産するために必要な冷間鍛造金型製造業を取り上げる[4]．ここでは，この2つの業種を大まかに自動車素形材産業として括っている．

素形材産業とは，一般に自動車をはじめとする機械産業にとって不可欠な鋳造品，鍛造品，ダイカスト部品，プレス部品を供給する産業と，その生産財となる金型，製鉄・鍛圧・鋳造機械などの産業の総称である．概算でいえば，年間の工業出荷額4.5兆円，従業員数20万人を擁する一大産業群を形成しており，機械工業の礎をなす基盤産業である．

本章で取り上げる自動車金型用鋳物産業と冷間鍛造金型製造業に対するわれわれのインタビューでは，海外の先進工業国では日本企業の存立形態や存立基盤，業界構造と異なるとされ，日本は独特の性質を持つことが示唆された[5]．

そこで，次節以下において，日本自動車産業発展の特徴を整理した上で，なぜ，こうした開発支援型産業が他の先進工業国に見られない形で企業・産業発展しえたのか，どのような側面を日本的特徴として整理できるのかについて考察する．

第1節　日本自動車産業発展の特徴

戦後間もない日本自動車産業の生産台数はわずか年間1万～2万台で，トヨタ，日産，いすゞが主要な先発メーカーであった．その後，軽自動車メーカーや2輪車メーカーが参入し，モータリゼーションを迎える1960年代にはマツダ，本田技研，三菱自動車，富士重工業，ダイハツ，スズキが乗用車市場に参入して年産40万台から500万台へと急激に成長していった．その後，1980年

代に入ると1,000万台を超え，アメリカと並ぶ世界の自動車生産大国となったのである．

日本自動車産業のすさまじい急成長は，関税・参入規制による海外資本からの保護政策の下で，国民所得の上昇に伴う国内市場の拡大や海外市場の小型車需要シフトの流れによる海外需要増大などの環境要因と，拡大生産への積極投資と商品開発，技術開発，生産性向上，効率的なサプライヤーシステムの育成といった自動車企業の主体的な取り組み要因が，総体的・有機的に結合した結果であった．

自動車産業史研究の泰斗，下川浩一氏は，日本自動車産業発展の構造的特質として，次の4点を強調している（下川 (1992)）．

まず第1に，自動車メーカーが国内に11社も存在する例は海外になく，市場寡占度は先進工業国では最も低い部類に属するという点である．外資から保護されていたとはいえ，そのメーカー数の多さ故に，国内の市場競争はトヨタ・日産の国民車開発・販売競争を代表に，極めて熾烈であった．魅力的な商品開発，技術力，マーケティング，部品サプライヤーシステム，ディーラー網のあらゆる局面でライバル企業を意識して競争力の研鑽が続けられた．その結果，欧米の自動車産業が吸収・合併によって再編されていくのに対し，後発の日本では提携・グループ化はあるものの，企業集中が進まなかったのである．日本自動車産業に再編の波が及ぶのは1990年代後半以降のことである．

第2は，日本自動車メーカーの外注比率の高さと効率の高い分業システム（サプライヤーシステム），部品サプライヤーの技術力である．一般に自動車メーカーの内製率は2～3割程度で，残りは外部のサプライヤーによって外製され，欧米のメーカーに比べて内製率が低い．また部品メーカーを系列化し，まとまった発注と継続的な取引関係の下で品質管理や生産技術の高度化とコスト削減を実現させていった．その過程で，トヨタグループで取り組まれたカンバン方式，ジャストインタイム生産方式が，それぞれの系列グループの中で展開されていった．ところで，系列化されたといっても系列の内部で競争が存在したし，また独立系サプライヤーとの取引も系列メーカーに対する刺激として

自動車メーカーは利用していたので，技術競争とコストダウンは間断なく行われる仕組みであった．ともあれ，自動車メーカーと部品サプライヤーとの「緊密な協力関係」の確立は，日本自動車産業の多品種少量生産，設計変更への柔軟な対応，新車開発での共同開発スタイルを可能にしたとされる．さらに，このような関係が1次サプライヤーと2次サプライヤーとの間に，またさらにその下に，程度の差はあるにせよ存在し，「緊密な分業体制が形成されている」点を強調している．

第3に，労使関係の安定とQCサークル活動への取り組みが，生産性と品質を高める効果を発揮し，効率的な生産システムの構築に大きく関係していることを指摘している．「労使関係を安定させ，生産性と品質を高め，かつ賃金水準と福利厚生を含む労働条件の改善と雇用の安定を実現する意識的努力が，労使協議制や労使一体となったQC活動などの形で追求され」，自動車産業の発展へつながっていった．

最後に第4として，「部品産業だけでなく，鉄鋼，ゴム，プラスチックなど，素材供給産業が国際競争力をつけ，低コストで高品質，かつ自動車メーカーや部品メーカーの要求する高度かつ多品種の仕様にかなった素材を供給し」た点を挙げている．

このように，下川氏の研究に基づいて戦後復興から高度成長，低成長期に至るまでの日本自動車産業の発展要因について整理してみたが，それは当然，自動車メーカーと部品サプライヤーの発展構造の特質についてであった．

ところで，自動車産業発展の特質の中で，素形材産業との関わりという点で強調しておくべきことは，自動車メーカーの新しい技術に対する強烈な関心と実用化，モデル開発の多様化の2つの点である．以下，簡潔に説明したい．

素形材産業に関連しうる2つの自動車産業の発展要因

（1） 自動車企業の新技術・海外技術への高い関心

戦後復興期，日本の機械工業部品の生産では低品質・低生産性が一般的であり，自動車産業の発展が期待されていたとはいえ，量産による規模の経済が発

揮される段階になかった．外資の参入制限や機械工業振興臨時措置法などの産業育成支援策の下で，海外自動車メーカーの大量生産メリットを活かした競争力に日本メーカーは対抗しなければならない状況にあった．また，土地・工場設備の狭隘さから生ずる短期在庫負担コストの高さ，さらには金利の高さが自動車企業にとって不利に作用していたことも見逃せない．

こうした条件下で，日本自動車メーカーは在庫負担をできるだけ減らせる加工方法や作業工程を考えたり，そうした効果に期待できるような新しい技術，とりわけ海外技術に対して甚大なる関心を寄せ，研究開発に取り組んでいったのである．エンジン部品や駆動系部品，制御系部品など重要な領域には多種多様な素形材部品（鋳鍛造品，ダイカスト，熱処理，金型など）があり，当然，それらの分野で新しい技術や新素材に関する研究と実用化が試行されていった．

自動車企業による素形材部門の新技術の導入と実用化は，量産体制へ移行していく中で自動車企業内部の能力限界を超えていき，外部の素形材産業にも波及していく．一方，自動車とは無縁だった素形材産業中小企業群にとっては，このことは自動車産業への参入機会となり，素形材産業中小企業に海外技術や新技術の習得と高度化を図る強烈なインセンティブを与えたものといえる．

(2) 自動車企業のモデル開発の多様性

日本自動車産業の競争構造あるいは製品開発力構築の特性として有名なのが，日本自動車企業間に展開されたモデル開発の多様性である（藤本(1997)）．「はじめに国内競争ありき」の熾烈なメーカー間競争は，各社による新型車種の投入と既存車種の4年ごとの更新（フルモデルチェンジ）として具現化されていく．

自動車メーカー数の多さが日本と欧米諸国との決定的な違いであることはすでに述べたが，実に9社が軽・小型乗用車の新型モデルを投入し，そのモデル総数が1970年代にアメリカを超え，さらに1980年代にはアメリカの2倍を超えた点も，日本自動車産業の特質ということができる（伊丹(1994)）．

まず，この多様なモデル開発は，その都度，開発や量産に必要な生産財，とりわけ金型をはじめとした素形材需要を増大させた点が指摘できる．

次に，モデル開発時は自動車企業の商品 PR や価格競争力構築のために，新しい技術や素材，新しい生産方法による素形材部品の絶好の採用チャンスとして作用した．熾烈な国内競争の下で，新型車の投入やモデルチェンジはライバル企業との商品特性や技術特性，デザイン，乗り心地，価格など，様々な差別化を図るものであった．その実現のために，自動車企業と素形材産業は，常に高品質と低価格，高い技術力を追求することとなり，結果，高度な生産技術とリードタイムの短縮を実現していったのである．

以上の議論は必ずしも実証的とはいえないけれども，自動車企業の新技術・海外技術の熱心な導入・実用化とモデル開発の多様化が，日本の素形材産業の層に厚みをもたせ，その発展に大きな影響を及ぼしたと考えられるのである．
次節以下では，プレス金型用鋳物産業と冷間鍛造金型製造業の産業発展について，上述と関連させながら歴史的に考察していくことにする．

第 2 節　プレス金型用鋳物製造業

わが国自動車市場の顕著な特徴は，乗用車メーカー間における多様なモデル投入と平均 4 年で更新されるモデルチェンジに代表される激しい競争にある．こうしたモデル多様化と頻繁なモデル更新は外観・デザインの変化を伴い，多額の開発費用を必要とする．自動車の開発には数多くの金型を必要とし，特に外観ボディ用のプレス金型はそのモデルの生産数量を見込みながらできるだけ早く・安く調達することが要求される．自動車ボディ向けプレス金型をつくる自動車メーカー工機部（や金型メーカー）は，そのために自社のエンジニアリング工数の削減に努めると共に，その前工程となる金型素材，つまり鋳物の調達期間を短縮することも生産計画上とても重要な要素となる．

自動車ボディ用プレス金型は商品の外観を直接形作る生産財であり商品価値を体現する重要な要素であるため，その外板用金型は自動車メーカー工機部で内製されるのが一般的で，その内側部分（内板用金型）は外注される．そうした外板・内板用金型の必要数だけ，素材である鋳物を調達しなければならない

わけだが，自動車メーカーや金型メーカーはそれらを内製するのではなく外部調達してきたのである．モデル多様化と頻繁な更新という開発スタイルは，開発に必要なプレス金型用鋳物需要の増大を招き，供給側の鋳物メーカーはそれぞれの取引関係や経営戦略に基づいて対応を迫られた．このような日本特有の自動車開発競争市場は一方で世界的な金型サプライヤーを生み出すと共に，他方で金型供給基地を素形材の分野でサポートするプレス金型用鋳物供給集団を形成したのである．

1. 金型用鋳物の技術的特徴——フルモールド鋳造法

　自動車デザイン・外観は新規投入車や新型モデルごとにそれぞれ設計・開発が行われ，自動車の売れ行きやライバル他社との競争に勝つための非常に重要な要素となる．従ってデザインを具現化する自動車ボディのプレス用金型はモデルごとに異なり，共用したり流用したりすることはない．そのため金型・同鋳物，そして鋳物用木型はそれぞれ世の中に1つずつしか存在しないことを意味する．鋳造が終われば，鋳物に必要とされた木型は倉庫に保管された．このように単品鋳物に木型を用いることは，その高額な木型コストや保管費（在庫費）を鋳物製品単価に含むことを意味する．鋳造製品の大きさが大きくなればなるほど，より大型の木型と複雑な分割構造（型抜き）を必要とするため，職人技能に基づく製作コストは高くつき，また納期に時間がかかった．こうしたコスト高の木型から開放される単品・少量生産向けの鋳物製造技術の革新が1958年にアメリカで発明され，西ドイツで実用化の後（1960年），日本へもたらされたのはわが国モータリゼーション途上の1965年であった．

　この革新的技術は「フルモールド鋳造法（Full Mold Process）」と呼ばれ，木型に代えて発泡ポリスチレン（スチロール）製の模型を用いる点に大きな特徴がある．従来の工法は，木型を砂に埋めた後その木型を抜いて鋳型に中空部分をつくり出し，そこへ溶融した鉄（「湯」と称する）を流し込む「中空鋳造」法であった．フルモールド鋳造法はそれとは全く異なる発想で，鋳型の中に模型を入れたまま湯を流し込み，その熱で模型を溶かして鋳物に置換させる．その

独特の鋳造プロセスから「非中空鋳造—Cabity Less or Full Mold Casting—」ともいわれる．この工法は木型を用いた従来工法と比べて模型の調達コスト（製造，保管）や工数，納期，鋳型工数の大幅な削減を可能とするため，とりわけコストダウンと工数短縮にめざましい革新性を持つ．

鋳造技術書によれば，この技術の長所として，造型工数が2分の1へ，仕上げ工数が3分の1から2分の1へ，加工工数を半分に減らすことが可能になるとされ，模型コストは木型調達費の5分の1から10分の1しか要せず，結果的にリードタイムの短縮と経費節減などが挙げられる（表5–1 参照）．

こうした大きな利点が存在する反面，フルモールド鋳造法には構造的欠点が当初より存在した．木型に代用した発泡模型を鋳型の中で燃やす際に，構成分子のカーボンが燃えカス（残滓）として鋳型内に残余し，鋳物表面に欠陥を残すのである．この残滓問題の解決に対して，鋳造メーカーによる様々な現場の工夫と改善，化学メーカーによる発泡素材の開発や粘結剤の開発が奏功し，日

表5–1 フルモールド鋳造法の長所と短所

	ポイント	効　果
長所	鋳型の分割，鋳型合せ，中子造型，中子入れなどを必要としない	造型工数 1/2 に削減
	鋳バリが出にくい	仕上げ工数 1/3～1/2 に削減
	木材・金属に比べて模型材（発泡ポリスチレン）の切削性のよさ	加工工数 1/2 に削減
	模型材料コストの低廉さ	木型比 1/5～1/10 に低減
	球状押し湯が容易	歩留まり向上
	各工数削減による納期短縮	リードタイムの短縮
	わずかな粘結剤ですみ，砂の再生性も高い	経費節減・リサイクル
	ポイント	特　徴
短所	発泡ポリスチレン気化に伴う残渣	形状不良とされてしまう
	薄肉鋳物には適さない（3.5 mm 以上の模型肉厚が必要）	用途が限定
	注湯時に異物（ガス）巻き込み欠陥の発生	材料・素材の改良・開発

（出所）遠山恭司（2001 a），144 ページ

本の鋳物メーカーの技術的優位が確立されていく．しかしながら，フルモールド法はその技術的問題ゆえに，複雑な形状のものや精密さが要求される分野に受け入れられず，自動車ボディ金型への用途のみで技術の実用化と高度化が進められることとなった．現在では自動車ボディの金型用鋳物は全量がフルモールド鋳造法によるものであり，技術の高度化を進めた鋳物メーカーは自動車金型以外の分野へ次第に適用範囲を広げている．

2. 技術実用化プロセスと産業発展プロセス

フルモールド鋳造法は，模型材の発泡ポリスチレン製造販売メーカーである三菱油化バーディッシュ（独BASFと三菱油化の合弁会社）が技術導入・再実施権販売を外資審議会へ申請し，政府勧告・認可を経て導入された（1965年）．

当時の鋳物業界では，フルモールド鋳造法が少量の大型鋳物製造の分野で大いに期待され，大型歯車，船舶用エンジン，同スクリュー，発電機用タービンなどへの採用が見込まれていた．再実施権の取得には大型鋳物の内製能力をもつ三菱重工業をはじめ[6]，日立製作所や小松，川崎造船，工作機械メーカーや自動車メーカーなど巨大資本と共に，金型用鋳物メーカーなどの中小鋳物企業が名を連ねた[7]．

実施権販売元の三菱油化バーディッシュは，フルモールド法の導入企業における成果や改善・改良点の情報交流を通して同法の一層の普及を狙って技術交流会，FMC技術会議を開催した（表5-2）[8]．しかしFMC技術会議は1980年頃まで続けられたが，この間，フルモールド法の欠点である燃えカスが産業部品や工作機械用ベッドでは欠陥不良とされ，適用範囲が次第に金型用鋳物に限られるようになる．

一方で，自動車メーカーはフルモールド法の持つコスト低減と工数短縮の可能性に強い関心を持ち続け，この技術の確立に固執した．その意向を受けた金型用鋳物メーカーは，フルモールド法の工法確立と品質レベルの向上に試行錯誤を重ねて取り組んだ．導入から10年近くは木型を使用する旧来工法とフルモールド法の両方で鋳物生産が行われるが，同法の技術蓄積と確立が進み，同

表 5-2　FMC 技術会議出席企業（概要）

業　種	企　業　名
自動車メーカー	トヨタ　日産
金型用鋳物メーカー	A 社　B 社　C 社　D 社　F 社　その他
鋳造メーカー	三輪鋳物工業　川口鋳造所　佐久間鋳工所　太田鋳造所 福山鋳造　開田鋳造所　トシコ鋳工　日本鋳造　白鳥鋳物
大企業	三菱重工業　新潟鉄工　川崎製鉄　宇部興産　三井造船 佐世保製鋼　大阪造船　豊田工機
化学メーカー	三菱油化バーディッシュ　三菱油化　金山化成　内山工業

（出所）FMC 会議資料（1968 年頃）．D 社提供による

図 5-1　フルモデルチェンジと新型車追加の合計車種数（主要 5 社・年間）

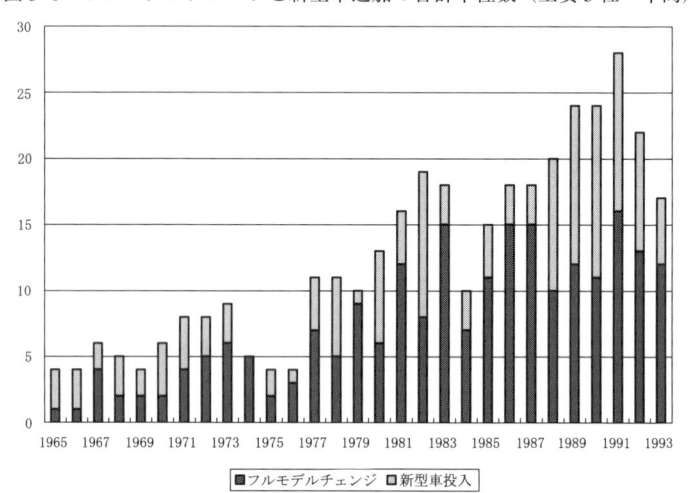

（注）トヨタ，日産，本田技研，三菱自動車，マツダの 5 社（ただし RV を除く）
（出所）遠山恭司（2001 a）141 ページ

　時に自動車開発からくる鋳物需要圧力が強まった 1970 年代後半には，フルモールド法による金型用鋳物の生産技術がほぼ確立されていった．
　ところで鋳物サプライヤーにとっては，当初，金型用鋳物は当時の生産品目の数ある内のひとつにすぎなかった．そのころは自動車のモデル数が少なく，モデルチェンジサイクルも不定期であったため，発注量そのものが少ないから

であった．不況の波を受けやすい鋳物企業としては，あくまでも取引先の多角化という意味合いの強い受注開始であったといえる．

しかし1960年代後半からフルモデルチェンジの4年周期が次第に定着し，多モデル間競争が全乗用車メーカーで展開された1970年代後半には金型用鋳物需要は急激に増大していく（図5-1）．こうした市場環境下で，フルモールド法の導入により金型用鋳物の大幅なコストダウンとリードタイム短縮，生産性の向上が可能になり，鋳物メーカーはそれぞれの得意先自動車メーカーからの金型用鋳物事業ウェイトを高め，取引依存度も高めていった．フルモールド法の技術導入と技術蓄積を経てその効果が発揮されるようになると，自動車メーカーと鋳物サプライヤーとの取引関係はより相互依存的なものとなったのである．

1980年代後半のバブル期の多モデル開発ラッシュに直面すると，金型用鋳物業界に次に述べる3つの大きな変化が生じた．第1に，各自動車メーカーが一斉に新型車開発とモデル更新に取り組んだため金型用鋳物需要が激増した．第2に，自動車の側面パネルの3つの金型を1つの大きな金型に代え，一体成形する方式（サイドボディ一体型）が広く採用されるようになった．第3に，プレス金型専業の独立系大手メーカー（オギハラ，富士テクニカ，宮津製作所）が海外市場からの受注を伸ばすなど，大型需要先へと成長した．

こうした事態に対して，鋳物メーカーのほとんどは主要取引先への供給に対して雇用増や夜間勤務などで対応し，工場を拡張したり新設することには消極的であった．ところが，C社はこの機会を企業成長のチャンスととらえ，1988年，約100億円をかけて従来の3倍に近い月産最大生産能力2,800tもの大型工場を新設した．他方，かねてよりC社はメーカー支給が一般的だった発泡模型を社内部門や別会社で内製に乗り出しており，また模型用のNC加工機の導入やCAD・CAMシステムとの導入・体制構築を先進的に進めていた（表5-3）．こうしてC社は本田技研や富士重工，大手金型メーカーばかりでなく，トヨタや日産などほぼすべての国内自動車メーカーから金型用鋳物を受注するメーカーとなり，国内の金型用鋳物生産の4割以上を占める存在となってい

表 5-3　C 社の事業沿革（概要）

年	事　業　内　容
1966 年	フルモールド鋳造法導入
1967 年	発泡模型加工工場の別会社設立
1978 年	鋳物後加工工場の別会社設立　大型 NC 加工機導入
1981 年	金型メーカーオギハラとの合弁鋳造企業設立
1982 年	発泡模型用 3 次元 NC 加工機導入
1983 年	発泡模型加工　新工場建設
1985 年	発泡模型加工工場　新設
1986 年	発泡模型加工工場　新設
1988 年	大型鋳造工場新設
1987 年	CAD/CAM システム導入
1988 年	大型鋳造工場新設

（出所）C 社インタビュー・会社資料より

図 5-2　C 社の生産量推移（1,000 t）

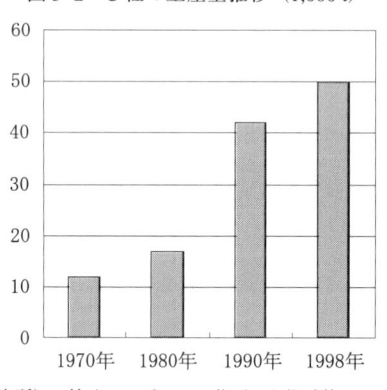

年	生産量
1970 年	12
1980 年	17
1990 年	42
1998 年	50

（出所）C 社インタビューに基づいた推計値

る．インタビューに基づいた C 社の生産量推計を見ると（図 5-2），1980 年代の急激な生産量の拡大が理解できる．

　ただ注意しておきたいのは，C 社がその巨大な生産力でその他の企業から市場を奪っていったわけではない点である．自動車メーカーは従来の地元鋳造メーカーの立地特性と従来実績を踏まえて優先して発注を続けるが，発注量そ

のものが膨らんで地元メーカーの能力を超えてしまうため，C社にも発注するようになったと見るのが正しいようである．

そもそも自動車金型用鋳物をほぼ専業とする鋳造メーカーの存在自体が欧米には見られず，その中でもC社のような巨大鋳物メーカーは全世界でも類を見ない企業として注目されている．

ところで，自動車金型用鋳物の分野になぜ大手資本が参入してこなかったのかについて言及しておきたい．そこには，大手資本側の要因と需要側（自動車・金型メーカー）の要因の2つがある．第1に，大手資本の鋳造部門はそもそも自家消費用鋳物を中心に生産を行うため，不規則・不安定な金型用鋳物需要に都合良く対応できる体制ではなかった．第2に，需要側にとってはこうした「暇なときは受注するが，忙しくなると見向きもしない」大手資本の鋳造部門へ発注することはリスキーであった．また金型用鋳物を何としてもフルモールド法のメリットを活かして調達したいという需要側の要望を，片手間意識の強い大手資本に聞き入れてもらうことは困難であったと考えられる．また異分野鋳物企業が参入しなかった理由を厳密に述べることはできないが，① 面倒な割に自動車は単価が安い，② 木型屋が発泡模型を嫌う（低単価），③ 工作機械や産業機械からの旺盛な受注が期待できた，ということなどが作用したと推察される．

3. 産業発展の特質

1960年代以降に顕在化した自動車メーカーの激しい乗用車市場競争とその競争策としての多様なモデル開発は，日本自動車の産業発展において特筆される現象である．自動車モデルの開発・量産に不可欠な金型のうち，その大きさとコスト高の象徴だったボディプレス金型用鋳物の調達費用削減は大きな課題となった．そこへ革新的にコストダウンとリードタイム短縮を可能にしうる鋳造技術が海外からもたらされるが，そこには未解決の技術的課題が残されており，ほとんどの産業界はその技術改良から退くことになった．

しかし自動車金型用鋳物ではその素材特性上，フルモールド法を適用するこ

とで得られるであろうメリットが大きいと判断され，自動車メーカーの意向もあって鋳物メーカー各社は地道に技術改良と高度化に努めていったのである．そこには，自動車メーカーのモデル開発に伴う膨大な金型用鋳物需要の発生が，鋳物メーカーにとってはフルモールド法技術の高度化に挑戦する機会と学習する機会を数多く提供する結果となった．

こうして，フルモールド鋳造法による最も材料ロスの少ない，低コストかつ最短リードタイムの金型用鋳物調達が，世界的に見て最も先進的に日本で実現し，日本自動車メーカーの世界的に希有な多様なモデル開発の高効率化に大きく貢献してきたのである．

これに伴い，各鋳物メーカーはプレス金型用鋳物ビジネスの比率を高め，結果的に主要顧客との取引依存度を高め，金型用鋳物の事業比率も高まっていく．一般に欧米では，金型用鋳物を生産する鋳造企業は複数の主要生産品目のひとつとして受注する経営形態といわれる．それは，欧米の自動車メーカーによるモデル開発と新車投入の頻度が日本ほどに激しくなく，鋳物企業にとっては金型用鋳物需要が極めて不安定なものと考えられるのである．従って，日本のＣ社のように，フルモールド鋳造法に則した巨額の設備投資や技術開発投資を行うインセンティブは発生しなかったのである．

また，鋳造メーカーの金型用鋳物事業比率の高さは，メーカー・サプライヤー関係を硬直的なものにしたわけではなかった点も特筆される．つまり，金型用鋳物のサプライヤー・システムは，受発注双方において取引の優先度を維持することで互恵的な関係であるが，生産財向け素形材という製品特性から需要が不安定なため，鋳物メーカーに他社・他事業受注を拘束するものではなかった．搬送費用や設計変更対応の面から，自動車メーカーは地元の鋳造企業への発注を優先するが，その鋳造メーカーの能力を超える分を別の企業から調達したり，逆に鋳造メーカーの稼働率の低い場合には，他の自動車メーカーからの受注を許容していたのである．

また，こうしたメーカー・サプライヤー関係では，フルモールド鋳造法という技術特性と金型用鋳物市場そのものの不安定さが参入障壁として機能した．

異業種鋳物中小企業にとっては前者が大きな障壁となり，また大手資本鋳造部門は後者を理由に生産を嫌ったため，新規参入は不活発なものとなった．

　日本自動車市場競争の代名詞といえる多様なモデル展開と頻繁なモデル更新が，限られた素形材供給主体による革新的技術の習得・高度化によって支えられてきた．別の観点から見れば，このような金型用鋳物メーカー集団の存在が先進工業国には例を見ない供給集団として存在し，自動車産業とともに発展してきたのである．

　第3節　冷間鍛造金型製造業

　われわれはバブル経済崩壊以後，自動車生産の低迷や部品・プラットフォームの統合でプレス金型（1991年→94年生産額33％減）やプラスチック金型（同37％減）が不況低迷下にある中で，業績を伸ばしている金型企業を産業全体の中から検索した．かつ自動車産業の成長と共に著しく拡大・発展を遂げてきた金型分野・技術分野であることも条件にした．すると不況過程（91年→94年）で生産額下落率がわずか8％，1998年度実績の1991年度比が11.1％増，産業全体に占める構成比が1.8％→2.1％と唯一プラス成長しているのが，鍛造金型であった．鍛造金型の中でも，上述の条件に適した分野が，常温のまま鋼材を成形するために用いられる冷間鍛造金型であることが判明した．鍛造用金型工業の集積地としては大阪府と京都府・愛知県であるが，冷間鍛造金型業のビッグメーカー4社は京阪地域に集中しており，うち大阪2社，京都1社に対してインタビューを実施した（1998～99年）[9]．事例は少ないが，いずれもわが国の冷間鍛造金型製造業の代表的企業といって間違いなく，これら事例企業の発展軌跡を自動車産業隆盛と関連づけて，発展パターンの日本的特徴を論ずる．

1.　**冷間鍛造の技術的特徴**

　ここで冷間鍛造という塑性加工技術の特徴について，簡潔に紹介しておきたい．冷間鍛造は熱間鍛造に比べて，材料の変形抵抗が大きく鍛造圧力・荷重ともに高いため，製品の割れや型工具の破損が発生しやすいという短所を持つ

表 5-4 鍛造技術の比較

	熱間鍛造	温間鍛造		冷間鍛造
鍛造温度	1,000 - 1,250℃	750 - 850℃	300 - 500℃	常温
成形方法	ばり出し方式	押し出し方式 ばり出し方式 密閉方式		押し出し方式 ばり出し方式 密閉方式
材料の変形抵抗	小	中		大
材料の加工限度	なし	なし	あり	あり
鍛造圧力	低い	低い	高い	高い
鍛造荷重	低い	熱間と冷間の間		高い
要求寸法精度	低い	低い	高い	高い
材料の前処理	不要	不要		焼き鈍し
鍛造設備	クランクプレス スクリュープレス アプセッター ドロップハンマー	ナックルジョイント プレス クランクプレス 油圧プレス		多段フォーマー ナックルジョイント プレス クランクプレス 油圧プレス
成形工程	少ない	冷間より少ない		多い

(出所) 遠山恭司 (2001 b) 65 ページ

(表5-4). しかし, 酸化膜の発生がなく, 製品仕上がり形状がきれいで高い精度を実現できるため, 小型部品の大量生産に適している. 熱間鍛造の成形工数と比較してその数が多いのも冷間鍛造の特徴で, 4～6ステーションで部品が成形され, 同じ数だけの金型がセットで必要となる. そこでは耐久性や金型荷重, 金型寿命に長けている金型づくりが求められてきた. これに併せて強度の高い型工具材の開発や新素材 (金属材料) の開発が国内メーカーによって進められ, 冷間鍛造化した部品の範囲をますます広げていったのである.

そもそも鍛造といえば一般に熱間鍛造を想像するが, それは鍛造技術の長い歴史の大部分を熱間鍛造が占めてきたことによるものである. 一方, 冷間鍛造技術の歴史は極めて浅く, 工業化されてまだ半世紀程度の新しい技術として位置づけられる. 冷間鍛造の工業化技術の確立と高度化は, 自動車産業の発展・成長を軌を一にしてきた. 冷間鍛造金型の開発技術と生産現場技術の弛まぬ工

夫・応用と改良が先行し，工学的理論がそれを追う形で急速に普及・発展してきた技術であったといえよう．

2. 冷間鍛造技術の実用化——トヨタを中心に

冷間鍛造技術は，欧米において第2次大戦末期に鉄薬莢の生産技術として開発された押出加工技術に端を発し，その後プレス技術と融合して冷間鍛造加工技術として確立されたといわれる．1950年代初期，冷間鍛造技術の実用化および関連設備（プレス機・自動化システム）の開発では西ドイツとアメリカが先行しており，わが国に西ドイツマイプレス社製の冷間成形専用機が紹介されて以来，量産技術として広く認識されていった．当時，冷間鍛造技術に並々ならぬ関心を示したのが，量産技術の確立を急ぎ国際展開を模索する自転車部品企業や，大量生産体制の確立と量産合理化の確立を同時に求めていた自動車メーカーであった．生産能力の拡大への投資負担が軽く，材料損失がないなど，工程短縮とコストダウンに大きな効果を発揮する冷間鍛造技術は，両産業においては極めて理想的かつ魅力的であった．この技術の実用化とその高度化に意欲的に取り組んだ代表的企業として，まずトヨタ自動車を取り上げよう．

1950年代末，実用化成功の可否は全くの未知数といわれていた中で，トヨタでは冷間鍛造の実用化への取り組みが始まっていた．1958年，同社の開発計画はスタートし，西ドイツとアメリカからそれぞれプレス機・加工機を導入，翌1959年には冷間鍛造開発グループを立ち上げ開発への大きな一歩を踏み出した．まずアクスル・ハブボルトの量産試験に成功（1959年），続いてスパイダーベアリングカップ，ピストンピン，ボールジョイントスタッドなどの部品で「熱間鍛造＋切削加工」から「冷間鍛造」一発加工への転換に成功した（1960年）．さらに1964年には小物部品の冷間鍛造関係を主体にした元町小物機械工場を建設し，さらに小物部品のみならずトランスミッションシャフト，リヤアクスルシャフトなどの大物部品にも応用範囲を拡大していった（表5-5）．

こうした冷間鍛造技術の応用・他工法からの転換により，トヨタは加工設備（旋盤やフライス盤など）の投資を大幅に節減でき，工程短縮によって労務費を

節減し，原価低減を可能にした．その後，冷間鍛造用の工場が拡張・新設され，設備の近代化や大型化に伴って，ピストン・ピンなどの小物ばかりでなく，ドライブ・ピニオン，インプット・シャフトなどが冷間鍛造で量産されるようになっていく．このように，従来複数の切削工程を経ていた部品類が冷間鍛造によるプレス成形に転換され，その部品種類と採用重量は急増していったのである（図5-3参照）．

こうした冷間鍛造技術の応用・転換により，トヨタでは加工機の設備投資を

表5-5　自動車用鍛造部品の一例

部　位	部　品　名
エンジン関係	クランク軸　コネクティングロッド　同キャップ バブルロッカーアーム　IN&EX バルブ　ピストンピン　ピストン
駆動関係　M/T	歯車類　クラッチハブ　シフトフォーク　ベアリングリテーナ
A/T	歯車類　パーキングロックギア
伝達関係	プロペラシャフトヨーク　ディファレンシャルギア　CVJ　ハブ類
ステアリング関係	ジョイントヨーク　ラック　歯車
足回り	ナックル　アッパー＆ロアアーム　ベアリングケース
ブレーキ関係	ディスクブレーキ　キャリパディスクブレーキ　ピストン

（出所）遠山恭司（2001 b）64 ページ

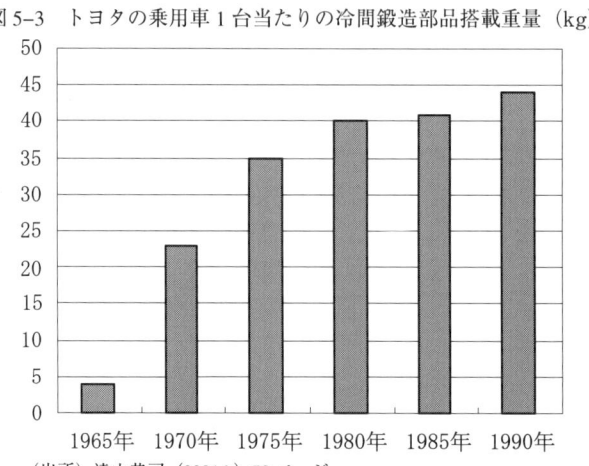

図5-3　トヨタの乗用車1台当たりの冷間鍛造部品搭載重量（kg）

（出所）遠山恭司（2001 b）70 ページ

大幅に節減できたと同時に，工程短縮による労務費の節減が可能となり，大いに原価低減することができたといわれる．

しかし，こうした冷間鍛造部品種類の増加は，トヨタ社内での金型内製能力では対応しきれなくなり，外部市場からの調達が不可避となっていった．

次に，日産の社史から同社の冷間鍛造技術に関する記述を抜粋すると，以下の通りである．

「冷間鍛造は，機械加工工程の省略とともに材料も節約できるため，当社は（昭和）40年代の初めよりトランスミッション部品の一部に採用してきた．その後50年に，横浜工場に大型コールドフォーマーが設置されて以来，急速にその採用が拡大し，現在当社が生産する冷間鍛造部品は16種類に達している．なかでも，58年に横浜工場で実用化された等速ジョイント用ハウジングシャフトの冷間鍛造による一体成形は，熱間鍛造に比べ約1,200グラム／個の材料節減とともに，ボール溝摺動部などの複雑な機械加工工程を大幅に省略することを可能とした．」

（『日産自動車社史 1974-1983』(1985)，97～98ページ）

以上から，いかに自動車メーカーが冷間鍛造技術の研究・習得・実用化に相当の経営資源を投じて取り組んできたかがうかがえよう．

3. 大阪の地場産業から族生した冷間鍛造金型製造業

自動車メーカーによる冷間鍛造部品の比率が高まるにつれ，部品の量産に必要な冷間鍛造用の金型をその分だけ調達しなければならなくなっていった．商品開発と技術開発，主要な部品生産に経営資源を集中させていた当時の自動車メーカーは，金型の外注先を開拓していった．

当時，大阪地域に集積していた伸線ダイス・同加工メーカーが高い強度の金型（ダイス）素材として超硬を使用していたことから，冷間鍛造金型の外注先として白羽の矢が立った．現在，冷間鍛造用金型業界の大手企業3社（N社，

AK社，YG社）は全て，この伸線ダイス製造・加工業を前身としている[10]．伸線ダイス加工業として創業した各社は，地場産業の線材加工業の成熟化と業界再編の兆しを感じつつ，近隣で勢いよく盛り上がり始めた金型工業を間近で見ていた．そこへ冷間鍛造による小型部品の量産化に成功し，冷間鍛造の金型の外部調達を模索していた自動車業界からのアプローチを受けたのである．

これを契機として，各社は地場産業向け伸線ダイス製造・加工を本業としつつ，新たに冷間鍛造金型製造を副業として取り込んでいったのである．伸線ダイス関連から冷間鍛造金型への参入はN社を嚆矢とするが，1960年代後半にはYG社，AK社が同様の経緯で自動車部品向け冷間鍛造金型製造に進出している．

その後，自動車産業の急激な成長と冷間鍛造部品の適用範囲拡大に伴って，1970年代を通してメーカー各社の事業内容は主客転倒し，自動車部品向けの冷間鍛造金型がメインビジネスとなっていった．このことは各社の工場拡張年次からうかがえる．すなわちAK社は1971年に現在地へ本社工場を移転，同年N社も本社工場を移転（現在地），YG社は1976年に本社工場を拡張するなど，1970年代に入って間もなく各社とも冷間鍛造金型製造向けの生産能力を高めていったのである．

当時の自動車産業において，部品の形状や大きさ，部品の使用条件など比較的転用しやすい部品から1970年代以降，急激に冷間鍛造部品化されていったことが背景にある．さらに新素材や金型工具の開発，金型技術やプレス機の高度化などによって，複雑な形状部品や耐久性をクリアした冷間鍛造部品への転用が続けられていった．

とりわけ特徴的なことは，冷間鍛造金型メーカーへのヒアリングによれば，自動車産業の景況が悪くなるたびにコストダウン効果の高い冷間鍛造部品への転用ニーズが高まり，その都度，冷間鍛造金型需要も伸びていった点である．

こうして各社とも次第に伸線ダイス・加工メーカーから冷間鍛造金型メーカーへと事業転換を進め，金型製造および関連治工具の生産に特化していくのである．すでに3社は従業者規模100～200数十名という金型業界では大企業

層に位置し，金型製造だけでなく，開発提案や設備エンジニアリング，試作部品生産や量産部品の生産までトータルサービスを行うレベルに発展している．

　最大手クラスのN社は2000年春に株式の店頭公開を行っている．また，技術的に近い温間鍛造金型をはじめ，中には熱間鍛造や粉末冶金金型まで手がけるメーカーもある点を指摘しておかねばならない．受注の波・幅に悩まされる点では他の金型分野と同様であるため，こうした関連金型の受注でコア・ビジネスである冷間鍛造金型の景況変動を他の鍛造金型受注でリスクヘッジしているのである．

4. 事業領域の拡大

　冷間鍛造金型大手企業3社はいずれも早い時期から金型開発工程に情報技術を積極的に取り入れ，高効率・短納期・低コストの金型開発・製造で自動車産業などのニーズに対応してきた．経営リスクや投資リスクを自ら背負って冷間鍛造金型の専業メーカーとして成長してきた大手3社の開発・設計・技術水準は，自動車メーカー工機部門のそれを凌駕しているといってよいだろう．こうした冷間鍛造金型専業メーカーはそれぞれ独立した存在で競合関係にあるから，技術力・良質なQCDパフォーマンスを競い合い，供給力を高めて自動車部品の積極的な冷間鍛造化をサポートしてきたということができる．

　しかし自動車部品の冷間鍛造化が広い領域に及んでくると，自動車関連企業サイドによる部品の冷間鍛造化需要のこれまで以上の拡大を期待することは難しくなりつつある．他方で自動車メーカーは成長鈍化した国内市場でより多品種のモデル投入でシェアを確保するために，製品開発費用の圧縮と経営資源の戦略的集中に向かいつつある．こうした潮流から，従来，自動車メーカーが購入した金型で製造ラインにおいて試打ち（トライアウト）を行って，必要に応じて金型の調整を金型メーカーに依頼していたが，最近は金型メーカーが部品のトライアウトまで代行し，自動車メーカーはそのサンプル承認後に金型の供給を受けるという形が一般化している．

　できあがった冷間鍛造金型による試作・サンプル取りサービスは，AK社が

1987年に試作工場を構えたことに始まる．金型メーカーが鍛造プレス機（またはフォーマー）を試作用に投資しても，それだけの稼働率で採算が取れるわけではない．しかし，わずかなサービス価格を金型費用に折り込む形でトライアウト代行サービスを行うことは，客先にとって自社の量産設備での段取り替え・試作・点検作業から解放されるメリットを享受させ，こうしたニーズは決して小さくはないとAK社ではにらんだのである．また金型ユーザーは新規の金型とサンプル承認をした後でも，鍛造ラインの切り替えが間に合わない場合には，AK社の試作設備で初期量産（スタートアップ）の代行まで依頼することが可能となる．反対に，AK社にとっては試作工程から生じる生産技術上の問題点を理解でき，そうした情報を設計・開発へフィードバックすることができるというメリットがある．従って試作用設備の投資を財務面だけで見れば不採算だが，経営全般から見れば他社との差別化・競争力の構築につながったと考えられるのである．このようにして客先の要望によっては金型の受注からトライアウトサービス（一部量産初期の代行）に至るまで，冷間鍛造金型メーカーが受け持つというスタイルがAK社によって確立され，一般化していく．

　N社は1988年の新工場建設に伴い，試作用プレスと量産用プレス機を導入して鍛造部品のトライアウト，委託生産事業を開始する．これも客先ニーズに対応する形で取り組まれたもので，試作，量産スタートアップの代行に加え，少ロット部品や量産部品の委託生産に至るまで受注可能としている．AK社に比べると，さらに後工程領域へ進出したことになる．1990年代に入って，より精密かつ複雑な形状をした部品の冷間鍛造化が要求されると，金型形状はより複雑化・超精密化し，ますます試打ち・トライアウトが必要となる．そこでN社は400〜1,250tの4種類の試作専用大型油圧プレス機を鍛圧機械メーカーと共同で開発し，あらゆる形状の部品を試作できるようにした（1998年）．さらに金型技術と鍛造生産技術を融合して，部品の冷間鍛造化の検討段階から，生産設備構想やライン設計構想の提案・エンジニアリング支援事業を手がけるようになっている．これは金型受注・金型製作以前の段階に当たる，前工程領域のサービス事業である．

YG社もAK社からやや遅れて試作事業を開始し，N社より早い1996年には大型試作用油圧プレス (1,600 t) を建屋込みで約5億円かけて導入している．高精度の位置制御とセンサーによる位置・圧力データの収集・解析を可能にしたこのプレス機も，同社と鍛圧機械メーカーとの共同開発によるものである．同社の保有するこのプレス機はもっぱら試作目的に使われ，同社は量産までは手がけない方針といわれる．しかしこのプレス機は新しい工法の提案や冷間鍛造化開発のサポート，また鍛造メーカーなどによる本プレス機の導入支援など，各種付帯サービス事業のベースにもなっているのである．これでYG社においても，後工程の試作から前工程のエンジニアリング支援まで，事業領域を広げてきた．

　以上のような調査企業による金型製作以外の付帯サービス事業の幅を，前工程から後工程まで示したのが表5-6である．鍛造工程やライン・設備に関する提案サービスといった前工程領域のエンジニアリングビジネスには，大手3社すべてが出そろっている．逆に，後工程領域で3社は，各社各様の取り組みをしている．YG社は部品生産は客先領域として踏み込まず，試作取りまでを

表5-6　調査企業の事業領域

	事業領域	AK社	N社	YG社
川上 ↑	工程提案	○	○	○
	設備設計提案	○	○	○
金型開発	鍛造図提案	○	○	○
	CAE	○	○	○
	CAD	○	○	○
	CAM	○	○	○
川下 ↓	試作取り	○	○	○
	スタートアップ委託生産	○	○	×
	少量品委託生産	○	○	×
	量産部品委託生産	×	○	×

（注）CAM以降の金型製作・仕上げなどを除く
（出所）ヒアリングによる

事業領域としている．AK社は多段フォーマーを所有しているが，現段階の保有台数の制約から，試作取りとスタートアップ委託生産までを事業範囲としている．N社は前工程から後工程まで垂直統合する形で，少量・量産部品のアウトソーシングまで引き受けている．N社の領域拡大意欲はさらに先へ向けられており，「ギアにシャフトを組んでしまうといったようなユニット部品受注」を検討しており，「精密鍛造を活かした観点からの部品づくり・提案」へ意欲を燃やしている．ともあれ，量的な拡大を続けてきた冷間鍛造金型市場が1990年代に入って著しく鈍化した中にあって，金型という製品本来のパフォーマンス競争から，より金型の前工程・後工程方向へ広範な付帯サービスを折り込んだトータルパフォーマンス競争へと変質してきているのである．

5. 産業発展の特質

　周知のように，自動車や家電産業において展開された多品種な製品ラインナップと頻繁なモデルチェンジが，プレス・プラスチック金型の不断の需要を生み出した．この自動車メーカーによる激しい多モデル開発競争が，同金型分野の企業数や生産額の急激な伸張につながっている．しかもバブル崩壊以前までは，不況期でさえ，その打開策のために新製品投入・機種更新が行われたから，「不況知らず」の代名詞が同金型分野につけられた．すなわち「多品種量産・モデルチェンジのロジック」が，プレス金型とプラスチック金型の産業発展の基盤であった．

　一方，冷間鍛造金型はどうだろうか．すでに見てきたように，多工程の塑性加工と機械加工を要する部品を何とか低コスト，低予算（投資），かつ歩留まり良く大量生産できないかを追求したのが，冷間鍛造技術である．従って冷間鍛造金型の需要はモデルチェンジによるものではなく，「工法転換・コストダウンのロジック」によるものであった．ある冷間鍛造金型企業の代表者が面談で述べているように，「不況の時にこそ，コストダウンの勢いが強まるため，冷間鍛造金型需要はますます伸びてくる」ことから，さしずめ冷間鍛造金型は「不況こそさらなる発展のチャンス」という性格を持つといえるのである．

歩留まり良く，材料ロスを減らし，できるだけ工程を短縮して低コストで部品を量産することが，日本の自動車メーカーや部品メーカーの至上命題であったから，それに耐えうる金型づくりが要求された．その要求に応える形で技術力を高めてきた冷間鍛造金型製造業は，それぞれアメリカ，韓国，シンガポールへ一時進出してみたが，それらの国では冷間鍛造部品市場が未発達であったことや金型補修や生産管理などの生産技術能力不足といった問題に直面し，思ったほどの市場開拓をできずに撤退した経験を持っている[11]．このことからも，冷間鍛造金型製造業の発展が日本自動車市場において特徴的であったことがうかがえよう．ただ新しい動きとして，N社は北米での精密冷間鍛造部品市場の拡大を見越して，2002年秋の稼働を目指してケンタッキー州北部に工場建設を計画した（『日経産業新聞』2002年1月8日号）．同社は日本での事業展開パターンを，北米の日系部品企業やアメリカメーカーへの販路開拓を通して適用しようとしているものと考えられる．

　冷間鍛造金型需要のリピート性，これがもう一つこの金型産業の特徴といえる．プレス・プラスチック金型でも冷間鍛造金型であっても，成形回数（ショット数）を考慮に入れて材質を選び，強度設定を考慮して製作される点では同じであるが，使用条件・環境が大きく異なる．プレス・プラスチック金型に比べて冷間鍛造金型の成形時にかかる荷重，引っ張り強度や衝撃が大きいため，冷間鍛造金型は破損や故障が発生しやすい．そこで壊れた工程の金型だけ追加リピート需要がしばしば発生する．また客先が増産のための設備投資をすれば，同じ金型セットが追加発注されるのである．このようなリピート需要では同じ金型の単体や一式をつくらねばならないから，それに効率よく対応できるような開発・設計方法の規格化や設計資料・データの保存（データベース化）への強いインセンティブを金型メーカーはもつに至った．そのため，金型産業の中でも早い時期からコンピュータ支援による設計・データベース化が冷間鍛造金型産業で取り組まれることとなったのである．

まとめ

そもそも日本の自動車産業の発展それ自体が，国際的に見て極めてユニークであることは，すでに第2節でまとめたように，周知の通りである．それに加え，素形材産業の中でも近年，特に研究の蓄積が進んでいる金型産業では，その産業としての独立性基盤が，分業生産システムの歴史的形成条件にあったとする見解についても，広く受け入れられるものであろう（田口（2001））．

ただ，本章で展開したプレス金型用鋳物産業と冷間鍛造金型製造業の歴史的・実態的考証からは（表5-7参照），素形材産業における日本的な産業発展のあり方に対して，追加的あるいは幅を持たせた議論を展開しうるのではないかと考える．

表 5-7 自動車素形材産業事例の概要整理

	金型用鋳物製造業	冷間鍛造金型製造業
前の主要生産分野	産業機械部品・船舶部品	異形線加工・ダイス加工
自動車企業との取引開始	1950年代-60年代	1960年代
自動車企業の姿勢 （1960年代～）	鋳造メーカーに対してフルモールド法実用化を強く要請	冷間鍛造部品への転換を積極的に推進
工法・技術上のメリット	フルモールド法 ・木型コスト不要 ・リードタイム短縮 ・後工程の加工作業軽減	冷間鍛造部品への転換 ・高単価の切削工程・設備不要 ・量産効果とコストダウン ・後工程の加工作業軽減
各メーカーの対応 （1960年～70年代）	・事業比率を次第に高度化 ・一般に主要顧客依存度も高め	・事業比率を次第に高度化 ・取引先は多様，1社シェア低い
関連産業のサポート （1960年～70年代）	・発泡模型素材の改良（化学メーカー） ・模型用NC加工機開発（木工工作機械メーカー） ・鋳物砂粘結剤の改良（化学メーカー）	・超硬材の改良（素材メーカー） ・NC工作機械，放電加工機など工作機械の高精度化 ・冷間鍛造用設備の改良（設備メーカー）
モデル開発競争の影響 （1960年～70年代）	・需要増 ・技術実用化・高度化の機会	・新規冷間鍛造部品採用の機会 ・技術の高度化の機会
現在の課題 （1990年代末～）	・コストダウンと納期短縮要請 ・発泡模型の自社加工・調達要請 ・CAD・CAMシステムの対応 ・自動車以外での営業開拓	・コストダウンと納期短縮要請 ・開発提案，量産立ち上げ生産への対応 ・自動車以外での営業開拓

（出所）筆者まとめ

まず第1に，日本の自動車メーカーは大戦後，本格的な国民車生産に乗り出した自動車後発企業であったため，その後進性の克服と超克を新しい技術への関心と導入・実用化に執着し，さらに素形材産業サプライヤーに対してもそれを要請した．1950～60年代当時，すでに欧米企業において先進的な塑性加工（鋳造・鍛造技術）・生産技術は後発からの追い上げであったが，まだ未確立であった冷間鍛造技術やフルモールド鋳造法といった新技術については，日本の自動車メーカー・素形材産業中小企業群は欧米企業とほぼ同じスタートラインに立っていた．そしてその新技術が，とりわけ工数・工程の合理化・短縮化，生産性の向上，コストダウン，使用材料資源の節約に大きく期待できるものであれば，日本企業はその習得と高度化に欧米企業以上に取り組むこととなった．後発技術については猛烈な追い上げを，新技術については同時的実用化・高度化をしていくことで，日本自動車産業・素形材産業は欧米企業に対する技術劣位を克服しようと努める誘因が強烈に働き，結果，20世紀の後半の間に生産技術的な優位性を築くに至ったのである．

第2に，分業体制の形成に関連するものとして，金型用の鋳物，冷間鍛造金型といった生産財を外注依頼する産業基盤が存在したことにも触れなければならない．金型用鋳物の場合，工作機械用ベッドや産業部品，船舶部品を鋳造していた鋳物業，冷間鍛造金型の場合は伸び線・異形線加工・ダイス製造企業がその基盤となった．これらの企業にとって，当初は，将来的に期待のできる産業からの受注とは考えても，その分野に経営資源を多く割く理由はなかった．

しかし，1960年代以降のモータリゼーションと自動車企業競争の激化は，各社の新車投入・モデルチェンジの活発化をもたらした．このことは，第3に，金型用鋳物メーカーや冷間鍛造金型メーカーの自動車企業取引比率，自動車関連売上比率を高めさせることとなった．自動車の外板を成形するプレス金型需要が増大し，技術的に未成熟だったフルモールド鋳造法による鋳物づくりにおいて製造技術を改善・工夫する機会が数多く出現した．激しい乗用車競争では他社との技術的差別化や価格差を追求する傾向がモデル開発の多様性によって出現し，様々な切削部品を冷間鍛造部品化する挑戦が自動車メーカー開

発部門，工機部門で進められ，量産化にあたって金型部品加工・金型製造の外注化が行われた．したがって冷間鍛造金型製造業にとっても，モデルチェンジや新車投入が，冷間鍛造部品化が行われることによって技術の改善・高度化を図るチャンスとして機能した．

第4に，こうした需要増と技術高度化のチャンスの数量的多さ，そこでの要求水準の漸進的高度化が，金型用鋳物メーカー・冷間鍛造金型メーカーの技術水準を世界レベルへと到達させていったと考えられる．高度成長期から安定成長期にかけて，自動車産業では，不況による販売台数減少をモデルチェンジで需要喚起し，プレス金型用鋳物の需要はプレス金型同様「不況知らず」といわれたし，冷間鍛造金型は「不況の時こそコストダウン」ということで，やはり工法転換が積極的に行われたのである．

その一方で第5に，モデル開発の多様さが，欧米の同業種に見られない特徴，すなわち自動車産業比率への高依存，特定の技術分野への事業比率傾斜を強めた独特の素形材産業を形成した．一般に，欧米の同業企業は自動車比率や特定技術に特化することを嫌い，いくつかの産業を顧客対象とし，複数の技術分野に備えるといわれる．長期継続的な取引慣行を形成するインセンティブが欧米では低いといわれ，経営リスクを複数の取引先・事業部門をもつことでヘッジするのが一般的である．

最後に，ここで取り上げた素形材産業の発展は，個別中小企業の技術習得及び技術レベルの高度化への積極的な挑戦が主体的要因であることはもちろんのことであるが，関連産業のサポートにも言及しておく必要がある．生産工程や加工作業を効率的に行うための素材改良を進めた化学メーカーや素材メーカー，NC工作機械やマシニングセンター，放電加工機などの各種工作機械メーカーや鋳造設備や鍛造プレス機などの装置メーカーによる低価格・高品質商品の開発・販売など，国内関連製造業が同時期に発展・成長したことが大いに関係しているのである．

バブル崩壊以降，日本自動車産業は，長引く不況による市場収縮下で，国内市場の継続的成長パターンを想定した経営が成り立たなくなった．海外市場へ

の輸出も，自動車メーカーや部品メーカーの現地生産に代替されるようになった．モデルチェンジのサイクルはやや長期化する局面を迎えているとはいえ，自動車の開発期間の短縮とコスト削減への取り組みは，ますます厳しさを増してきている．

このことは，素形材産業全般に対しては，負のインパクトを与えている．特にアジア・中国における現地生産シフトと生産財の現地調達が，国内素形材産業の困難を惹起している．

近年ではモデルの統合・整理，モデルサイクル長期化の傾向で，金型用鋳物の需要は伸び悩んでいる．しかし，購買意欲を喚起するためにモデル開発は行われ，10～20ｔもの重量を要するプレス金型用の鋳物をアジア・中国でつくり，国内へ輸送してくるのは納期，設計変更，品質などの面で現実的なものとはなっていない．従って，モデル開発が各社によって続く限り，地元立地・調達構造が合理的な金型用鋳物の産業構造に大きな変化は当分見られないものと考えられる．しかし鋳物メーカーは需要減に対して，フルモールド法の適用がこれまで受け入れられなかった異業種分野に対してその低コスト，短納期，形状仕上げの改善をセールスポイントに積極的に新規開拓をするメーカーも出てきている．

また，冷間鍛造金型企業は，自動車部品での冷間鍛造への工法転換が次第に鈍化してきたため，熱間鍛造と冷間鍛造の中間となる温間鍛造や粉末冶金などの分野を手がけたり，冷間鍛造の部品生産サポートや工程エンジニアリングサービスを始めたり，また自動車以外の顧客を開拓する傾向にある．

世界に稀な発展過程を邁進してきた日本自動車産業と，その発展構造の中に独特な発展要因を見出し，それを主体的な企業家行動で産業発展に結びつけて金型用鋳物産業，冷間鍛造金型製造業が発展してきたことを試論として提示した．幅の広い素形材産業全てにこの２つの産業研究がそのまま適用できるとは考えないが，類似した産業発展のプロセスと要因があるものと思われるし，また，そうでなければなぜそうでないかを研究する上での比較対象には一定の有効性を示唆するものと考える．さらに，今後の素形材産業のあり方，展望につ

いては，発展の条件や要因，主体的な経営行動のあり方などにおいて，かなり業種別の方向性が生じており，歴史的要因を踏まえた21世紀の発展展望を業種別に考察していく必要性が高まってきている．こうした課題については，機会を改めて取り組むこととしたい．

1) 大島編（1987），池田（1987），伊丹・加護野他（1988），下川（1992），藤本・武石（1994），植田（1999）などを参照．
2) J・ウォマック他（1990），クラーク・藤本（1994）を参照．
3) 池田（1991 a, 1991 b）を参照．
4) 本研究は池田正孝豊橋創造大学大学院教授（中央大学名誉教授）を研究代表者とした平成10-11年度文部省科学研究費補助金・基盤研究B 2「バブル経済崩壊以後の自動車開発支援型産業の研究」（課題番号 10430010）の研究成果の一部である．ここで取り上げたプレス金型用鋳物と冷間鍛造金型の他，プレス金型，プラスチック金型，鋳造金型，試作金型，車体溶接治工具，工作機械，自動車部品などの企業が調査対象とされた．これらの調査のほとんどは，池田正孝教授，中川洋一郎中央大学教授とともに実施された．プレス金型用鋳物と冷間鍛造金型に関しては，拙稿（2001 a, 2001 b）を参照．
5) 筆者らの企業インタビューによる．また，田口直樹氏はアメリカ金型工業の生産形態を日本と比較し，一般に金型産業でも日本の金型外販専業企業群の形成が日本に特有であることを指摘している（田口（2001））．
6) 技術導入当初，鋳造技術については三菱グループとして三菱重工業三原製作所が先導役を果たした．
7) 金型用鋳物メーカーのほとんどが戦前・戦中の創業と古く，産業用や船舶用の鋳造カーであった．調査企業の一覧は以下の通りである．

表5-8 プレス金型用鋳物メーカーの概要（1998-9年）

企業	創業	所在地	従業者数	月産総重量	金型向け売上比
A社	1938年	愛知県	110人	1,000 t	90%
B社	1915年	東京都	70人	600 t	80%
C社	1927年	静岡県	433人	4,350 t	80%
D社	1952年	愛知県	85人	1,000 t	40%
E社	1916年	兵庫県	700人	700 t	15%
F社	1910年	広島県	68人	800 t	100%

（出所）インタビューによる

1950年，すでに数トンから10トン級鋳物の生産能力を保有していたため，自動車メーカーから金型用鋳物を発注できる格好の対象であった．鋳物の大きさ故

に，鋳物メーカーの選択は，自動車メーカーの近接立地しているところとなった．すなわちトヨタは愛知県内（A社），日産は東京大田区（B社），本田技研は静岡県（C社），三菱自動車は愛知県（D社）と兵庫県（E社），マツダは広島県内（F社）であった．
8) FMC技術会議において参加企業の間で重要なノウハウ・情報が，オープンな形で交換されることはなかったようであるが，金型用鋳物サプライヤー各社は同業会社からの刺激やヒントを各社なりに受け止め，技術の高度化を図った．またFMC技術会議後は，数社の金型用鋳物メーカーが交流会（フルモールド・ファミリー）を立ち上げた．そこでは，フルモールド法を実用化した独人研究者を通して米独鋳物メーカーにまで交流範囲を広げ，技術の研鑽を続けたといわれる．企業インタビューによる．
9) インタビュー企業3社の概要は以下の通り．

表5-9 冷間鍛造金型製造業の概要（1999年）

	資 本 金	従業員	売上高	自動車関係
AK社	5,000万円	125人	19.5億円	60%
N社	8億999万円	269人	63.2億円	80%
YG社	8,000万円	200人	40億円	90%

（出所）インタビューによる

10) それぞれ創業時の立地と創業年については，N社は大阪市（創業1959年），YG社は東大阪市（同1961年），AK社は守口市（同1956年）であった．インタビューによる．
11) 従来の切削部品から冷間鍛造部品へ転換するためには，冷間鍛造用プレスの投資と生産技術要員の確保・育成など多大なコストを伴う．投資することによって十分なリターンが確約されていなければ，冷間鍛造部品へ転換するインセンティブは働きにくい．

参 考 文 献

浅沼萬里『日本の企業組織 革新的適応のメカニズム』東洋経済新報社，1997
池田正孝「自動車部品工業の下請システムの国際比較」『商工金融』1987年7月号，1987
池田正孝「日本における自動車開発支援型産業（1）―プレス金型産業―」『経済学論纂（中央大学）』第32巻第3号，1991a
池田正孝「日本における自動車開発支援型産業（2）―車体溶接治工具産業―」『経済学論纂（中央大学）』第32巻第4号，1991b
池田正孝「自動車産業における開発ネットワークの新展開」『経済学論纂（中央大学）』第33巻第1・2号，1992
伊丹敬之『日本の自動車産業 なぜ急ブレーキがかかったのか』NTT出版，1994
伊丹敬之・加護野忠男他『競争と革新 自動車産業の企業成長』東洋経済新報社，1998

植田浩史「中小企業とサプライヤ・システム」『企業環境研究年報』第4号，1999
大島　卓編『現代日本の自動車部品工業』日本経済評論社，1987
キム・クラーク，藤本隆宏『製品開発力』ダイヤモンド，1993
J・ウォマック他『リーン生産方式が世界の自動車産業をこう変える』経済界，1990
下川浩一『世界自動車産業の興亡』講談社現代新書，1992
田口直樹『日本金型産業の独立性の基盤』金沢大学経済学部（研究叢書11），2001
遠山恭司「自動車素形材産業における技術革新とサプライヤー・システム―プレス金型用鋳物の事例研究―」『日本中小企業学会論集』第20集，2001 a
遠山恭司「自動車産業の成長とともに拡大発展した日本の冷間鍛造金型製造業―『工法転換・コストダウンのロジック』志向の量産技術―」『経済学論纂（中央大学）』第41巻第5号，2001 b
トヨタ自動車工業株式会社『トヨタ自動車30年史』，1967
トヨタ自動車工業株式会社『トヨタのあゆみ』，1978
トヨタ自動車工業株式会社『創造限りなく　トヨタ自動車50年史』，1987
中川洋一郎「日本における自動車開発支援型産業（3）―アメリカ人研究者から見た日本のプレス金型―」『経済学論纂（中央大学）』第33巻第3号，1992
日産自動車株式会社『日産自動車社史　1974－1983』，1985
藤本隆宏『生産システムの進化論』有斐閣，1997
藤本隆宏・武石　彰『自動車産業21世紀へのシナリオ』生産性出版，1994
藤本隆宏・清晌一郎・武石　彰「日本自動車産業のサプライヤーシステムの全体像とその多面性」『機械経済研究』第24号，1994
三井逸友編『日本的生産システムの評価と展望』ミネルヴァ書房，1999
渡辺幸男『日本機械工業の社会的分業構造』有斐閣，1997

第 6 章

金型産業における技術革新の一断面
——高速加工実現へ向けての異種企業間の協力——

はじめに　市場の不確実性の増大による金型メーカーへのプレッシャー

　平成に入って「バブル」が崩壊すると，市場は大きく変わった．一般的に市場において供給過剰になっているが，しかし，単に《もの》が売れないというのではない．意外なものが爆発的に売れるかと思うと，メーカーが市場調査を念入りにして「これこそは」と意気込んで発売した新製品が売れなくなっている．つまり，売れるものが何かということを，生産者が把握できなくなっている．一般大衆を対象とする電気機器や自動車などの耐久消費財市場がますます不安定かつ不確実になっている．
　では，かかる事態に対して，メーカーは，どのように対処すべきなのか．(1) 品質が良いこと（高品質）は当然のこととして，(2) 競争相手よりも一日でも早く市場に商品を供給し（短納期），(3) デフレの進行下，1円でも安い価格（低コスト）で売り出すことが競争に勝つためには不可欠である．しかし，ここに来て，さらに売れ筋商品に関して不確実性が高まっているのだから，(4) 売れなかった場合でも経営上の損害を最小限に食い止めるために固定費を最小限にすること（低固定費）の必要性が高まっている．
　電気機器や自動車などの耐久消費財は現代的な大量生産の典型的事例であ

り，かかる大量生産は，金型に代表される専用工具によって実現されている．最終商品市場からの圧力にさらされている耐久消費財メーカーにとって，金型をより短納期で，しかも，低コストで調達することが自社そのものの浮沈を左右するまでに至っている．その結果，耐久消費財メーカーは，金型メーカーに対して，金型を「高品質のままで，より短い納期で，より低コストで」供給するよう，強い要請を行っている[1]．

日本においては，金型メーカーに対する《高品質・短納期・低コスト》の要請は伝統的に過酷なものであったが，前述のように，平成に入ってからは一段と厳しくなっている．このような状況下，数年ほど前から《高速加工》の実用化によって，金型業界に大きな技術革新が進行している．以下，本章では，この技術革新は，単に「高速回転のミーリングマシンが開発されたので，実用化された」という単発的な事象を超えて，日本における企業間・個人間の協業体制から実現したものであり，その産業基盤の強さを物語っていることを論じていく．

第1節　金型メーカーへの圧力

金型メーカーへの圧力で最近きわめて顕著なものが，リードタイムの短縮である．平成になってから，全体的傾向として金型のリードタイムが大幅に短くなっている．

日本における金型のリードタイムは，欧米の同種の製品に比べて，以前から大幅に短かったのであるが，ここ数年はさらに一層短縮されている．もちろん，その理由として，欧米さらには東南アジア・中国におけるリードタイムが急速に短縮し，日本の金型製作のリードタイムに対して，キャッチアップが著しいという競争要因もある．かかる途上国からのキャッチアップもあって，近年における客先からの日本の金型メーカーに対する短納期化の要請は，きわめて深刻である．

静岡県富士市のM社（射出成形用からプレス用まで広く手がける金型メーカー）によると，「今では納期が8カ月から4カ月になった．しかも値下がりが激し

く，以前のような価格ももらえなくなった．山谷も非常にはげしくなってきた．加工方法も倣いからデジタルになった．5年前に退職した人たちが納期4カ月というと，たぶん信じないだろう．欧州でも良い機械を入れているので，彼らもある程度の期間でできるようになる．われわれは現地に金型を送るだけで1カ月かかるから，納期は2カ月でないと勝負できない．そうなると，欧州に出ていかざるをえない」というように，ヨーロッパでさえ納期は短縮傾向にある．

「電話をもらって，設計をスタートしてから（ファースト・トライまで）100日でつくる」というように，バンパー・インパネクラスのような大型金型の業界では，暗黙の言い方として一般に「100日戦争」と言われている．自動車最大手のT社では「データを出してから，ファースト・トライまで，プラスチック型（本型）を実質100日でつくってほしい」と要望が来ている．その理由は，自動車メーカーは，開発期間の最初の5カ月で「かためて」（＝金型を確定して），あとの1年で量産へ向けてのライン戦略を練り上げるためである．しかし，金型メーカーの中には，「100日戦争をそのままやっては駄目で，今期平成11年上期からは，次のステップに入っていく．『90日戦争』でやれと社内には言っている」とさらに納期を短縮することを目指している企業もある．

広島市のM工業（ボディ用板金部品．2001年4月より，K社と合併して，株式会社キーレックスに社名変更した）でも，同社のメインの顧客であるM社（広島の自動車メーカー）のデジタル化戦略MDIの推進もあって，納期は短縮傾向にある．

「T社で言う5.5カ月というのは今では長い方である．現在では，顧客からデータを受け取ってから，金型設計も含めて4カ月が納期となっている．こういう形のものの金型を作ってくださいというデータを客先からいただいて，そこからスタートして，設計，鋳物，機械加工，トライアウト，パネル出し，そこまで含めて4カ月である．しかし，弊社の社内での仕事の進め方として，猛烈にタイトであるから，われわれの悩みは，そこのところを，みな各工程で仕事を入れずに空けて待っていることである．よその仕事と一緒にやるというわ

けには行かないので，コンピュータ化だけでは処理しきれない．オーソドックスなやり方として，コンピュータを駆使してというような柱があるが，正直言って，それだけではまだ足りない部分があるので，私どもとしても，どうしてもサイマルテニアスというか，コンカレントというか，前へ引っ張りに行って先行情報を仕入れながら対応している」．

　カーメーカーの3割コストダウン要請が95年頃からきつくなってきた．それが牽引となって，一段と金型製作の納期短縮化につながった．客先の望んだ期間内で開発するというニーズが出てきた．自動車開発では，図面フリーズから量産まで以前は24カ月だったが，今は12カ月となっている．24カ月なら金型の期間も4カ月とれた．しかし，現在ではもう金型開発には2カ月間しか取れない．コストダウン要請に加えて，1998年頃から納期短縮への要請が急速に高まってきたのである．

第2節　金型製作者に課せられた課題への対応

　以上のように，納期短縮化への動きには，国内市場からの要請と外国メーカーからの競争の激化という二つの側面がある．かかる状況下では，従来のような工法では，ユーザー（自動車メーカー・部品メーカーなどの耐久消費財・部品のメーカー）からの要請にはとうてい応じきれない．

　近年では，金型の海外調達という制約も考慮しなければならない．ある自動車メーカーのエンジニアの話では，金型に関しては，日本が一番安いという．為替で換算して，$1＝100円レベルで計算しても，日本の金型は依然として安い．しかし，海外に進出した日系メーカーが，現地で金型を調達する場合には，公式には現地の金型メーカーへの発注が前提となっていても，現在は日本の金型メーカーに発注して迂回調達している状況である．在米日系メーカーは現地企業に発注するが，その現地企業が日本の金型メーカーへ発注して，その製品がアメリカへ運ばれるというのが，金型発注の流れになっている．日本の金型メーカーにとって，ユーザーによる「型の現地調達」は，海外への輸出という制約になってしまうのである．アメリカの金型メーカーでは設変対応でき

ないし，コストもアジア，アメリカ，欧州で比較すると，日本での 1.6 倍になるが，しかし，できた金型を船便で運搬しても，納期・コストの点で日本から送っても採算は取れるので，今後も環境が激変しない限り，日本と外国との格差は縮まらないであろう．もちろん，日本は不況で苦しいし，国内の型の発注量が下がっているが，しかし，その苦しい状況に対応しようとしている．生き延びるということは，コストを下げるということで，コストを下げられるメーカーだけが生き残る．日程はさらに短く，コストを安く，品質は同じというのは日本の強みではあるが，世界的環境からすれば，日本は非常に厳しい競争を迫られている．

これらの厳しい課題に対する対応としては，現在の主要な流れとして (1) 高速・高精度化，(2) 3 次元ソリッドモデラーによる CAD・CAM の適用，(3) ラピッド・プロトタイピング[2] がある．これら三者はいずれも相互に関連しているが，現在のところ，高品質を維持したままで，短納期・低コストという上記の課題に対する解のうち，一般に推進されているのが，高速加工である．

なぜなら，金型製作の短納期化における最大の障害が，仕上げ加工工程の長さであるので，仕上げのための磨き工程と放電加工工程をいかに排除するかが課題となっているからである．しかも，磨き工程は熟練に依存する度合いが高いために，今後ますます熟練工を確保することが困難になることが予想される[3]．

1. 機械加工における革新

上記のような金型メーカーに対する厳しい要請への対応形態として，機械加工における革新を挙げることができる．

(1) 「突き加工」（大型射出成型用金型）

高速加工の範疇には入らないが，まず，「突き加工」と呼ばれる独特の機械加工技術によって，リードタイムを短縮した事例を見てみよう．愛知県稲沢市にある金型メーカーの T モールド社（インストルメントパネルやバンパーなど大物の射出成型用の金型製作）が，「突き加工」を開発して，開発期間の短縮を果た

している．

　同社が4カ月とか6カ月で仕上げるインパネ用金型で使用する機械は，世界で1台しかない．いわゆる「粗取り」（微細加工である仕上げ加工を行えるよう，その前に実施する荒削り）の制御機であり，突き加工ともいう．「突き加工」というのが，金型技術の中では流行語になっている．本家は同社であると言う．

　「突き加工」では，アタッチメントとして，超硬の刃をつけて，突いていく．普通は切削だとエンドミルが回転して横へ行くが，突き加工は縦へ行く．横に力をかけて削ると刃物が傷む．そこで，縦に突いていくとスピードも非常に違う．刃物が回転しながら下へ移動していくわけである．単位時間当たりの切削ボリュームが上がるので，切削の効率が4～5倍は違う．

　プレスの金型に関しては，加工対象となる鉄板は3ミリとか，せいぜい10ミリ以下であるが，プラスチック用金型では真四角の鋼材から削るから，いかに粗取り，中取りの効率を上げるか，スピーディにやるかがポイントとなっているので，「突き加工」が大いに威力を発揮する．

　しかし，一般的な傾向としては，高速回転が可能となった工作機械を利用しての高速での切削が主流である．

　(2) プラスチック用金型での高速加工

　プラスチック射出成形用金型の製作においては，これまで放電加工が重要な加工技術として多用されてきた．プレス用金型では，一枚の板金を成形してゆくので比較的に切削の深度が浅いが，プラスチック用金型では多様な形状の部品を成形するために，切削深度が深く，かつ，複雑な形状を取るのが普通である．その点，放電加工なら，かかる過酷な切削条件に対応できるからである．ただし，放電加工は切削速度が非常に遅いことが欠点であった[4]．

　放電加工では，通常はカーボン電極を使用する．しかし，その電極は加工物に合わせて作製しなければならないうえに，電極は減るから，何度も使えない．しかも，加工速度が小さいという欠陥があるので，放電加工機は効率的な機械ではない．従って，一般的な傾向としては，できるだけ放電加工を減らそうとしている．放電加工は切削速度が遅いので，できるだけカッターで削っ

て，どうしても切削ではできない箇所だけ放電加工で切削する．放電加工と機械加工では，加工のスピードが非常に違うのである．放電加工という切削方法が消散することはないであろうが，NC（数値制御による加工機）の回転数が上がると機械加工の比重が高まるであろう．

　このような放電加工から機械加工へという趨勢の中で，工作機械業界では，「高速加工機を金型メーカーが積極的に導入している」と，1990 年代半ば頃から言われるようになった．すなわち，コストダウンと納期短縮への対応としては，機械加工の面ではまず何よりも高速加工の推進が王道であると考えられた．

　高速と呼ぶのに値するのは，現在では 2 万・3 万・5 万回転で，刃物の送り速度も毎分 50 m が普通になり，場合によっては 100 m にもなっている．現在では直結モーターのおかげでいくらでも回転を上げることができるようになった．1990 年代半ば当時の工作機械がはたして金型加工において有効に使えたかは疑問があるが，しかし，それまでの常識の工作機械に比べると，それでも当時，金型メーカー向けに販売された工作機械は数段レベルアップした速度を実現していた（4,000 回転，送りで 4 m が一般的だった）．

　もちろん，かかる機械がどこまで金型製作に本格的に使えるかは不確定であるが，しかし，1995 年頃から金型メーカー向けの工作機械の種類も急速に増えていった．しかし，現実に，高速加工機が金型メーカー向けに売れ始めたのはせいぜい 1990 年代末になってからである．

　しかし，ここで倍速機などの使用は厳密な高速加工とは言えない．大手のインジェクション型メーカーでは，速度を上げるために倍速機などを使用しているが，しかし，倍速機では，本格的な高速加工には対応していない．その種の機械では，まだまだ本格的な高速加工はできない．ソフト，プログラム，刃物，すべての面で高速加工に値しない．

　基本的な高速加工機というのは，粗彫りからである．例えば，（株）M 機械の製品は，型用の機械ではないから，本格的な高速加工には使用できない．金型用のマシニングと部品加工用のマシニングは，見かけは同じかもしれない

が，使い込んでいくと，両者は全く違う．金型メーカーに供給している，例えば（株）Mフライスと，（株）S工機，M精機などの一般汎用加工機とでは，はっきり差が出てくる．

高速加工の利点としては，まず，より精密な加工が可能となったことが挙げられる．精密加工のためには切削バイトが小径でなければならないが，しかし，小径になればなるほど，回転数が上がらないと周速度が低い．高速で刃物が回転するようになったので，小径のカッター（刃物）を使えるようになり，その分だけ精密な切削が実現した．

(3) ボディ用金型での高速加工

自動車ボディ用のプレス金型製作には，以下のような特有の条件を満たさなければならない．

① ボディ用金型は，最大 4.5 m×2.5 m のサイズ（重量 25 トン）なので，大きくて，重い．

② 広い面積を切削と手仕上げで加工しなければならない．

③ 外板用であれば，形状部最大面粗さが 5 μm 以下という高品質であるので，熟練技術者による手仕事による仕上げ加工が決定的に重要である．

④ 金型形状曲面は，ボールエンドミルによるので，非常に効率の悪い切削加工である．

⑤ 型加工には大型のマシニングセンターが使用されるので，設備に費用がかかるので加工能率が常に問題視される[5]．

先に見たようにバブル崩壊後の市場不安定化の中で，上記のような自動車ボディ用大型金型には特有の過酷な条件があるので，金型製作者には，納期短縮化とコスト低減が喫緊の課題として突きつけられているのである．主要な対策は，言うまでもなく高速・高精度加工の実現である．高速加工によって，その分だけ能率を落とすことなくバイトを小口径にできる．従って，その分だけ高精度を実現できる．切削によって，形状表面の面粗さを小さくすることで，最も時間のかかる手仕上げ作業を軽減し，ひいては，ゼロにすること（仕上げレ

ス）も可能となってくる．

　平成12年前半における日産自動車の取り組みによると，ボディ用の大型金型の加工において，送りと回転は最新高速加工機の2倍，加速度は3倍を記録するまでになった．その他にも小さな改善を積み重ねて，最終的には製作期間の40％近くを短縮できた．現状では，プレス型に関しては，磨きレス・放電加工レスは実現しつつある．プラスチック用の射出成形型に関しては，それらは100％排除することはまだむずかしいが，しかし，その作業量を大幅に軽減することに成功しつつある[6]．

(4) 高硬度加工

　納期短縮のための有力な方法として，高硬度加工がある．柔らかい材料を加工すれば切削時間は短いが，その後に焼き入れをして，さらに仕上げ加工が必要である．しかし，高硬度の材料に切削加工すれば，一挙に仕上げ工程にまで到達するからである．

　かくて，インジェクション関係の金型メーカーにおいて，90年以降，高硬度の材料（硬度が40〜50 HRCくらいの硬い材料）を使うようになった．以前は金型の材料を生の状態で削って，焼き入れして，電極を作り放電加工して，変質層ができるから，そこを磨き取るという加工方法を採用していた．しかし，このような過程を経ていては時間がかかりすぎて，客先の要求する納期に間に合わなくなってきた．そこで，硬度の入った（焼き入れの済んだ）材料から削る工法（＝プリハードン法）を行うようになった．これによって大幅な時間短縮が実現した．以前の工法で1，2カ月かかるものが，現在では1週間かからない．

　高硬度加工ができるようになって，生産方式が一新した．その結果，工作機械に求められる条件が大きく変わったので，それまでは金型製作には適していないと考えられてきたメーカーの工作機械が使われるようになった．

　工作機械メーカーであるY工業（以下，Y社）によると，1990年代初頭のバブル崩壊後，産業界において，工作機械（マザーマシーン）への設備投資が激減した．しかし，その際にこのメーカーにとって追い風となったのが，上記のような工法の変化（高硬度加工が主流になってきた）であった．金型業界におい

ては，Y社製機械は高すぎて駄目という評価があったが，しかし，高硬度加工においては他社製の機械に比べて，同社製のスピンドルなどが比較優位であり，他社製機械のデータと比べて，その3割アップを期待できるため，高硬度加工には適しているという売り方だった[7]．

同社によると，高硬度加工が同社製工作機械でうまくできる理由は，第一に，刃物をつけて削る主軸の剛性が非常に高いからである．テーブルやスピンドルヘッドを動かす送り径の造りが全く違う．非常に手間をかけて剛性を強くしている．こうした点で，重切削もできるし，面も加工したままで非常な精度で仕上がる．

第二の利点としては，刃物・工具の寿命が非常に長い．高硬度加工をすると，機械の償却だけでなく，刃物の寿命が重要である．同社の機械が1億円で，それを10年で償却すると仮定する．1億円の機械を10年間の定率償却で考えると，1時間が0.201くらいになる．つまり，大体1万円／時間くらいの償却金額になる．そうすると，安い機械で6,000万のものを買ったとして，償却は6,000円／時間．つまり4,000円の差額がある．しかし，高硬度法で削る工具は1本1万円くらいするのだが，同社の機械で使うと，1本の刃物で1時間くらいの寿命を持つ．これに対して安い機械だと，刃物金額が3倍くらいかかる．

柔らかい生の鋼材を削る時は，刃物の寿命は問題とならなかった．設備を買う客先の担当者も，機械の値段だけがネックだった．「Y社製工作機械は高い．よほど精度が高い金型とか，よほど難しい金型の製作でないとYの機械は使えない」と見なされていた．そして，機械を入れると，刃物は設備部門とは別の部門（＝生産部門）が検討する．高硬度加工＝ブロックを削る時は，刃物の寿命が重要になってくる．Y社の機械なら，刃物が1時間1万円，他社だと1時間3万円．同社は主軸剛性が高いから，細かい振動がないため，刃物が保つ．こうしたことが最近明らかになっており，ここを客先にピーアールして売っていこうと同社では考えている[8]．

高硬度加工が金型製作に適用されている場面は，プラスチック型と電気・電

子産業が主要であり，製品の大きさは，プラスチック型の小さなものから，最近開発したダイセットプレート（順送りをしたりする）なども作っている．

しかし，高硬度加工は自動車業界ではまださほど広まっていない．現在，自動車の分野で，インストルメントパネルやバンパーなど大物部品は，荒削りを行ったうえで，大型の放電加工で仕上げるというのが主流である．これまでは柔らかい材料を使っていて，後処理の磨きなど手作業が多くなり，その分だけリードタイムが長くなっている．高硬度加工は，工法自体は確立しているので，今後自動車産業の分野でも適用されていくはずである．これからは自動車の鍛造型やプラスチック型など，特に高精度型・大型の金型製作に高硬度加工が適用されて行くだろう．技術革命はこの領域にも入っていくだろう．現在もすでに，プラスチック型でも大型の金型を作成している[9]．

バブル崩壊直後は，金型業界も不況だったが，新しい加工法を取り入れないと仕事を受注できなかったので，受注のためには新鋭設備を導入する必要があった．工作機械メーカーY社はそのような金型業界における新傾向に乗った．現在の金型の需要傾向から見ると，ちょうど設備を大幅に変えていく時期であり，設備を代えた金型メーカーは仕事が余るくらい受注しているが，設備を代えないメーカーは全く仕事がないという非常に差がついた状態になっている．Y社の設備を1台しか設置してしないメーカーもあるし，7，8台を購入したメーカーもある．5，6台買うような会社は，金型メーカーとしては大手に限らず，独自の技術を持った一流のメーカーなどである．金型のうちでも，インジェクションモールドを製作しているメーカーが主として購入している．ようやく最近，鍛造型メーカーにも少しずつ売れるようになった．これまでは精度がうるさくなかったため，同社の機械は要らないという判断だったが，ここ3，4年前くらいから，リードタイム短縮と精度アップによって鍛造型，ダイキャスト型メーカーにも売れるようになった．しかし，プレス型の客先はほとんどない．

(5) 高速加工における諸課題

以上のように，高速加工とは，「単に工作機械の回転速度を上げればそれで

実現する」というほど単純ではない．通常の部品加工と比べると，金型製作における高速加工はいくつかの技術的難点を克服しなければならない．難点として，次の点を挙げられる．

① 回転数の増大

工作機械の刃物の回転数を上げるには，それなりの工学的な技術が必要であるが，しかし，これは比較的容易に可能となっている．

② 工具・ベアリングなど機構部品の対応

回転数を上げれば，その分だけ刃物の軸芯がぶれて，精度が落ちてくるので，まずそれを防がなければならない[10]．高速で切削中の工具は高温と高圧力にさらされるので，工具材料には硬度だけでなく，高い耐熱性と高い熱伝導性が不可欠である．近年ではかかる特性に優れたCBN（立方晶窒化ホウ素）工具が開発され，市販されている[11]．

さらに，スピンドルの形状についても，金型では形状的に深いところを加工しなければならない場合がある．加工点があまりに深いワーク（加工対象物）は，スピンドルが届かないので不適となり，放電加工では可能であった加工が機械加工ではできない場合も出てくる．従って，高速加工が全面的に展開するためには，ただ早く回転するだけではだめで，特殊なヘッドが動く機械も開発された．

ついで，ベアリングの摩耗が非高速加工よりも急速に進むので摩耗を抑えなければならない．そこでベアリングも改良されて，回転数がどんどん上がるようになった．

③ 摩擦熱の処理

また，高速回転をすれば，熱が発生するので，その熱も処理する必要がある．冷却の面でも進歩があった．

④ データ転送の速度

さらに，データの転送が間に合わなくなったことである．高速加工ではカッターの送りが速くなった．以前は1分間に2,000ミリが限度だった．これ以上の送り速度だと，データの送りが間に合わなかった．今は，1分間に10mく

らいまで削れる．コーナーになると部分的に速度を落とすこともできるし，また，コンピュータの制御もチップの能力が高くなって改善された．カッターの寿命も改善されて，長く持つようになった．いずれにしろ，高速のおかげで細かく削れるようになった．

⑤　制御の難しさ

さらに制御の問題もある．制御の状況が部品加工の制御と，自由曲面の制御では違うので，多くの工作機械では，自由曲面の加工のために長時間，信頼して使うのは非常に難しい．実際に買った設備を金型メーカーが高速加工に使用すると，トラブルが次々に出てくる．そこで，金型メーカーは工作機械メーカーに新しいスペックを次々に出して，それらの条件を満たすよう要望している．50時間なら問題が出なくても，150時間動かしたら，出てくる問題もある．

⑥　長時間運転

通常の部品加工では，例えば，1個／1時間でできるが，しかし，金型製作では200～250時間連続運転で加工する．それだけの長時間作業となると，まず大量の熱が発生するので，一般用の工作機械ではそれに耐えられない．その間，連続して，最高速度で刃物を送り，最高回転で刃物を回している．はたしてそれに耐えられるかどうかが問題である．24時間対応で4，5日動かすなどという場合も，金型製作にはあるから，それに耐えられなければならない．そのような過酷な条件では，スピンドル（軸）も，また，環境温度も変わってくる．スペックが全然違う．

今後の高速加工の有望な領域としては，2つある．第一が，プレス金型製作に必要なフルモールドの製作[12]，第二が，樹脂型の加工である．

⑦　増大するNCデータの作成

上記の6つの困難さは，個々の機械作業における工学的な課題に関するものである．ただ，企業としてみると，ある金型について，単発的・瞬間的に高速加工に成功しても，それだけでは経営的に成功とは言えない．あくまでも工場全体の生産性が向上して初めて高速加工導入の意味が出てくる．

自動車バンパー用のインジェクションモールドなど，大型の射出成型用金型

を製作している T モールド工業は，1998 年からフル NC 加工に切り替えた．その当初は，新たに置かれた専門スタッフが NC データを作成してきたが，NC 加工の範囲が社内で広がるにつれてデータの供給不足が顕在化する一方，現場の負荷が軽減されてきた．そこで，現場のメンバーのうち数人にデータを作成するための教育を受けさせ，この業務に従事させた．初期には多少の混乱も生じたが，やがてデータ不足で止まっていた現場の機械も動き始めた．さらに，現場のメンバー全員に CAD・CAM の教育訓練を施し，1 年間でほぼ全員が修得した．その結果，以前では「機械を動かすために現場にいる」のが当たり前であったのが，今では「機械を動かすために現場を離れる（データを作る）」という新しい考えが現場の全員に浸透した[13]．

「最終結果（生産性）で成果（収益）を上げている金型メーカーである以上，われわれが追求しなければならないのは瞬間的な高速加工ではなく連続性のある高速加工だ」[14]という視点に立てば，上記のような機械加工そのものに付随する諸課題と同時に，NC データを使いこなせるような現場を育てるという，現場の技能向上も不可欠の条件になってくる．

2. データ処理における諸問題

金型メーカーによる第一の対応形態が高速加工であるとすれば，第二の対応形態が，情報処理の革新である．

(1) CAD・CAM のデータづくりの海外発注

金型開発のコストを削減するために，データ作成作業を海外に移転することがすでに実施されている．

すでに見た富士市の金型メーカー M 社では，データ作成作業の国際分業が積極的に進められていて，絵を描くだけの作業（＝作図するだけ）は韓国などで実施されている．この場合，賃金格差を利用できる．インターネットを活用して，ウズベキスタンなど，現地の優秀な人々に絵を描いてもらっても，何十分の一の賃金で済んでしまう．アメリカでは分業（国内，国際で）が活用されているので，日本でも国際分業を利用せざるをえない．何でも自社内・自国内

だけでやろうというのは限界があって，外部資源であろうが，有効活用できる資源は有効に活用するという方針を取っている．

浜北市にあるNプロト社では，数年前に，データ処理専門の会社をタイにつくった．そこにデータを送ると，現地では人海戦術を採用して良いデータを早く安くできる．タイから5人を現地の合弁の社員として採用して，日本で研修させている．型をつくるのはノウハウがいるから経験がないとだめだが，データ処理はその人のブレーン（頭脳）が生きるので，当地の産業基盤などのバックグランドの善し悪しは問題にならない．今まで金型はスキルに頼った作り方をしていた．しかし，CAD・CAMによって，スキルに依存する割合が減ってきている．同社の社長は，インド以外は，ウラジオストックからジャカルタの郊外まで適地を探しに行った．教育水準も高く，政情も安定しているので，タイにして正解だった．熟練を排除して，データ処理，CAD・CAMなど，エンジニアリングで金型をつくるという方針を採用した．タイにも金型産業は必要だし，同社もタイでの作業が必要だから，お互いの利益になっている．

(2) CAD・CAMによるデータ一元化

リードタイム短縮には，CAD・CAMが有効である．特に，CADからCAMへとデータを落とすのに近年，長足の進歩が見られる．

昨今の自動車メーカーの開発思想は，データ一元化であり，部品を実際に組んで，試作車などを作ってみて，組み合わせが悪いから金型を修正するという考えではなく，とにかく最初に決めたデータで，一元化していくという思想である．データ加工を行っていなかった時代には，試作して部品が合わなくなった場合，製品の図面が悪いのか，あるいは金型の精度が悪いのか，弾性変形のせいなのか，いずれの原因かが不明であった．やむをえず，トライを行って，何とか合わせてきたというのが実状であった．

データ一元化によって，数値化し，また，マシンニングセンターの精度も上がってきたから，モデル加工の誤差は全くなくなった．その時点で，製品の精度が問題ではなくなった．あとは，スプリングバックの問題だけという話になり，非常に整理しやすくなった．その中でも，過去には正確に把握できなかっ

たのだが，スプリングバックの問題というのは意外に小さくて，精度問題が大部分だったということが判明した．その結果，今では，コンピュータの中でフィッティング，あるいは，チェックをかければ，それで大体済むようになった．

(3) 仕上げレス

CAD・CAMの効用という点では，一番効果的であるのは，機械加工が終わって，仕上げレスがかなり可能となったことである．広島市の（株）M工業では，いま「トライレス」（すなわち，トライをしないで済ませる）と言っている．機械加工が終わったら，仕上げ加工を行わないで，そのまま一発で成型品を打って，製品・パネルができるというところまで行くことを目指している．かなりこのようなことができ始めた．それはやはり，精度が上がってきたからである．

「仕上げレス」に成功しつつある第一の理由は，まず，モデルに倣って加工しているのではなく，数値加工をやっているのだから，精度は全然狂わないことがある．ついで，プレス技術上でのノウハウが，人間の感覚で織り込むのではなく，データの中に織り込めるので，ノウハウ化できること．つまり，数値のところまで跳ね返っている部品に関しては，トライレスがしっかりとできてしまう．一番厄介なのは，スプリングバックの問題なのだが，数値化によってスプリングバックの制御に関して，これまでの企業内で蓄積した独特のノウハウが活用できたことによる．

先に見たように，高速加工によって，小さな口径の刃物を使用できるようになり，その結果，手仕上げが減った．高速加工は「仕上げレス」に向けて大きな威力を発揮している．かくて，データ一元化と併せて，所期の設計通りに金型を仕上げることができるようになってきたのである．

第3節　変種変量という新傾向

1. 超精密加工の事例（家電業界の対応）

金型メーカーへのプレッシャーの激化という点では，特に商品の入れ替わり

が激しい家電業界で顕著な動きが見られる．典型的な事例が携帯電話であり，その業界では，「一瞬のうちに爆発的に大量生産して，後はもう生産しないという超短期・量産の傾向が確実に強まります．例えば金型を2日でつくって，10日間で量産して，後はもういらない，と．現にそういう商品は世の中にいくらでも出現してきています．携帯電話も3カ月で300万個作って，後はもうゼロです」[15]と認識されている．しかも製品にはますます高精度の仕上がりが求められている．

　家電業界で《量産試作》と呼ばれている慣行がある．自動車業界で量産試作というのは，車両開発の最終段階で，量産開始直前に実際に工場の設備を使用して，実施する試作を言う．ここでは，設計された品質とコストが量産を実施した時に満足できるかどうかを検討し，満足していなければ，それに近づけるよう努める作業である．ここで試作される車両は，通常では市場で販売されることはないはずである．しかし，家電業界での《量産試作》はこれとは異なっている．量産ではあるが，試作的なセンスと設備で生産する少量生産のことを指している．これは，市場がますます不確実・不安定になっているので，その動向を探るための手段のひとつである．

　メーカーは，とにかく，いくつか企画した商品を市場に出してみる．それでどれが消費者の気に入るかを探ってみる．市場に出される個数はそれほど多くない．せいぜい数十から数百個というロットサイズである．この数量は，今までの考えからすると，試作の数である．しかし，いくら数が少ないからといって，機能が劣っていたり，嘘っぽい外観を持っていたりするような試作品ではだめである．単なるモデルではなく，正真正銘の本物でなければ移ろいやすい消費者の本心を探れない．そこで，従来ならば量産で作っていたような品質（完璧な機能を持つ！）の製品を，試作の数量だけ製造する．例えば5機種を地域限定などで世に出して反応を見る．これが，世に言う「量産試作」とか，「少量生産」と呼ばれている新しい開発方式である．その端的な事例を家電製品や，パソコンとその周辺機器に見ることができる．

　この場合，本格的な量産用の金型は，ある程度売れる機種がわかってから起

こす.「少量生産」の段階で金型を起こすかどうかはケース・バイ・ケースである.従って,金型を起こさずに,超精密加工で,部品を用意してしまうこともある.例えば,ソニーのバイオなど,全部が一式になっていることからもわかるように,最近は,ノートパソコンなどは,外装ケースに機構部品を一体で付けており,内部には部品用の止め白などない.セットメーカーは量産する時には,精密鋳造などで作る.このような少量生産の時には,ケースなどに,直に機械加工をするが,試作だからといって,同じ重さにしないのは許されない.ギリギリまで薄く加工しないとだめなので,超精密加工のできる工作機械を使用するのである.従来の高速加工では,穴を開けるなどの単純な加工が主体であったが,しかし,「量産試作」における加工対象物は裏にいろいろな機構部品がはいっているなど,形状が複雑である.カバーなどは0.4ミリの薄さにすぎず,意匠面は3次元のデザインになっているので,感覚に感応的だから,現物の精度が設計図とミクロン台で違っていても良い.しかし,機能部品は精度がキチンとしていないとだめだから,精度が高い機械でないと有効ではない.

少量生産では,超高速で金型を掘り抜いて,アルミなどでつくるが,量産になると,いろいろな方法がある.パソコンは蓄層モールド,マグネシウムの射出成形,精密エンプラなど多様な方法を使う.例えば,ニコン,オリンパスなど「ゴールデンシリーズ」は,量産試作で使った金型を残しておいて,500セットくらいを直彫りで作る.このような少量製作品は仕上がりの良い製品であり,ちゃんとした機構が入っている.ドイツのライカが最初に行ったと言われている.

このような「量産試作」の展開によって,高精度加工の意味が変わってきた.超精密加工が可能になったことで,量産と同じ品質で,しかも,この程度の少量の生産台数でも市場に出せることになった.機械加工における技術革新が,ここにおいてブレークスルーをもたらした.

2. 日本自動車市場の細分化傾向

　日本の自動車市場の特徴は，1モデル当たりの生産台数が欧米の市場と比べて少ないことである．日本では大量生産といっても月産3万台から5万台であるが，欧米では月産10万台から30万台も生産するパネルも珍しくなくなってきた．しかも，モデルライフは日本においては約4年であるが，欧米では約8年であるから，総生産台数では日本の10倍から20倍になる．生産台数のオーダーが1桁も違ってきている[16]．

　1モデル当たりの生産台数が少なければ少ないほど，1台当たりの金型償却費は小さくなければならないので，金型の原価低減への圧力が強くなる．かくて，日本の金型メーカーは，欧米金型メーカーに比べてはるかに強い原価低減への圧力にさらされてきたのである．

　日本の自動車市場がもともと細分化されていたうえに，最近では商品の販売数量がますます小さくなってきたので，顧客の自動車メーカー・部品メーカーからは「型費をできるだけ低く」という圧力がさらに一層，金型メーカーに加えられてきた．ところが近年はさらにもう一段の要請がかかってきている．市場の変化に対する迅速な対応である．

　以前の消費者の購買行動においては，ある特定のモデル（例えば，カローラ，ブルーバードなど）がひとたび当たると，それが引き金になってさらに一層販売実績が伸びたが，しかし，現在の購買者は，あるヒットしたモデルに対しては，むしろ，敬遠する傾向がある．従って，皮肉なことに，ヒットすること自体が拡販の障害になり，遠からず販売数量が伸び悩むことになる．

　いわゆるバブル経済までは，自動車メーカーは，企画段階では，例えば，月に1万台，つまり，4年間で48万台の予定数量を想定していたというように，大量生産・大量販売を前提に企画・生産をしてきた．さらに，4年ごとのモデルチェンジの中間でマイナーチェンジを実施してきた．平成初期（1990年代初頭）までは，このような企画方法で順調に販売数量を伸ばしていた．しかし，現在はそれほどの数量を販売できないので，商品として少しでも安く早くできるもの，直前でチェンジできるもの，簡単に変えていけるものが求められてい

る．例えば，従来のマイナーチェンジは4年間に1回（2年経過した時に）行ってきたが，現在では新車を発売しても売れ行きが低調である場合，ただちにマイナーチェンジを実施すると言われている．従って，表現からすれば，マイナーチェンジかもしれないが，従来の定期的なマイナーチェンジではなくなっている．売れ筋を見て，臨機応変に変えていくのが，現在のマイナーチェンジである．

　自動車メーカーの本音は「自信をもって出しても，外れるかもしれない．だから，外れたら，すぐに変えたい」というものであろう．従って，今日，各自動車メーカーが目指しているのは，販売の期間と数量をあらかじめ制限するような高田工業方式の限定車（後述）ではない．必ずしも少量生産ではなく，変種変量生産と呼べる．従って，あくまでも量産であり，その品質を維持する．つまり，売れれば市場の求めに応じて増産するが，売れなければ少量生産になるという点で，上記のような家電・OA業界における「量産試作」と思想的には同一なのである．しかし，自動車の場合，人命に関わる安全性が決定的な要因なので，パソコンなどのように「応急的な金型で成型して，試しに市場に出して反応を探る」ということができない．変種変量であっても，安全性・精度などの点で，完璧な製品でなければならないのである．ここに自動車生産に固有の難しさがある．

　バブル崩壊以後，少量生産用の金型製作において，一般的にZAS（金型用の鋳物材料である亜鉛合金）を使用しての金型をつくらなくなった．それ以降，ものづくりの仕方が変わってきた．その原因として，コンピュータの発展による寄与もあるが，基本的には原価低減の要請が強まったからである．金型の顧客メーカーにおいて，コストダウンの手法が，材料，加工ラインを始め，あらゆる角度から分析された．その結果，初期投資として金型を始めとする設備に過度の投資がなされていることが判明した．家電だけでなく，自動車も含めてすべての機械工業において，メーカーはそういう結論に達した．その結果，金型価格も非常に厳しくなってきた．しかも，部品共用化によって金型の必要量も減った．どこのメーカーでも集中と選択で，モデル数を減らしてきた．金型

メーカーはいわばモデルの数で利益を挙げてきた．社内でも金型部門と機械事業だと見方が違う．成形機は会社全体として量が売れれば償却できる．しかし，金型は違う．

　現在では，自動車メーカーなど，顧客メーカーの本音は価格にある．少し前は，技術がより前面に出て，仕事を完璧にやるという思想が強かった．ユーザーと金型メーカーとの間では，「技術や開発で一緒に苦労したね，慣れているし，また一緒にやろうよ」という信頼関係や技術の重視で関係を継続できた．しかし，今は購買部門が強くなっており，購買部門が先に出てくる．購買部門はそういう私情を持ち込まないからビジネスライクで交渉する．

　Ｎ社（自動車メーカー）などは，金型メーカーに見積りを出させた後，いくつかある見積りのうちの最低価格を金型メーカーに示して，「おたく，どうしますか？」と金型メーカーの一層の値下げを暗に要請してくる．かつての金型業界は技術志向が強かっただけに，今では，その反動が強くて，強い価格引き下げ圧力になっている．

　先に見たように，現状の市場動向は非常に不安定であり，メーカーは「自信を持って新モデルを出しても，外れるかもしれない．従って，予想が外れたら，すぐに変えたい」というのが本音であろう．その結果，自動車業界最大手のＴ社によると，2年間で例えば，5万台程度生産するだけで，可能ならば7万台を生産するだけで，次々に外観を変えていくという方針を持っている．かかる方針の下，Ｔ社からは，金型メーカーに対して，「変種変量生産に対応するために，2年間に5〜7万ショットを打てて，コストは量産金型の7割以下という条件に耐えられる金型をつくってほしい」という具体的な数値目標が出されている．

　例えば，2年間で5万台となると，年間で2.5万台，1カ月で2,000台にすぎない．この販売数量は，従来からの通念では量産車ではなく，限定車を少し拡大解釈した領域になる．しかし，Ｔ社では，5〜7万台売れれば，少量ではなくて「量産車種」と認識し始めている．変種変量生産車種というのは，限定車種ではない．限定車種では，あらかじめ企画段階から生産する台数は決められ

ているので，準備する材料も，板金を始めとして数は決まっている．その結果，予想以上に売れても，多少増産する程度である．つまり，変種変量生産は，限定生産ではなく，全車種が対象になっているので，フレキシビリティを持たせるためとはいえ，手作業に依存するような生産方法は採用できないのである．生産工程全体を変種変量生産に対応させる必要がある．

　過去においては，量販車種のカテゴリーに入るモデルは，月に1万台以上も売れた．今は月に1万台売れるのは非常に少ない．従って，T社に限らず，ほとんどのメーカーが，2年間で5～7万台打てる金型だったら，それは少量生産ではないと考えている．市場におけるエンドユーザーの飽きが早いので，新車を発売してもすぐに売れなくなる．欧州もそういう傾向になっている．アメリカは相変わらず1つのヒット車種が出れば，「そのままどしどし作れ」という志向が強いが，しかし，日本と欧州では，プラットフォームは同じで，上の部分を変えていくなどと言うように，きめ細かく市場に出していかないと，やっていけないと言う．月産2,000台くらいが普通になっている．

　このような変種変量生産を実施しようとすると，ただちに金型のコスト低減へ大きな圧力になってかかってくる．例えば，今まではあるモデルを2年間で10万台（1月当たり約4,000台）売ってきたが，もうそれだけの量は売れないので，2車種に分けて，1カ月2,000台の車種と2,000台の車種を同時に生産していくことになる．この場合，同じボディであっても，異なるデザイン部品，艤装部品を別々に乗せられれば，同じモデルなのにイメージの違う車が2系統できることになる．現在の動向を見ると，自動車メーカーは，極端な場合，同じボディで（板金関係）3万台・3万台・4万台という3系統で売り出したいと考えている．しかし，プラスチック部品はデザインパーツだから，それぞれの部品が必要なので，型は3型が必要である．すなわち，1モデルで10万台であった時は1型だけで間に合ったが，3万台・3万台・4万台の3系統に分かれた場合だと，3型が必要になってくる．この場合，1型1,000万円の1型を用意する代わりに，300万円・300万円・400万円の3型を用意しなければならないので，金型，特にプラスチック関係の金型のコストは大幅に低減されなけれ

ばならないのである.

かくて，量産の品質で少量生産，しかも，極端に短い開発期間という「量産試作」的な要請は，日本の金型づくりに大きな変革を起こしている.

第4節　変種変量への対応

1. 自動車業界における少量生産の事例

少量限定生産の事例として，1980年代に日産から，Β-1，パオ，フィガロという限定車が販売され，大きなブームを生んだ．これらの限定車は，当初の企画は日産社内で行われたが，実際の開発と製造は，日産系列のボディメーカーである高田工業（株）が担当した．これらの限定車は既存のシャーシ（Β-1の場合は，マーチ）を使ってボディや内装を変えて作り上げた車であり，パイクカーと命名された．特徴は，個性的なデザインと内装にあり，これらはバブルという空前の好景気のおかげで結構売れた．Β-1のケースのように，2年間で1万台という限定生産であったので，高田工業では板金部品などもすべての工程を必ずしもプレスで行わず，レーザーなどで切断するなどの工夫をして，フレキシビリティを持たせた．高田工業の限定生産は，疑いもなく，その後の少量生産のモデル的なケースとなった[17]．しかし，高田工業への委託生産車はあくまでも限定車であり，日産のラインナップ全体のごく一部を占めるにすぎず，その他のモデルは量産タイプとして生産されていた．

2. 少量生産金型における最近の革新事例

このような自動車メーカーからの特殊な，また，強い要請に対して，金型メーカーはいかなる対応をしているか．一例として，以下に，Κ-工法と呼ばれる革新的な技術を紹介する．前述のように，市場における競争激化に伴うコストダウン要請の中で，自動車メーカーにとって金型費用の高さが問題になった．Κ工法は，静岡県のある金型メーカーが考案した方法であるが，この方法は，横浜市の高田工業の限定車生産とは全く違う発想から開発された．

(1) 量産型から少量生産型への接近

少量生産だからといって，試作品を多少向上させた程度の品質で，高コストで，かつ，長納期で客を待たせるようでは，日本市場では売れない．では，QCD（品質・コスト・納期）の点で競争力を持ちつつ，量産車を少量生産するにはどうするか．その場合，金型がキーポイントであるが，少量生産用金型を製作するにあたっては，これまで，試作型から接近するのか，量産型から接近するのかという2通りの道が試みられてきた．

試作型からの接近という方法の典型的な事例が，上記の高田工業のバイクカー（限定車）であった．ここで重要なのは，高田工業で実施された少量生産は，非常にフレキシビリティに富んでいたが，生産方法が手づくり指向のような作り方であり，外板などはプレスですべてを成形せずに，ハンドワークによってレーザーカッターなどでトリムを行っていたことである．

高田工業はあくまでも限定車種を生産していたが，しかし，現在，変種変量生産で要求されているのは，「量産ラインに乗っている車種を，そのまま少量生産的な製品として生産する．ただし，数量は多くないし，長期間にわたるわけでもない」という，量産と同じ考え方で，同じ精度で生産することである．数が少なくても，量産品と同じレベルの高精度の製品をつくらないといけないという思想であって，試作型から接近する限定車種生産とは考え方が違うのである．

従来からの試作用金型では，まずフルモールドをつくり，ZAS（三井金属による亜鉛合金のブランド名）を材料にして形状鋳造して，機械加工で仕上げていくという方法が一般的であった．しかし，ZASは，試作などのせいぜい数千個程度のオーダーの成形では使用可能でも，少量生産とはいえ，5万ショットにのぼる量産においては，強度が不足するので，品質の点で不満が残る．バリなどの不良が多発し，金型のメンテにあまりに工数がかかりすぎてしまうのである．ZASは試作金型用としては依然としてメジャーな材料であるが，しかし，少量生産用の金型材料として使用されるケースはせいぜい2割くらいのようで，それに代わる材料がぜひとも必要だった．試作型から少量生産型への接

近は今のところ成功していないと言えよう.

　射出成型用金型メーカーであるプロステック社（富士市）の《K－工法》は，射出成型用金型に関して，逆に，量産型から少量生産型へと接近する方法である．つまり，(1) ZASに代わる新しい亜鉛合金を形状鋳造せずにブロックのまま素材にして，(2) 量産用金型をつくるのと同じように，機械加工で削っていくという方法を開発した（詳しくは，「試作・量産型の工期短縮・高品質・コストダウンを図る《K－工法》」『型技術』Vol. 14, No. 5, 1999, 58–64 ページ）．この方法が実現するには，いくつかの技術的なブレークスルーが必要だった.

(2) 材料面でのイノベーション

　プロステック社は急冷鋳造法という特許を平成7年に獲得した．この工法を使うことによって，《K－工法》が成立した．急冷鋳造法だと，合金の配合を変えないでも組成を変えることができるので，普通の鋳造より30％も高い強度を持つ亜鉛合金を得られる．亜鉛をベースにする理由は，亜鉛が合金をつくるのに操作しやすいからであり，それを急冷することは，焼き入れと同じ意味を持っている．冷却温度を管理することで硬度を調整して，客先のニーズに合わせることができる．この新しい合金が少量生産型に使われるのである.

(3) 高速加工機の出現で鋼材の粗削りから機械加工が可能になった

　上記のように，少量生産用金型の材料は準備できた．では，これを一気に削って金型をつくりあげることができたか．しかし，切削から仕上げまで，少量生産用金型の開発は簡単には実現しなかった.

　金型加工は，部品加工に比べて過酷な条件を強いられる．まず，第一に，自動車部品用金型は通常の部品よりも加工対象物としてはるかに大きい．これが楽に乗るようなベッドを持つ工作機械はそうない．あっても特殊な機械で非常に高価だから，自動車部品用金型のような厳しいコスト競争にさらされている加工物には値段の点で使えない.

　さらに，高速加工（とりわけ金型の高速加工）は，単にスピンドルの回転数を上げれば実現できるわけではない．部品加工では例えば1時間に1個のペースでできるが，しかし，金型は200〜250時間の連続運転で加工するから，熱が

出るなどの過酷な条件にさらされる．その間，最高送り・最高回転で稼働しっぱなしという厳しい条件で運転されるから，一般用の工作機械とは，バイト（刃物）1つとっても加工スペックが非常に違っている．一般用の機械ではとうてい耐えられない．かかる過酷な条件を満たすような工作機械など販売されていなかったのである．

その過酷な加工条件をクリアするために，コンピュータ用のチップの高性能化，バイトの改良，ベアリングの改良，冷却面での進歩など，さまざまな関連技術の複合的な発展が必要であった．とりわけ，急速なバイトの送りに追随できるだけのデータ転送が必須の条件となった．なぜなら，《K-工法》レベルで機械をフルに使おうとすると，データ供給のための装置が2，3台必要になってしまうからである．通常のNC加工機へ供給するような感覚でデータを供給したら，機械は動かない．高速用のデータが必要だが，データ量が多いので，高度なデータ処理能力が必要になってくるのである．バイト送りへのデータ追随を実現するには，高速加工に適したチップとプログラムが開発されなければならなかった．

さらに制御の問題もあった．金型には3次元の自由曲面がつきものであるから，部品加工の制御と，金型加工の制御では非常に異なっている．機械の能力と加工精度という観点から，従来の工作機械を自由曲面の切削の際に長時間，信頼して使うのは非常に難しかった．50時間の運転なら問題が生じなくても，150時間の連続運転なら，出てくる問題もあったから，買った設備を実際に金型切削に使うと，トラブルが頻発した．

金型メーカーだけでなく，一般に日本の工作機械のユーザーは，カタログのままの工作機械を購入することは，まずない．自社での使用条件に合わせたスペックを出して変更させるなり，オプションを付けるのが普通で，この種の使いこなしのノウハウが日本の製造業の高い生産性を生んでいる．この場合も，くだんの金型メーカーは工作機械メーカーに対して，大いに要望を出した．問題が解決し，思い通りに金型が削れるようになるまで，機械メーカーのエンジニアたちと何度も打ち合わせを重ねた．機械メーカーも，それに応えて，かか

る過酷な条件下で金型を削れるように，研究を重ね，問題が一つ一つ解決されて，金型高速加工において実用に耐えるような高速加工機が出現したのは，ようやく1997年のことであった．

この年，プロステック社が導入した工作機械メーカーM社の高速マシニングセンター（標準で14,000回転）は，実動で3倍くらい違ったという．他の機械は，細かい3次元の追随のスピードがマッチしていなかったが，この機械から実際に高速機として使えるようになった．M社だけでなく，工作機械メーカー各社とも金型業界向けに高速加工機を開発してきた結果，現在では，マシニングセンターのおおむね半分が金型加工用に販売されている．工作機械業界としても，高速加工機を特定ユーザー向けに開発した結果，新たな需要を掘り起こすことができたのである．

(4) 自動車部品の生産リードタイムの大幅な短縮

上記の《K-工法》の場合，リードタイム短縮効果は，驚異的である．《K-工法》のリードタイムは従来のZAS型の半分で，過去の形状鋳造で製造した場合，45日かかるが，同じものを《K-工法》で製造すると23日で完成する．従来のZAS型のリードタイムは量産型の半分だから，《K-工法》を量産型に応用すれば，量産型の4分の1のリードタイムでできるのである．

《K-工法》は突出した事例だが，高速加工機の出現によって，インジェクション関係の金型メーカーは，90年以降，量産金型の材料に高硬度の鋼材を使うようになっており，高速加工機による金型工法の革新は急速に広まっている．以前は生の状態で削って，焼き入れして，電極を作り放電加工して，変質層ができるから，そこを磨き取っていたが，これでは客先の要求するリードタイムに間に合わなくなってきた．そこで，硬度が入り，焼きの済んだ鋼材から削る工法（プリハードン法）が使われるようになって，大幅な時間短縮が実現した．以前の工法で1, 2カ月かかったものが，現在では1週間かからない．生産方式が全面的に変わったのである．金型製造の工法が一新し，リードタイムも急減したので，このような高速加工機の出現は，金型製造にとって画期的な出来事だと言えよう．

以上のように，金型の高速度加工が可能になったのは，もちろん技術的なブレークスルーの積み重ねと，エンジニアたちの複合的な相互支援があったからである．ここの場面でもまた，難問解決のためには，小さな猜疑心を捨てて，互いに智恵を出し合って協力するという日本的な技術風土が威力を発揮した．

ある大手自動車メーカーは，射出成形金型の分野でおおよそ3分の1は，この工法が有効であると評価していると言う．かりに射出成形用金型の全需要の3分の1にこの工法が適用されると，日本において膨大な量の金型が「品質は量産レベルだが，数では試作レベル」という少量生産タイプの性能を持つので，耐久消費財産業の基盤はますます強固になるはずである．

とはいえ，《K-工法》といえども，依然として未完成の部分があり，同工法による金型の供給量の限界もあるから，まだ車全体の金型をこの工法で製作するまでには至っていない．当分の間，ポイントポイントで使うようなやり方が採用されていくと思われる．いずれにしろ，市場の不安定性と不確実性が増大する中，今後，高品質の金型を低コストで，しかも迅速に提供するという金型メーカーの役割がますます重要になってくる．

おわりに——金型メーカーと工作機械メーカー

1980年代前半，日本から先進諸国に対する耐久消費財輸出が急増し，日本製品を受け入れる諸国からは，多少のやっかみも込めて，「集中豪雨」的な輸出攻勢とまで形容されるという，エモーショナルな批判さえ受けた．1985年のプラザ合意は，かかる日本の耐久消費財輸出の急増を受けて，その抑制のための為替レートの調整が実施されたが，それは，実質的には円高誘導が最大の目的であった．

1985年以降の円高局面において，大衆を顧客とする最終消費財の日本からの輸出が大きくペナルティを課されたことは言うまでもない．つまり，プラザ合意以降の円高局面において，特に1990年代において，日本が耐久消費財を輸出しようとすると深刻な悪条件を課されていたのである．

消費財は，外国の一般ユーザーを相手にするために需要の価格弾力性が大き

いので，その販売量は価格に大きく依存する．価格が上昇すれば，その分，販売量は落ちる．従って，円高になれば，輸出価格を下げない限り，輸出先での現地通貨表示での価格が上昇し，売れ行きは鈍化する．しかし，資本財・生産財は企業を顧客としており，海外のメーカーは日本の機械を使用して製品をつくり，日本の部品・材料を組み込んで最終製品を組み立てる．その際，使用する機械や部品・材料の精度・品質・信頼性が決定的に重要であり，きちんとした納期で機械・部品・材料が納められるかどうかは企業経営上，重要である．従って，販売において（安いに越したことはないが）価格への依存が小さい．

　日本の製造業が，かかる円高というハンディキャップを克服する方途の1つとして，採用せざるをえなかった戦略が，貿易における耐久消費財から資本財・生産財への移行であった．従って，1985年以降の円高局面は，耐久消費財の輸出国から資本財・生産財の輸出国へと大きく転換するという，真の工業国家への転換期であった．

　では，なぜ，このような耐久消費財の輸出から資本財・生産財の輸出へと，日本の製造業は転換できたのか．同じ設問になるが，なぜ，日本の資本財・生産財は競争力を有するのか．その理由の一端を，前述の金型メーカーと工作機械メーカーとの協力関係に見ることができる．

　市場からの猛烈な圧力にさらされたとき，金型メーカーはその困難を打開するために，工作機械メーカーを始めとする周辺のネットワークを利用して解決した．つまり，顧客のユーザー（＝市場）からの厳しい要請に対応するために，金型メーカーは高速加工を始めとする機械加工の革新とCAD・CAMの錬成を成し遂げてきたのであるが，これらの技術加工の革新は，単に金型メーカーが単独で行ってきたのではなく，関連するメーカーとの協働作業によって，つまり，ネットワークによって実現したのである．

　何よりも工作機械メーカーとの協働作業が不可欠であった．前述のような《K－工法》をはじめとして，新しい高速加工においては，従来にない機械の使い方をしているので，機械のトラブルが多い．特に，主軸，スピンドルにトラブルが出る．そこで，プロステック社では，メーカーとやりとりしたが，埒

が明かないので,「本音で話をしよう」と提案し,設計者を入れて,腹を割って話し合った．それで機械を設計した設計者・スタッフに来てもらって,話し合いをした．その結果,こういう厳しい加工をしているところは他にないとわかった．すでに市場で販売されている通常のMC(マシンニングセンター)は熟成されているが,しかし,「現状の高速加工機は,金型加工には使用できない段階であり,いわばプロのレベルには達していない未熟な段階にある．未完成の機械ではないか」と,現場から真剣に説明した．メーカーサイドからは,このような要求こそ貴重であると感謝されたと言う．つまり,プロステック社は,自社内での過酷な作業を実施できるような機械のスペックを要求し,工作機械メーカーはその要望に応えることで,その結果,新しい性能を機械につけ加えることができた[18]．

　日本の工作機械(言うまでもなく,工作機械は最も典型的な資本財の1つであるが)は,ごく特殊な分野の機械を除いて,質量ともに世界最高水準にあり,その輸出比率は非常に高い．日本の工作機械メーカーは,プロステック社のような《気むずかしい》ユーザーの大いなる要望を受け止めて,これまでにないような性能を持つモデルを開発する．そして,この新製品をもって海外に営業をかけるのである[19]．

　アジアだけでなく,ヨーロッパの金型メーカーも日本製の機械を導入している．CAD・CAMの発展もあり,かかる工作機械の新機能もあり,日本のユーザーである金型メーカーとの間で練り上げたこれらのノウハウを,日本の工作機械メーカーが新製品に織り込んで海外展開することは,彼我の競争力の差を縮小するものである．日本が資本財・生産財の一大供給国であると同時に,彼らのキャッチアップの糧を与えているという,皮肉な運命を見て取ることができる．

　資本財・生産財メーカーは,ユーザーからの過酷な要求を真摯に受け止めて,自社の製品(＝機械・部品・材料)の改良に役立て,新製品を産み出す．日本において,新機能をユーザーとの間で練り上げて,製品に生かし,その新機能を搭載した新製品を広く海外に売り出す．技術移転は不可避的であるから,

日本の資本財生産メーカーがこの戦略を取る限り，ブーメラン効果は，避けようもない．海外メーカーが追いつく前に，もう一歩先を行くために，さらに過酷な要望を資本財メーカーに突きつけて，新たな革新を実現するというのが，日本のユーザー（例えば，この章で扱った金型メーカー）の宿命であろう．

1) いわゆるバブル崩壊後，国内需要が低迷する中で，自動車の買い換え需要の喚起策としては，依然として新車種の投入が有効であると自動車メーカーは判断している．そこで，自動車メーカーは，一方ではシャーシなどユーザーには見えない部分で部品の共通化を行いつつ，他方で，デザインなど目に見えて商品の差別化につながる部分では多品種化を進めるようになった．需要喚起策としての多品種化が採用された結果，必要な金型の数量が増加したので，その増加分は，部品共通化によって減少した金型数量に匹敵するほどである（冨士総合研究所産業調査部 1998：64-65）．しかし，一車種当たりの販売台数が減少しているので，金型費が最終製品価格に占める比重が相対的に高くなり，自動車メーカーなどの金型発注元からの金型原価低減要求がきわめてきつくなっているのである．

2) ラピッド・プロトタイピングが現状で金型製作において，いかなる課題を有するかは，楢原（2000）で簡潔に展開されている．概要をまとめると，ラピッド・プロトタイピングは，(1) 20世紀末におけるレーザー，コンピュータ，高分子化学を母体として発展し，(2) 材質面ではプラスチックや金属を対象とできるので，試作のかなりの範囲をカバーできるようになり，(3) 定義形状に基づき薄くスライスした断面形状を積層するだけでどのような複雑な形状でもひとつの装置で製造できるという，新しい製造プロセスの概念を持ち込んだ．現段階からすると，ラピッド・プロトタイピングは，試作および試作型に有用であって，まだ量産型には適用できないのであるが，しかし，技術的な突破（ブレークスルー）があれば，将来的には量産にも応用できるという展望は抱かれている．

3) 「みがき加工および放電加工工程を必要としない仕上げ面を生成することに対する要求は非常に高い．その理由は，金型の短納期に応えるうえでみがき加工工程や放電加工工程がネックになっていることと，みがき加工は熟練作業であり熟練者の確保が難しくなってきていることにある．現状では，プレス型に関してはみがきレス，放電レスは実現しつつある．インジェクション型に関しては，それらの工程を100％省略することは困難であるが，その作業量を大幅に低減することが可能となってきている．粗さが小さい加工面を得るためにはピックフィールドを小さく設定する必要があり，仕上げレス面を得るためには高速加工が可能な工作機械が必要となる」（青山 2000：35）．

4) 相良誠が調査した射出成型用金型メーカー21社のほとんどが「放電加工をやめたい」と考えていたが，そのうち18社が「リードタイムを詰めたい」という理由を挙げていた．放電加工を使用すると，「切削加工，放電加工，みがき仕上

げという多くの工程で時間がかかるうえに，渡り歩く工程間の待ち時間が大きいので，リードタイムがかかってしまう」からである（相良　2000：73）．

5)　「こうした理由から，1モデルで100型強，型構成部品で300点強となる圧型［プレス型］の機械加工，及び手仕上げのリードタイムは，数カ月を要し，金型設計・製作リードタイム最大のネック工程となっている」（戸沢　2000：5）．

6)　青山　2000：35．

7)　Y社によると，「うちの機械で高硬度がばりばり削れるということを，うち自身が知らなかった．が，5，6年前，大学の先生が金型の切削の高能率加工を研究していたが，どこの機械でもうまくできなくなり，一度，うちの機械で削り，うまくできた．現在もわが社に通っている．高速・高送りの加工方法が通常だったが，我々が大学の先生の工法を見ていると，非常に高硬度で機械を壊さないでくれよと思ってみていたが，こんな風に使えるのだと気づいた」．

8)　同じくY社によると，「高速回転は今まで主軸の剛性がないから，とにかく高速で回して，速くしようとしていたが，刃物の寿命は高速になればなるほど，短くなる．最も経済的で重切削できる速度というのが，実はある．今までは主軸の剛性が少ないから，最適回転値がみつからなかった．我々は重切削ができたので，重切削するのか，軽切削で高送りした方がいいのか，実験してみた．刃物1本の寿命で，どれだけの体積が取れるか＝ストックリムーバルが取れるかが問題．そうして，高能率加工という言葉が一番正しいということがわかってきた．高速加工ではなく，適性スピードで，重切削をして，刃物が一番長持ちする経済的速度がどこにあるかの方が重要．高速加工だと，削り込みかすが0.5ミリ．我々は20ミリなどの凄い量を一度に削っている．切削加工が全く違う．Y社のエンジニアが最適機構・デバイスを見つけた」．

9)　金型業界でのヒアリングによると，技術的には部分焼き入れという手法も試みられている．日本と欧米との金型の作り方の違いとして，焼き入れの有無の問題もある．例えば，焼き入れが部分的にしか必要でない金型は，ずっとオン・ザ・マシーンで削って，レーザーで必要箇所だけ焼き入れするという方法もありうる．これがすでに技術的に可能になっている．これまでのように，生で削ったものを焼き入れして，放電加工というのではなく，これなら，オン・ザ・マシーンで削って，自分で焼き入れして，ひずみを再度削って，後は研削で仕上げることができる．これに取り組んでいる金型メーカーも少なくない．また，最初から高硬度で加工してしまうのが主流ではあるが，部分焼き入れの方が，工具も痛まないし，スピードが速くなる．高硬度の仕上げより安い．

10)　高速加工において生じる誤差のうち，最大の課題となるのは，「工具の振れ回りによる誤差」であって，「工具の中心軸と機械の主軸の偏芯は避けられず，主軸の回転数が高くなると誤差E_r［工具の振れ回りによる誤差］が増大する」（岩部　2000：38）．

11)　岩部　2000：40．

12)　戸沢　1998．

13)　藤田　2000：38．

14)　藤田　2000：40．

15) 山田真次郎（株式会社インクス）「"情報工業化"を推進し，金型世界一を堅持してほしい」『型技術』15巻13号，2000年12月，3ページ．
16) 滝沢　2000：18．
17) 近年，高田工業を含む横浜の中小企業が協力して，中古車のボディ，外装，室内を「リデザイン・リユース（再デザイン，再利用）」して新車同様に仕上げる「Ycar（ワイカー）」開発プロジェクトがスタートした（Fuji Sankei Business internet 版．2004/8/6）．このプロジェクトは，横浜という地域のブランドを活用して，同地域の中小企業を活性化するために，上記の高田工業の限定車生産の経験を生かそうとするものであろう．
18) Mフライス社は金型の高速加工が可能となった新製品を市場に投入できたので，他のメーカーを引き離し，他社は同社の後を追いかけている格好になった．ある金型メーカーの評価によると，M機械の製品では型の削りは無理で，部品製作の方に向いている．Y工業，M精機，Mフライス，これらが「高速」御三家であるが，Y工業はマザーマシンのメーカーで，金型用の機械は最近始めたばかりであり，金型の自由曲面のノウハウはない．高速加工と，金型の自由曲面対応は別物なので，今のところ，Mフライス社が一歩リードしていると言う．
19) 聞くところによると，金型の高速加工用に開発されたこれら日本の工作機械にヨーロッパで最も触手を動かしているのは，イタリア金型業界である．ドイツのプロフェッショナルたちはドイツ製の機械に対して盲目的なまでの信頼を持っていて，日本製の工作機械がすでにドイツ製工作機械の性能を凌駕していることを信じないと言う．ヨーロッパ金型業界で質量ともに最高峰とされるドイツが，日本の最新鋭の高速機で武装したイタリアの後塵を拝するのも，案外近いことなのかもしれない．

参考文献

「試作・量産型の工期短縮・高品質・コストダウンを図る《K-工法》」『型技術』Vol. 14, No. 5, 1999, 58-64ページ

「特集　日本発　金型加工用工作機械の最前線」『型技術』14（3），1999，17-57ページ

「特集　最近の金型材料と表面処理」『型技術』16（9），2001，17-53ページ

青山英樹「型作りにおける3次元CAM」『型技術』15（1），2000，33-37ページ

岩部洋育「金型作りにおける高速切削加工」『型技術』15（1），2001，38-41ページ

植田浩史編『産業集積と中小企業—東大阪地域の構造と課題—』創風社，2000，238ページ

川端信弘「ユーザーからみたプラスチック金型と成形技術　1. 自動車」『特殊鋼』47（8），特殊鋼倶楽部，1998，9-12ページ

相良　誠「放電加工を置換する切削加工技術」『型技術』15（12），2000，72-76ページ

柴田昌治・金田秀治『トヨタ式最強の経営』日本経済新聞社，2001，258ページ

滝沢英男「欧米の自動車金型技術の動向」『型技術』15（12），2000，18-24ページ

田口直樹『日本金型産業の独立性の基礎』金沢大学研究叢書11, 金沢大学経済学部, 2001, 202ページ
戸沢幸一「高速ミーリングによる消失模型製作の実用化」『型技術』13 (12), 1998
同　　　「自動車用大物金型製作の高効率化」『特殊鋼』49 (8), 特殊鋼倶楽部, 2000, 4-7ページ
長尾克子『日本機械工業史』社会評論社, 1995, 263ページ
中川洋一郎「自動車の大量生産における部品用金型の償却問題―日本・ヨーロッパ自動車産業の国際比較―」『経済学論纂（中央大学）』38 (3-4), 1998, 199-224ページ
同　　　「自動車部品産業の技術革新―高速加工機の出現による金型工法の革新―」『自動車工業JAMAGAZINE』33, 1999, 15-19ページ
楢原弘之「型作りにおけるラピッド・プロトタイピング」『型技術』15 (1), 2000, 46-50ページ
西野浩介『日本の金型産業をよむ―「工業大国」を支える産業インフラ―』工業調査会, 1998, 198ページ
富士総合研究所産業調査部『「モノづくり」革命』東洋経済新報社, 1998, 190ページ
藤田　豪「樹脂型のおける高速加工のためのマネージメント」『型技術』15 (3), 2000, 37-40ページ
森澤恵子・植田浩史編『グローバル競争とローカライゼーション』東京大学出版会, 2000, 207ページ

あとがき

　20世紀末の10年間は，日本の自動車産業にとっても，世界の自動車産業にとっても，大きな変化の時代であった．80年代のジャパナイゼーションのインパクトの強烈さと，そこからのリアクションがどう収まるのか，なかなかその趨勢が定まらなかったのであるが，21世紀に入り，ようやくその行くべき道筋がおぼろげながらも見えてきたのではないだろうか．

　本書にまとめられた諸論文は，1996年4月から1999年3月まで，中央大学経済研究所国際産業比較研究会（および，同部会）として活動した成果としてとりまとめられたものである．私どもも，この研究会・部会の活動を通して，かかる時代の趨勢の一端を身近で観察できる立場にあったことは幸運であったと思う．

　本書に収められた研究はいずれも実態調査を基礎にしている．私ども部会メンバーは，この研究会・部会の期間中はもとより，日頃から，多くの企業をお訪ねして，インタビューさせていただいている．私どもが訪問した際に，私どもの質問に対して懇切丁寧にお答えいただいた各社のディレクター・マネージャーの方々には，大変にお世話になった．この場を借りて御礼を申し上げたい．いちいちお名前を挙げることは，かえってご迷惑がかかる恐れがあるので差し控えるが，皆様のご協力がなければ，とうてい，かかる研究をまとめることは不可能であった．

　この研究会は，もともと池田正孝・客員研究員（中央大学名誉教授・豊橋創造大学教授）が中央大学経済学部にご在職中に立ち上げられた研究チームである．当然の事ながら，先生が当初からその中核であり，全体の方向性を決定し，研究員を束ねて，調査など具体的な活動のイニシアティブを取ってこられた．企業との煩瑣な「アポ取り」などのアレンジも，主として先生が手がけら

れた．従って，この研究会・部会は池田先生あってのものであり，編著者は先生以外にはありえない．

しかし，池田正孝教授が，2000年3月をもって，中央大学経済学部を退職され，新しい職場に移られたため，巡り合わせから，私（中川）がたまたまその後任の主査となった．「まえがき」と「あとがき」を私が書いているが，しかし，それは単なる役回りのことにすぎない．本来は筆を執るべき池田先生が「まえがき」と「あとがき」をしたためていないのはかかる理由であることをご了解いただければ幸いである．

なお，刊行に当たっては，中央大学出版部の菱山尚子氏に編集面で大変にお世話になったので，執筆者一同，記して御礼を申し上げたい．

最後に，刊行が大幅に遅れたために，関係各位に多大のご迷惑をおかけしたことを，お詫びしたい．

平成16年10月

国際産業比較部会

主査　中　川　洋一郎

索　引

あ 行

アウディ（Audi）　23, 151, 153-155, 177, 178
アンバッハ（Hambach）工場　86
一括上納　57
1個流し　112, 128, 132
　──生産　100, 135
運命共同体であるという論理　57
エステルゴム（Esztergom）市　154, 160, 167, 168
欧州自動車メーカーのコスト削減策　13
欧州主要部品メーカーの業績比較　30
大型合併　31
オペル（Opel）　10, 13, 151, 153-155, 172, 177
親企業一社依存　81, 82

か 行

改善　158, 164, 166, 168, 169, 172, 175, 186
　──活動　106, 117, 122, 127, 135
開発支援型産業　184
価格形成のコントロール　54
拡張された企業　5
カスタム・フリー・ゾーン　149, 163, 173
金型交換　135
金型用鋳物産業　184, 188, 208, 211
かんばん　62, 64, 74, 86, 105
外資系企業の日本的購買方式　87
外資導入　141, 142
外資誘導　146, 150
機械工業振興臨時措置法　187
競争購買　67, 77
グローバル購買　46, 61, 87
　──・ベンチマーク導入　67, 75, 77
グローバル調達　166
契約の論理　82
系列・下請　45-47, 49, 59, 60, 77, 81-84, 88
原価低減　55, 166

現場主義　133, 134
工機部門　210
高硬度加工　223-225
工法転換・コストダウンのロジック　206
コスト・テーブル　54, 63, 88
コストハーフによるダントツNo 1　73
個別部品の価格水準の調整　52
コンセプト・コンペティション　134
ゴーン（Carlos Ghosn）　45, 47, 50
5 S　102, 106, 113, 122, 127, 134, 158, 175
　──マンネリ化　134
5000×5000プロジェクト　17

さ 行

最大顧客への販売依存度　85
指し値　83
サブ・モジュール　21
サプライヤー
　──コンペ　29
　──の経営自主権の侵害　65
　──の再編過程　31
　──パーク　19, 20, 23-27, 29, 41, 42, 86
サンクロン　95
シーケンス　95-97
仕上げレス　230
システム委託　18
支配・従属　85
資本財・生産財　243, 244
小集団活動　106, 123
シングル・ソーシング　14, 16
自動車メーカーと系列サプライヤーの経常利益率推移　49
地場産業　201, 202
ジャスト・イン・シーケンス（JIS）　24
　──納入　19, 25-28, 41
ジャパナイゼーション　ii, 67
上納金　57, 85
　──による決算段階での利益配分調整　56
スマート（Smart）　27, 63, 86

生産技術　　188, 209
生産財　　187, 188, 196, 209, 211
製品価格のブラック・ボックス化　　56
世界最適調達　　67, 83, 88
世界調達供給　　5
世界部品調達　　130
設備総合効率　　103, 104
セル生産　　108, 123, 132
　　——方式　　100
素形材　　183, 184, 186, 187-189, 196, 197, 208-211

た　行

ターゲット・コスト　　54
ターゲット・プライス　　54, 63
高田工業　　234, 237, 238, 247
多能工　　109, 117, 123, 124, 128, 133, 136
多品種少量生産　　125
多品種量産・モデルチェンジのロジック　　206
ダイムラークライスラー（DaimlerChrysler）　　5, 6, 10, 11, 13, 19, 26, 27, 39, 40, 134
段取り時間短縮　　109, 128
中国　　87
　　——価格　　73
　　——現地部品の品質に対する不満　　76
　　——での現地生産　　79
　　——の価格水準　　68
突き加工　　219, 220
ティアワン（Tier 1）サプライヤー　　18, 24, 101
データ一元化　　229
トータルサービス・サプライヤー　　4
トヨタ　　92
　　——自動車における全面的な購買政策の見直し　　72
　　——自動車の購買政策・コスト削減策の概況　　74
　　——生産システム　　92, 94
ドイツ自動車メーカーのシート組立生産　　22
独禁法上の問題　　88

な　行

内示期間　　96
ナッサー（Nassar）　　4, 40, 63, 87

日産　　8
　　——自動車の系列企業の持ち株売却　　83
　　——における「系列の機能不全」　　48
　　——の系列は機能していなかった　　45, 46, 50
日本型（的）
　　——改善方式　　117
　　——系列・下請　　74
　　——の欧米への移転　　64
　　——の最終的な本質　　51
　　——購買（方式）　　61, 62, 67, 77
　　——の欧米的ヴァリエーション　　86
　　——支配従属形態のエッセンス　　62
　　——生産管理方式　　92, 101, 105, 114, 118, 122, 127, 129, 130, 132, 134-136
　　——生産システム　　113
　　——の取引関係　　83
　　——様式と欧米の契約論理のハイブリッド　　64
日本メーカー（企業）の「独り勝ち」　　77, 82
日本流の設計思想　　85
ネッドカー（NedCar）　　63
　　——Born 工場　　27

は　行

標準作業の作成　　87
フィアット（Fiat）　　10-12, 39
フォード（Ford）　　4, 5, 10, 11, 13, 14, 19, 24, 39
　　——Saarlouis 工場　　25
フランス工場の悪しき習慣　　121
フルモールド法（フルモールド鋳造法）　　189-192, 194-196, 209, 211, 213
フロントエンド・モジュール　　33
部品共通化　　13, 14, 20, 40
部品の共同購入　　92
ブラック・ボックス化　　48, 52, 53, 85
プラットフォーム　　13, 14
　　——・部品共通化　　7
　　——共通化　　20
　　——統合（化）　　8, 16, 18, 29, 31, 92
プリハードン法　　223, 241
変種変量生産　　234-236, 238

索　引　253

米国主要部品メーカーの業績比較　30
ベンチマーク　67, 68
　——の導入　70, 72, 80
　——を利用した価格競争の導入　88
放電加工　219-221, 245
ボルボ（Volvo）　11, 95
ポリバランス（多能工化）　102

ま　行

マジャール・スズキ　146, 151, 153-165,
　　167-170, 173, 174, 177
メチエ（専門工）　131
モジュール　3, 4, 9, 10, 17, 18, 20, 24, 26,
　　28, 29, 86
　——工場一覧　23
　——戦略　20
　——調達とサプライヤーパーク　19
　新——戦略　21
モデルチェンジ　187, 188, 192, 193, 206,
　　210

や　行

ヤリス（Yaris）　92, 95, 134
優遇税制　146, 147
ユニシア・ジェックス　59
ユニプレス　59
ヨーロッパ流の設計思想　85
予防保全（TPM）　117, 131

ら　行

ラピッド・プロトタイピング　219, 245
リードタイム　188, 190, 195, 196, 208
　——短縮　216, 241
リーン・プロダクションシステム　94,
　　100, 134
利益率
　カスタマーがサプライヤーの——までを
　　コントロールする　79
　下請企業支配の手段としての——管理
　　84
　日本の自動車メーカーと系列サプライ
　　ヤーの経常——推移　49
量産試作　231, 232, 234
ルノー（Renault）　8, 10-13, 15, 19, 25,
　　26, 39, 94, 96
レイアウト改善　131

冷間鍛造金型製造業　184, 188, 197, 201,
　　207, 208, 210, 211, 213
ローカルサプライヤー　158, 159, 166,
　　172, 174, 178
ロット生産　109
ロペス（Lopez）　13, 62

わ　行

ワンタッチ段取り　116, 130, 132

B

BMW　10, 13, 16, 19, 28, 39

C

CAD・CAM　193, 208, 219, 228-230, 243,
　　244
CCC21　46, 72, 79
COMPETE　13, 16
COVISINT　38, 39
Call off（制）　95, 96

D

DAD（Direct Automatic Delivery）　25

E

EHB（Electro-Hängebahn
　　電子吊り下げ軌道）　42

F

FEM（フロント・エンド・モジュール）
　　33
FMC（フルモールド鋳造法）技術会議
　　191, 213
FSS（フルサービスサプライヤー）　68,
　　69, 77
Faurecia　21, 32, 93, 94, 100, 110, 130, 134

G

GAP（Groupe Autonom de Production）
　　101, 133
GM　31, 39
　——-Fiat Purchasing　9
　——グループ　154, 157, 158, 166

H

HPC（ハンガリー生産性センター）
　　　174, 175, 177
「Hoshin」（方針）　102

J

JIT　108
　　──生産　123
Johnson Controls　21, 24

K

KAIZEN 研究所　113, 114
K-工法　237, 239-243

L

Lear　6, 21, 31, 32

M

Magna　4, 35, 40
Magneti Marelli　12
Meritor　34

N

NRP（日産リバイバルプラン）　48, 57-59

O

Optima サプライヤー　15

P

PIF（Platform Industry Firm）　96
PSA　10, 11, 13, 15, 39

R

Renault-Nissan Purchasing Organization
　　（RNPO）　8, 92

Revitalization Plan　4, 13, 14, 40

S

SCORE　5, 6, 7, 41
SMED（段取り時間短縮の取り組み）
　　　104, 107, 118, 120, 124
Synergie 500　13, 15

T

TANDEM　5, 6, 41
TMMF（トヨタ自動車フランス工場）
　　　94, 97-100, 105, 106, 134
TPM　108, 122, 123
TPS（Toyota Production System）　127
TQC／TQM　107, 123
ThyssenKrupp Automotive　36

U

UAP（Unité Autonome de Production）
　　　101, 133
UAW　87
U字型ライン（生産）　116, 128, 130

V

VW　10, 11, 13, 17, 19-21, 23, 39
Visteon　15, 96

W

WWP（World Wide Purchasing）　67, 69, 70

Z

ZAS　234, 238

執筆者紹介（執筆順）

池田　正孝　客員研究員（豊橋創造大学経営情報学部教授・中央大学名誉教授）

清　晌一郎　元客員研究員（関東学院大学経済学部教授）

遠山　恭司　客員研究員（東京都立工業高等専門学校助教授）

中川洋一郎　研　究　員（中央大学経済学部教授）

環境激変に立ち向かう日本自動車産業
中央大学経済研究所研究叢書　38

2005 年 5 月 20 日　発行

編著者　　池田　正孝
　　　　　中川洋一郎

発行者　　中央大学出版部
　　　　　代表者　辰川弘敬

東京都八王子市東中野 742-1
発行所　中央大学出版部
電話 0426(74)2351　FAX 0426(74)2354

Ⓒ 2005　　　　　　　　　　　　　電算印刷

ISBN 4-8057-2232-0

中央大学経済研究所研究叢書

6. 歴史研究と国際的契機　中央大学経済研究所編　A5判　定価1470円
7. 戦後の日本経済——高度成長とその評価——　中央大学経済研究所編　A5判　定価3150円
8. 中小企業の階層構造——日立製作所下請企業構造の実態分析——　中央大学経済研究所編　A5判　定価3360円
9. 農業の構造変化と労働市場　中央大学経済研究所編　A5判　定価3360円
10. 歴史研究と階級的契機　中央大学経済研究所編　A5判　定価2100円
11. 構造変動下の日本経済——産業構造の実態と政策——　中央大学経済研究所編　A5判　定価2520円
12. 兼業農家の労働と生活・社会保障——伊那地域の農業と電子機器工業実態分析——　中央大学経済研究所編　A5判　定価4725円〈品切〉
13. アジアの経済成長と構造変動　中央大学経済研究所編　A5判　定価3150円
14. 日本経済と福祉の計量的分析　中央大学経済研究所編　A5判　定価2730円
15. 社会主義経済の現状分析　中央大学経済研究所編　A5判　定価3150円
16. 低成長・構造変動下の日本経済　中央大学経済研究所編　A5判　定価3150円
17. ME技術革新下の下請工業と農村変貌　中央大学経済研究所編　A5判　定価3675円
18. 日本資本主義の歴史と現状　中央大学経済研究所編　A5判　定価2940円
19. 歴史における文化と社会　中央大学経済研究所編　A5判　定価2100円
20. 地方中核都市の産業活性化——八戸　中央大学経済研究所編　A5判　定価3150円
21. 自動車産業の国際化と生産システム　中央大学経済研究所編　A5判　定価2625円
22. ケインズ経済学の再検討　中央大学経済研究所編　A5判　定価2730円
23. AGING of THE JAPANESE ECONOMY　中央大学経済研究所編　菊判　定価2940円
24. 日本の国際経済政策　中央大学経済研究所編　A5判　定価2625円

中央大学経済研究所研究叢書

25. 体　制　転　換──市場経済への道── 　　中央大学経済研究所編　A5判　定価2625円
26. 「地域労働市場」の変容と農家生活保障
　　──伊那農家10年の軌跡から── 　　中央大学経済研究所編　A5判　定価3780円
27. 構造転換下のフランス自動車産業
　　──管理方式の「ジャパナイゼーション」── 　　中央大学経済研究所編　A5判　定価3045円
28. 環　境　の　変　化　と　会　計　情　報
　　──ミクロ会計とマクロ会計の連環── 　　中央大学経済研究所編　A5判　定価2940円
29. ア　ジ　ア　の　台　頭　と　日　本　の　役　割 　　中央大学経済研究所編　A5判　定価2835円
30. 社　会　保　障　と　生　活　最　低　限
　　──国際動向を踏まえて── 　　中央大学経済研究所編　A5判　定価3045円〈品切〉
31. 市　場　経　済　移　行　政　策　と　経　済　発　展
　　──現状と課題── 　　中央大学経済研究所編　A5判　定価2940円
32. 戦　後　日　本　資　本　主　義
　　──展開過程と現況── 　　中央大学経済研究所編　A5判　定価4725円
33. 現　代　財　政　危　機　と　公　信　用 　　中央大学経済研究所編　A5判　定価3675円
34. 現　代　資　本　主　義　と　労　働　価　値　論 　　中央大学経済研究所編　A5判　定価2730円
35. APEC 地　域　主　義　と　世　界　経　済 　　今川・坂本・長谷川編著　A5判　定価3255円
36. ミクロ環境会計とマクロ環境会計 　　小口好昭編著　A5判　定価3360円
37. 現　代　経　営　戦　略　の　潮　流　と　課　題 　　林昇一・高橋宏幸編著　A5判　定価3675円

＊定価は消費税5%を含みます。